主　编 / 黄　进

副主编 / 胡　英

主　审 / 赵永生

工业网络技术基础

GONGYE WANGLUO JISHU JICHU

大连海事大学出版社

DALIAN MARITIME UNIVERSITY PRESS

图书在版编目（CIP）数据

工业网络技术基础／黄进主编. — 大连 ：大连海
事大学出版社，2024. 12. — ISBN 978-7-5632-4609-0

Ⅰ. TP273

中国国家版本馆 CIP 数据核字第 2024032CW9 号

大连海事大学出版社出版

地址 : 大连市黄浦路523号　邮编 :116026　电话 :0411-84729665(营销部)　84729480(总编室)

http ://press.dlmu.edu.cn　E-mail :dmupress@ dlmu.edu.cn

大连天骄彩色印刷有限公司印装　　　　　　　**大连海事大学出版社发行**

2024 年 12 月第 1 版　　　　　　　　　　2024 年 12 月第 1 次印刷

幅面尺寸 :184 mm×260 mm　　　　　　　　　　　　　　印张 :12

字数 :297 千　　　　　　　　　　　　　　　印数 :1~1000 册

出版人 :刘明凯

责任编辑 :宋彩霞　　　　　　　　　　　　　　责任校对 :王　琴

封面设计 :解瑶瑶　　　　　　　　　　　　　　版式设计 :解瑶瑶

ISBN 978-7-5632-4609-0　　　　定价 :30.00 元

前　言

　　工业网络是将新一代信息通信技术与工业生产深度融合起来的一个新型解决方案,它已经成为覆盖工业生产的一种全新控制体系。通过实现工业乃至整个产业的数字化、网络化和智能化发展,工业网络为提高生产效率和可持续发展提供了重要途径。随着工业网络在各个行业的广泛应用,系统设计研发、项目实施和后期维护等各个环节都显现出对大量专业人才的迫切需求。本书编写的目的之一就是为中国工业网络化转型升级打下良好的人才培养基础,并尽自己微薄之力。

　　当今,工业网络大体上可以分为工业现场总线、工业以太网和工业无线网络三大类。通过HMS公司近几年的市场调研,工业网络市场呈现持续增长态势,在 2020 年和 2021 年分别保持着 6% 和 10% 的增长率。从 2022 年调查的市场份额数据看,工业以太网占有最大份额,达65%;而现场总线的份额是 28%,正在持续减少;无线网络占 7%,发展势头迅猛。本书依据工业网络种类繁多的现状和未来的发展趋势,结合本科教育的特点和需求,对三种网络进行了难度适中的介绍,并配以实验加深学生对工业网络基本概念的认识,力求做到详略得当、理论实际紧密联系、重点突出、易于接受。

　　本书共分为 6 章。第 1 章介绍了工业网络的发展简史、工业网络的定义及特点、工业网络安全以及工业网络发展趋势;第 2 章介绍了数据通信系统的组成及工作方式、通信编码、通信系统的性能指标、网络的拓扑结构、网络传输介质、介质访问控制和差错控制方法等数据通信基础知识;第 3 章介绍了 RS485 串口通信技术及 Modbus 协议,重点介绍了基于 51 单片机的485 串行通信接口设计、ModbusRTU 协议和实验等串口相关知识;第 4 章介绍了 CAN 技术,重点介绍了 CANopen 通信协议和实验等 CAN 总线相关知识;第 5 章介绍了工业以太网与计算机网络的区别,TCP/IP 体系结构,工业以太网的特色技术和分类,实时以太网,并对 EtherNet/IP、CIP、PROFINET 等工业以太网技术进行了简要介绍,重点介绍了 ModbusTCP 协议和实验等工业以太网相关技术;第 6 章介绍了工业无线网络的概念和一些典型的工业无线网络,重点介绍了 ZigBee 的协议及应用、CC2530、程序开发和 ZigBee 通信实验。

　　本书是编者多年从事工业网络技术教学和工程实践的总结,书中大量的实例和实验均为编者的日常教学和工程实践所积累。本书由大连海事大学船舶电气工程学院黄进担任主编,胡英担任副主编。具体编写工作安排如下:黄进负责第 1 章至第 6 章的编写、修订和统稿,胡英负责策划、审核和校对。大连海事大学赵永生教授对本书进行了审读,大连理工大学刘全利教授对本书进行了外审,给出了非常有价值的修改意见,在此感谢他们的辛勤付出。感谢周怡然老师对于本书的大力支持;感谢范红月老师,研究生李顾、吴子川和王旭在绘图、编辑和校对方面给予的帮助。向在本书编写过程中大力支持和帮助过我的船舶电气工程学院的领导和同事们、大连海事大学出版社的工作人员,还有本书中所引用资料的作者们表示由衷的感谢。

　　由于编者水平有限,而且工业网络技术尚在不断发展和完善之中,书中难免存在不妥和局限之处,欢迎广大读者批评指正。

编　者

2024 年 6 月 2 日

目　录

1 工业网络概述

工业网络是自 20 世纪 80 年代逐步发展完善起来的,用于工业领域的信号传感、控制、系统维护和数据交换的网络技术。它集通信、计算机网络、单片机、嵌入式系统等技术与工业生产中的各种传感器、控制器和设备诊断、维护等技术于一体,并满足工业现场环境和实时性要求,是一种新型技术。随着各种网络技术的发展和完善,工业网络正成为覆盖工业生产的新型控制体系,为构建可持续性发展的网络化、数字化和智能化的工业体系提供了信息基础和发展途径。

1.1 工业网络发展简史

1.1.1 工业网络的产生

随着科学技术的快速发展,工业控制领域在过去的两个世纪里发生了巨大的变革。150 多年前出现的基于 5~13 psi 的气动控制系统(Pneumatic Control System,PCS),标志着控制理论初步形成,但当时尚未有电控制室的概念。

20 世纪 50 年代,随着基于 0~5 V 或 4~20 mA 模拟信号的模拟过程控制体系被提出并广泛应用,电气自动控制时代到来了。三大控制论的确立奠定了现代控制理论的基础,设立控制室、实现功能分离的模式迅速发展。

20 世纪 70 年代,随着数字计算机的介入,"集中控制"的中央控制计算机系统产生了,而信号传输系统大部分依然沿用 4~20 mA 的模拟信号。不久人们也发现"集中控制"技术存在着易失控、可靠性低等缺点,并很快发展出可编程逻辑控制器(PLC)、数据采集与监控系统(SCADA)、分布式控制系统(Distributed Control System,DCS)等技术架构。进入 20 世纪 80 年代,随着微处理器的普遍应用和计算机可靠性的提高,分布式控制系统得到了广泛的应用,由多台计算机和一些智能仪表以及智能部件实现的分布式控制是其最主要的特征,而数字传输信号也在逐步取代模拟传输信号。

随着计算机、网络通信、微处理器等技术的快速发展和广泛应用,20 世纪 80 年代后期数字通信网络延伸到工业过程现场成为可能,产生了以微处理器为核心,使用集成电路代替常规电子线路的集信息采集、显示、处理、优化控制以及网络传输等功能于一体的智能设备。各个产业对整个工业系统的精度、执行效率、可操作性以及可维护性等提出了更高的要求,使得基于开放性和分布式的工业网络技术构建的自动化产品和系统逐渐发展成熟,相关产品被大量投入市场,取代了传统设备,并渗透到产业升级的各个环节。

1.1.2 工业网络的发展历程

工业网络从二十世纪六七十年代的串口通信技术发展到具有网络互联标准(OSI)的工业现场总线,又与以太网技术相结合发展成为工业以太网,与无线网络相结合发展成为工业无线网,历经半个多世纪,逐步发展成熟,并在各个产业中得到广泛应用,如图 1.1 所示。

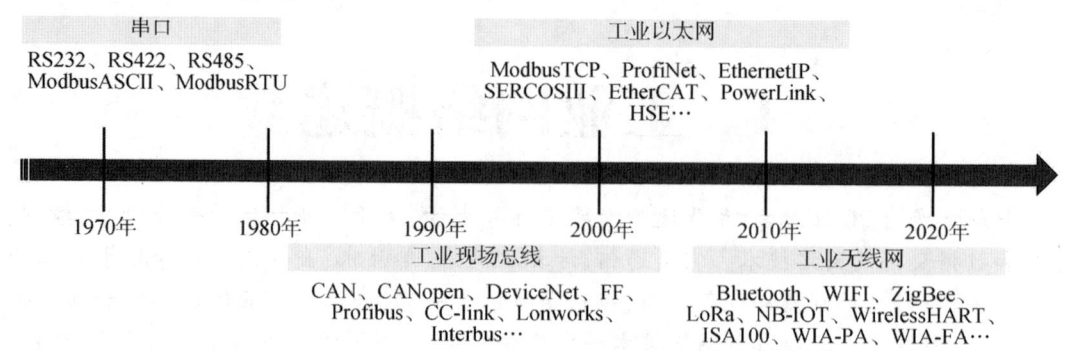

图 1.1　工业网络的发展历程

1.1.2.1　串口时代

谈到工业网络，就不得不提及其前身通用异步接收发送设备(Universal Asynchronous Receiver/Transmitter,UART)技术，它规定了以字节为单位的数据串行通信规则，是串行通信 RS232、RS422 和 RS485 的基础通信协议。

1963 年，美国电子工业协会(EIA)与各个厂商联合发布了 RS232 串口通信标准，实现了单机一对一的串行通信。RS232 得到了广泛应用，并持续使用至今。由于 RS232 所固有的传输距离短、速度较慢、不支持组网等缺点，在长距离、大数据量和多点间通信环境下变得不再适用。

1977 年，EIA 发布了 RS422A 标准，其传输率在 100 kbit/s～10 Mbit/s，最大传输距离可达 1 200 m，也支持一主多从(单个发送端最多 10 个接收端)的组网方式，这些是 RS422 相对 RS232 的主要改进。虽然 RS422 能连接 1 个发送端与 10 个接收端，但这时接收端只能接收而不能反过来发送数据，这相当于一种广播形式的连接，还没有实现多点间可互相收发的通信。所以，RS422 标准实际应用得并不多，一般作为 RS232 的扩展。

1983 年，EIA 在 RS422 的基础上制定了 RS485 标准，它是一个异步半双工的串行通信协议。ModbusASC 和 ModbusRTU 作为 RS485 的应用层协议，保障多个节点连接到同一条总线上，规范地在一条总线上实现一对多的双向通信功能。RS485 凭借线数少、抗干扰性强、可组网等优点，在工业控制领域有着较广泛的应用，并对后面的现场总线技术产生深远的影响，直到现在仍有一些控制系统使用 RS485 技术。

1.1.2.2　工业现场总线时代

为了解决工业现场的智能化仪器仪表、控制器、执行机构等现场设备间的数字通信以及这些现场控制设备和高级控制系统之间的信息传递问题，现场总线技术应运而生。在 20 世纪 80 年代中期至 90 年代，美国仪表协会(ISA)、国际电工委员会(IEC)以及德、法、英、日、挪威等国家的各大公司和研究组织相继制定了工业现场总线标准。常见工业现场总线如表 1.1 所示。

当时，由于众多自动化仪表制造商在开发智能仪表通信技术的过程中已形成不同的特点，世界上各大公司和组织推出了包括 Interbus,Profibus,Lonworks,CAN 总线，FF 的 H1、H2、CC-Link,ControlNet,P-NET,SwiftNet,WorldFIP 等不下几十种工业总线协议标准。长时期没有一个统一的标准，对用户影响最大的就是难以把不同制造商生产的仪表集成在一个系统中。一直到 20 世纪 90 年代后期现场总线才逐步在工业中广泛应用。1999 年年底，包含 8 种现场总线标准在内的国际标准 IEC 61158 被制定执行。延续到 2000 年以后，经过 20 多年的市场竞争和技术发展,各种工业总线技术趋于成熟并逐渐保留下十多种工业现场总线。这些工业现场总线在不同的工业领域广泛应用,并还会在长时间内保持生命力。

表 1.1　常见工业现场总线

总线名称	产生时间	支持公司	协议标准	应用层协议	应用领域
Interbus	1984 年	德国的 Phoenix Contact 公司	IEC 61158	IEC 1131-3 IPMS SuPI	汽车工业、制造业、物流业、楼宇自动化等
Profibus	1987 年	德国西门子公司联合 14 家公司及 5 家研究机构	IEC 61158、德国 DIN 19245、欧洲 EN 50170	Profibus-DP、FMS、PA	DP 加工自动化领域;FMS 纺织、楼宇自动化、可编程控制器、低压开关等;PA 用于过程自动化的总线
Lonworks	1990 年	美国 Echelon 公司联合 Motorola、Toshiba 公司等共同倡导	ISO/OSI EIA-709	Lonworks 应用层	楼宇自动化、家庭自动化、保安系统、办公设备、交通运输、工业过程控制等
CAN 总线	1993 年	德国 BOSCH、Intel、Motorola、NEC 等	ISO 11898 ISO 11519	J1939、CANopen、DeviceNet、SDS 等	汽车、航空航天、航海、过程工业、机械工业等
FF 的 H1、H2	1994 年	以 Fisher-Rousemount 为首的联合 80 家公司的 ISP 组织;以 Honeywell 公司为首的联合 150 余家公司 World FIP 组织合作制定	IEC 61158	FF 应用层	过程自动化、化工、电力等
CC-Link	1996 年	由日本三菱公司推出,马自达、雅马哈、铃木公司共同支持	IEC 61158	CC-Link	PLC、机器人、HMI、传感器、变送器等

1.1.2.3　工业以太网时代

随着自动化控制系统的不断进步和发展,传统的现场总线技术在许多应用场合已经难以满足用户不断增长的需求。随着以太网的迅速发展,100 Mbit/s 的高速以太网产生,并在几年内发展出数据传输速率为 1 Gbit/s 甚至 10 Gbit/s 的以太网产品。以太网的高带宽弥补了协议效率低下的不足,通过一些实时通信增强措施及工业应用高可靠性网络的设计和实施,以太网可以满足工业数据通信的实时性及工业现场环境的要求,并可直接向下延伸应用于工业现场设备间的通信。通过采用适当的系统设计和流量控制技术,以太网完全能用于工业控制网络。

20 世纪 90 年代中后期到 21 世纪 10 年代中期,国内外各大公司、国际研究机构和组织纷纷在其控制系统中提出了工业以太网解决方案,推出了基于以太网的 DCS、PLC、数据采集器、现场仪表、显示仪表、各种控制器等产品。常见的工业以太网如表 1.2 所示。以太网成为用于工业控制网络发展的首选。随着应用需求的增加,现场总线的高成本,低速率,难于选择以及难于互联、互通、互操作等问题逐渐显露。工业控制网络发展的基本趋势是通信协议日益开放和透明。现场总线出现问题的根本原因在于总线的开放性是有条件且不彻底的。而以太网技术所具有的低成本、高速率、高兼容性、丰富的软硬件资源、广泛的技术支持基础和强大的持续发展潜力等诸多优点成为工业控制网络发展的必然趋势。

表 1.2　常见的工业以太网

工业以太网	产生时间	支持公司	协议标准	应用领域
Modbus TCP	1996 年	施耐德电气公司	Modbus TCP	PLC、高性价比的工业以太网现场通信等
EtherNet/IP	1999 年	罗克韦尔自动化公司 ODVA	CIP	PLC、I/O 控制、人机界面、设备组态、设备和网络诊断等
FF HSE	2000 年	FF 基金会组织	IEC 61158	化工领域
EtherNet POWERLINK	2001 年	奥地利 Bernecker & Rainer Industrie-Elektronik	IEC 61158 IEC 61784 ISO 15745	适用于 PLC、传感器、I/O 模块、运动控制、安全控制、安全传感器、执行机构以及 HMI 系统等
PROFINet	2001 年	Profibus 组织	IEC 61499 RT、IRT	实时以太网、运动控制、分布式自动化、故障安全以及网络安全等
EtherCAT	2003 年	德国倍福公司	IEC 61508	机器人控制、数控机床等
SERCOS III	2005 年	斯图加特大学	IEC 61158 IEC 61784	运动控制、驱动器、I/O 模块和传感器等

1.1.2.4　工业无线网时代

工业无线网技术(Wireless Networks for Industrial Automation, WIA)是 2000 年前后逐渐发展起来的一项面向工业现场设备间信息交互的无线通信网络技术,具有抗干扰能力强、适合工业现场环境、灵活性高、强实时、低抖动、低成本、低功耗和高安全等技术特征。工业无线网技术能够为各种传感器、控制器和各种现场数据采集设备等建立无线网络通信,成为工业网络的一个重要分支,也将引导未来工业网络的发展趋势。

目前,工业无线网的标准比较多,一般针对不同的应用采用不同的频段和网络协议,如表 1.3 所示。工业 Bluetooth 主要用于设备外设间的个人网络数据交换;工业 Wi-Fi 一般用于近距离的大数据传输;ZigBee 用于近距离、小范围的物联网;LoRa 和 NB-IoT 用于长距离的物联网;工业无线控制网络 WirelessHART、ISA100.11a 和 WIA-PA 等主要面向过程自动化;WISA、WSAN-FA、WIA-PA、WIA-FA 等工业无线网络主要面向工厂自动化。

近几年,国际电信联盟(TU)和第三代合作伙伴计划(3GPP)也开始研发用于工业控制的超高可靠低时延通信(Ultra-reliable Low Latency Communication, URLLC),并将其作为 5G 的远距离广域网络通信技术,这将使得云控制成为可能,并将彻底打破现有工业无线控制网络主要基于短距离无线个域网或局域网的技术路线。有资料表明,基于 5G 技术的 WIA-NR 在免授权频段实现了超可靠低时延的通信,使现场级工业无线控制成为可能。

表 1.3　常见的工业无线网

工业无线网	产生时间	开发组织	协议标准	应用领域
工业 Bluetooth	1999 年	包括 IBM、Intel、东芝等 100 多家公司组成的 SIG 蓝牙兴趣联盟	IEEE 802.155.1x	工业手持设备、语音数据传输、工业数据传输、工业控制等
工业 Wi-Fi	1999 年	WI-FI 联盟	IEEE 802.11b、IEEE 802.11g	串行数据转换、传感器、数据采集等
ZigBee	2001 年	联盟包括 honeywell、三菱电机、TI、飞利浦等	IEEE 802.15.4	农业、小区管理、各种信号采集等短距离物联网应用
LoRa	2012 年	Semtech、TI、中兴等	IEEE 802.15.4g	农业、小区管理、各种信号采集等长距离物联网应用
NB-IoT	2016 年	沃达丰、华为、索尼爱立信、中兴、Nokia 等	LWM2M	农业、小区管理、各种信号采集等长距离物联网应用
ISA100.11a	2009 年	Yokogawa、Honeywell 等组成的 ISA100 委员会	IEEE 802.15.4 IEC 62734	无线网络传感器、执行器、无线手持设备等过程现场自动化设备
WIA-PA	2011 年	中国工业无线联盟	IEEE 802.15.4 GB/T 26790.1—2011 IEC/PAS 62601	石油、钢铁、化工、市政等行业
WIA-FA	2017 年	中科院沈阳自动化研究所、机械工业仪器仪表综合技术经济研究所、北京科技大学等	GB/T 26790.2—2015 IEC 62948	飞机、船舶、汽车、机床等离散制造业工厂自动化的测量、监视与控制应用

1.2　工业网络的定义及特点

1.2.1　企业网络信息集成系统

规划通用的工业企业信息系统层次功能模型从上到下一般被划分为 4 个逻辑层,依次为企业资源规划层、制造执行层、控制层和设备层,如图 1.2 所示。

企业资源规划层(Enterprise Resource Planning,ERP)是集物资资源管理、人力资源管理、财务资源管理、信息资源管理于一体的企业管理软件,将管理思想与实际业务相结合,帮助企业实现物流、信息流和资金流的统一部署,充分利用企业现有资源的一种管理手段。

制造执行层(Manufacturing Execution System,MES)是一套面向制造企业车间执行层的生产信息化管理系统。MES 能通过信息传递对从订单下达到产品完成的整个生产过程进行优化管理。

控制层实现控制系统的网络化,控制网络遵循开放的体系结构与协议;对设备层的开放性,允许符合开放标准的设备方便地接入;对信息层的开放性,允许与信息层互联、互通、互操作。

设备层的设备种类繁多,有传感器、启动器、驱动器、IO 部件、变送器、执行机构、变换器、阀门等。设备的多样性要求设备层满足开放性要求,各厂商遵循公认的标准,保证产品满足标准化;来自不同厂家的设备在功能上可用相同功能的同类设备互换,实现可互换性;不同厂家的设备可以相互通信,在多厂家的环境中仍可实现互操作性。

工业网络技术的应用在控制层和设备层之间架起了一座桥梁,使得工业数据能够高效流通,设备能够协同工作,从而提高了整个工业系统的智能化水平和生产效率。

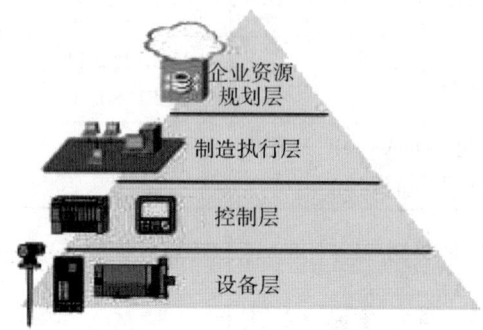

图 1.2　工业企业信息系统层次功能模型

1.2.2　工业网络的定义

工业网络:是以具有网络通信能力的传感器、执行器、测控仪表等作为网络节点,以现场总线、工业以太网或工业无线网等为通信网络介质,将工业系统连接成开放式、数字化、多节点的网络,从而完成测量、信息采集、数据传输和控制等任务的网络通信技术。

现场总线控制系统(Fieldbus Control System,FCS):是一种应用于生产现场,解决工业现场的智能化仪器仪表、控制器、执行机构等设备间的数字通信以及在这些现场控制设备和高级控制系统之间实现双向、串行、多节点的网络通信技术。

工业以太网:在继承或部分继承以太网原有核心技术的基础上,应对适应工业环境性、通信实时性、时间发布、各节点间的时间同步、网络的功能安全与信息安全等问题,提出的技术改进,并添加了控制应用功能,还针对某些特殊的工业应用场合提出的网络供电、本安防爆等要求给出解决方案。工业以太网是以太网,甚至是互联网系列技术延伸到工业应用环境的产物,涉及企业网络的各个层次。

工业无线网络:将各种无线网络通信技术根据不同的需求应用到工业领域,以解决短距高速、短距低速、长距低速、高速实时等工业网络数据通信问题。工业无线网络一般还需要满足工业环境下的高可靠、强实时、低抖动、低成本、低功耗和高安全等通信要求。

1.2.3　工业网络的特点

1.2.3.1　网络系统的开放性
一个开放系统,是指它可以与世界上任一制造商提供的、遵守相同标准的其他设备或系统相互连通。产品研发的网络通信部分强调对公开工业网络协议的遵从,从而实现不同厂家产品间的开放互联和互可操作。

由于工业应用千差万别,工业网络协议也种类繁多,目前一般也只能在某个应用工业领域所选择的工业网络框架内实现系统的开放。

1.2.3.2　网络通信的实时性与确定性
为满足某些工业系统严格的时序、同步和实时性要求,工业网络系统需要对媒体访问控制机制、通信模式、网络管理与调度方式等进行特殊设计。

网络通信中数据包的传输延迟，通信系统的瞬时错误和数据包丢失，发送与到达次序的不一致等，都会破坏传统控制系统原本具有的确定性，使得控制系统的分析和综合变得更为困难，使控制系统的性能受到负面影响。如何使控制网络满足控制系统对通信实时性、确定性的要求，是工业网络技术的核心和关键。

1.2.3.3　现场设备的功能自治性

功能自治性是指将传感测量、补偿计算、工程量处理、控制计算、故障诊断、网络通信等功能模块根据需求有选择地嵌入现场设备中，使现场设备具有独立功能和网络通信能力，构成全分布式系统。

这种新型的全分布式结构节省了传统 DCS 系统的信号调理和转换等功能单元，使得变送器、调节器、控制器等的数量大为减少，也大量减少了设备间的复杂接线、辅助耗材和控制室的占地面积。现场总线系统的一对双绞线、工业以太网的双绞线星型连接以及工业无线网的无线就可以实现设备间的连接，这使得系统的设计大为简化，现场安装、系统维护工作量也大为减少，系统扩展性和重构性也得到加强。

1.2.3.4　对现场环境的适应性

工业现场环境往往具有高温、严寒、潮湿、腐蚀性高、粉尘量大、震动强、易爆危险、电磁干扰等特点，因此工业网络设备的设计需要考虑这些因素，一般都会采用工业级设计标准和措施。

1.3　工业网络安全

1.3.1　国内工业网络安全现状

工业网络存在的高危漏洞、后门、网络病毒、高级持续性威胁以及无线技术应用带来的风险，给工业网络系统的安全防护带来巨大挑战。伊朗核电站遭受的"震网"攻击事件和乌克兰电网遭受持续攻击事件等更为我们敲响了警钟。工业网络系统已成为国家关键基础设施的"中枢神经"，其安全关系着国家的战略安全以及社会稳定。

在我国，水利、市政、环境保护、工业制造、电力、医疗卫生、交通、煤炭和石油化工等领域存在大量的监控与数据采集系统（Supervisory Control and Data Acquisition，SCADA），联网安保摄像头等工业网络设备暴露情况较多，工业网络安全形势严峻复杂。这些重要基础设施互相关联、构成复杂、体系庞大，为国防安全、经济运行提供了不可替代的保障，一旦遭受网络攻击，造成的损失可能是无法估量的。

1.3.2　工业网络安全策略

为加强工业网络安全防护，有必要掌握保证工业网络安全的具体策略，以下介绍四个工控网络安全策略。

1.3.2.1　工业网络边界安全防护

严格隔离工业控制网络与办公网络。在极端情况下，做到工业控制网络和办公网络形成两套独立的网络结构，两套网络之间没有任何访问。在确实需要现场数据的情况下，可以使用单向网闸来保障数据由工业控制网络向办公网络的单向流动。如果办公网络与工业控制网络间有双向访问需求，就需要设计双向隔离网闸或防火墙。

1.3.2.2　区域边界安全防护

在已定义的区域周围建立电子安全边界(Electronic Security Perimeter,ESP)可以为工业网络提供直接的保护,每个区域都应该选择并部署适当的安全设备,以防止访客对封闭系统未经授权的访问,这样也可以防止从内部访问外部系统。

安全保护类平台(如工业防火墙、单项隔离网关、工业协议过滤器、数据采集隔离平台等)和安全管理类平台[如安全监控平台、安全审计平台、入侵检测系统(Intrusion Detection System,IDS)]等可满足最低限度的安全设备要求。

1.3.2.3　区域内部安全防护

与具有明确分界且可被监控的区域边界不同,区域内部由特定的设备以及这些设备之间各种各样的网络通信组成。区域内部的安全防护主要是通过基于主机的安全来完成的,主要包括主机防火墙、主机 IDS、终端杀毒系统、应用程序白名单、外部控制等。

1.3.2.4　统一管理平台的选择

实现安全设备的统一部署、统一策略、统一调度、统一管理、及时监测报警、及时处理日志等,让企业的工业网络安全监管平台能对工控网络内的安全威胁进行分析,提供包括行为审计、事件追踪、威胁分析、日志管理、设备管理、安全性分区等在内的多项功能。

2024 年 9 月,工业和信息化部发布了《工业互联网安全隔离与信息交换系统技术要求》行业标准,主要适用于工业互联网网络边界隔离与应用场景中相关产品的安全要求,旨在支撑工业互联网网络安全通信中的边界隔离安全建设,避免工业互联网相关信息系统实时数据互联互通时遭受来自互联网的威胁。

1.4　工业网络发展趋势

根据瑞典 HMS 公司发布的 2024 年工业网络市场份额预测报告,如图 1.3 所示,指出尽管受到新冠疫情的影响,但工业网络仍维持持续的增长势头。工业网络市场在 2024 年增长近7%。工业以太网仍然是增长最快的工业网络,目前占所有新安装节点的 71%(2023 年为 68%)。现场总线的市场份额为 22%,而无线占 7% 的市场份额。纵观当今工业网络的发展趋势和市场需求,未来的工业网络将会朝着高实时性、高可靠性、高安全性、高灵活性的方向发展。

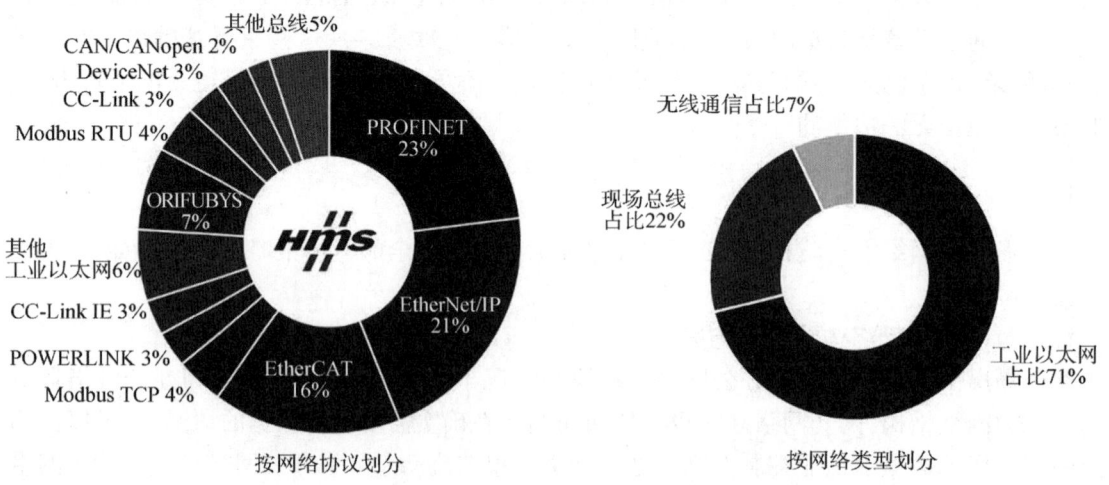

图 1.3　2024 年工业网络市场份额预测报告

1.4.1 工业以太网稳步发展

工业以太网是以 TCP/IP 协议为基础而发展起来的一种工业网络,其协议优势缓解了现场总线多种异构网络标准并存所造成的通信困难。目前,工业以太网以 7% 的速度增长,占据全球工厂自动化新安装节点市场 71% 的份额。随着工业以太网环境适用性、可靠性、实时性、安全性的不断发展和完善,其必将成为有线工业网络未来的发展趋势。

1.4.2 现场总线还将长期存在

现场总线的市场份额为 27%,市场份额有所下降,但现场总线节点的实际安装数量基数较大,技术成熟,还将长期存在。由于历史原因,多种现场总线并存且相互竞争的局面还将继续,多现场总线集成协同完成工业控制任务成为未来发展的趋势。

1.4.3 工业无线网更具发展潜力

无线局域网(Wireless LAN,WLAN)因其具备的灵活性强、易于安装、低成本等优点,越来越多地成为传统有线网络的一种补充,并将逐渐成为工业网络的新热点。目前,工业无线网以 8% 的速度增长,保持 7% 的市场份额,在下一代的工厂自动化中发展潜力巨大。

小结

本部分分为 4 个小节,概要性地从各个层面介绍了工业网络,有利于读者建立对工业网络的总体认识。1.1 小节从控制系统发展的历史角度概述了工业网络发展简史,并列出了一些典型的工业现场总线、工业以太网和工业无线网协议。1.2 节是本章的重点,分析了信息化企业的层次,阐述了工业网络在企业中的基础地位,对工业网络以及组成工业网络的现场总线控制系统、工业以太网络和工业无线网的基本定义进行了阐述,并对工业网络的特点进行了分析,强调了工业网络的开放性、实时性与确定性、功能自治性和适应性等重要特点。1.3 小节强调了工业网络安全的重要性,介绍了一些常用的安全策略。1.4 小节以 HMS 公司的调查报告为基础,分析了工业网络未来的发展趋势。

思考题

1.通过了解工业网络的发展历程,简述工业网络的发展趋势。

2.什么是工业网络?工业网络的分类和应用范围包括哪些?

3.简述工业网络的特点。

4.一个信息化企业包含了哪几个层次?工业网络在其中起什么作用?

5.一个工业网络系统为什么要考虑安全问题?

2　数据通信基础

数据通信技术是工业网络的基础,其一般工作在网络协议的物理层和数据链路层,解决的是网络节点间的数据交换问题。本章就工业网络数据通信技术所涉及的通信系统、通信编码、性能指标、传输介质、拓扑结构、介质访问控制以及差错控制等几个方面的基础知识进行简要介绍。

2.1　数据通信系统的组成及工作方式

2.1.1　数据通信系统的组成

如图 2.1 所示,一个单向的数据通信系统模型一般由信息源、发送设备、传输介质、接收设备和接收者等几个部分构成。

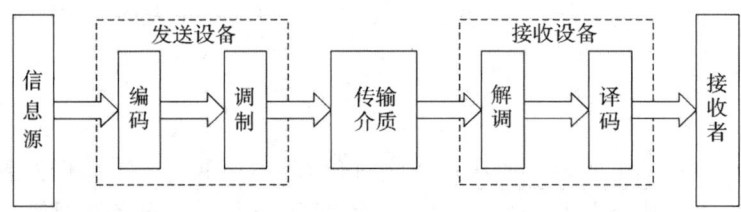

图 2.1　数据通信系统模型的组成

信息源和接收者是信息的产生者和使用者。信息源所要传递的信息可能是语音、图像、各种传感器的物理量、现场 I/O 数据等,既可能是经过处理的信息,也可能是未经处理的信息。接收者可能是计算机、人或其他各种设备,需要能够理解信息源发来的信息。以打电话为例,信息源是打电话人发出的语音,不管中间经历任何环节,作为接收者的接电话的人所接收到的信息应该还是对方的语音。

传输介质是信号之间传递的媒介,包括有线和无线两种介质。有线介质一般包括同轴电缆、双绞线、光纤等;无线介质一般包括各种波段的电磁波、红外线等。还是以沟通方式为例,如果两个人直接面对面说话,那传输介质就是空气;如果用固定电话沟通,那传输介质就是电话线;如果用手机沟通,传输介质就是无线电磁波。

发送设备的基本功能是将信息源发出的信息转换为适合在传输介质传输的信号,一般由编码和调制两部分组成。**编码**是把连续的模拟量变换为数字信号;**调制**则是使数字信号与传输介质匹配,提高传输的可靠性或有效性。发送设备还要为达到某些特殊要求而进行各种处理,如多路复用、保密处理、纠错编码处理等。

接收设备的基本功能是完成发送设备的反变换,即进行**解调**和**译码**。其任务是从带有干扰的信号中正确恢复出原始信息来;对于多路复用信号,还包括实现正确分路等。

2.1.2　数据通信系统的工作方式

上面所介绍的数据通信系统是单向的,而实际的数据通信系统可以分为单向通信(单工)、双向交替通信(半双工)和双向同时通信(全双工)三种通信方式。

单向通信中,信道是单向信道,通信过程中信号只能向一个方向传输,发送端和接收端是固定的。常见的单工通信有电报、无线电广播、电视等。

双向交替通信中,信道的信号可以双向传输,但通信过程中一方角色要么是发送端,要么是接收端,两个方向只能交替进行。常见的双向交替通信有对讲机、现场总线和 RS485 等。

双向同时通信中,通信双方可以同时是发送端和接收端,通信的双方可以同时发送和接收信息。常见的全双工通信有电话、RS232、以太网交换机等。

2.2 通信编码

通信编码是在通信系统通信过程中对通信的具体信息进行编码,以达到信息转换和适合介质传输的目的,包括信源编码、信道编码和同步等技术环节。信源编码环节将原始信息转换为代码表示的数据;信道编码环节将数据转换为适合传输介质的信号;同步环节保证数据的可靠接收。

数据通信系统的任务是在设备之间传输离散的二进制 0、1 序列数据,这就需要将数据按编码转换成适合于介质传输的物理电波形信号,包括数字信道编码和模拟信道编码。

2.2.1 数字信道编码

数字信道编码对离散的二进制 0、1 都有明确的电平信号或相位信号与之相对应,主要分为单极性码、双极性码、归零码(RZ)、非归零码(NRZ)、差分码、曼彻斯特码等。

单极性码和双极性码是根据信号电平极性来划分的。单极性码一般对逻辑 1 用高电平,逻辑 0 用 0 电平;双极性码一般对逻辑 1 用正电平,逻辑 0 用负电平。归零码(RZ)和非归零码(NRZ)是根据每一位二进制信息传输之后是否返回零电平来划分的。这种编码也可以与极性编码混合使用,形成如单极性归零(RZ)码、双极性归零(RZ)码和单极性非归零(NRZ)码、双极性非归零(NRZ)码的典型波形图,如图 2.2 至图 2.5 所示。

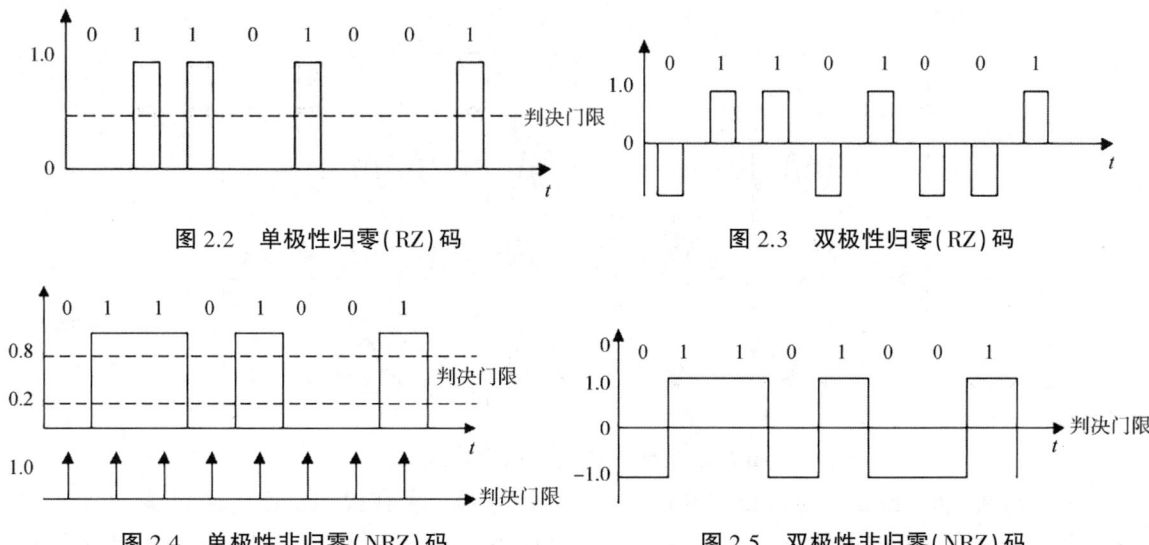

图 2.2　单极性归零(RZ)码　　　　　　图 2.3　双极性归零(RZ)码

图 2.4　单极性非归零(NRZ)码　　　　图 2.5　双极性非归零(NRZ)码

差分码按信号保持相位或翻转相位来区分数据的 0、1 状态。如图 2.6 所示,数据通信输出"1"时,差分码翻转;输出"0"时,差分码保持。这种编码关注两根导线间的电压差和相位变化,较极性码往往更为可靠。

曼彻斯特码(Manchester Encoding)是在计算机网络通信中最常用的一种基带信号编码,如图 2.7 所示。在曼彻斯特编码中,每个比特时间被分为两半,"1"前半段高、后半段低,"0"前半段低、后半段高。差分曼彻斯特编码(Differential Manchester Encoding)是曼彻斯特编码的一种变形,既具有曼彻斯特编码在每个比特时间间隔中间信号一定会发生跳变的特点,也具有差分码用时钟周期起点电平变化的特点,"1"前半段与上个电平相同,"0"前半段与上个电平相反。

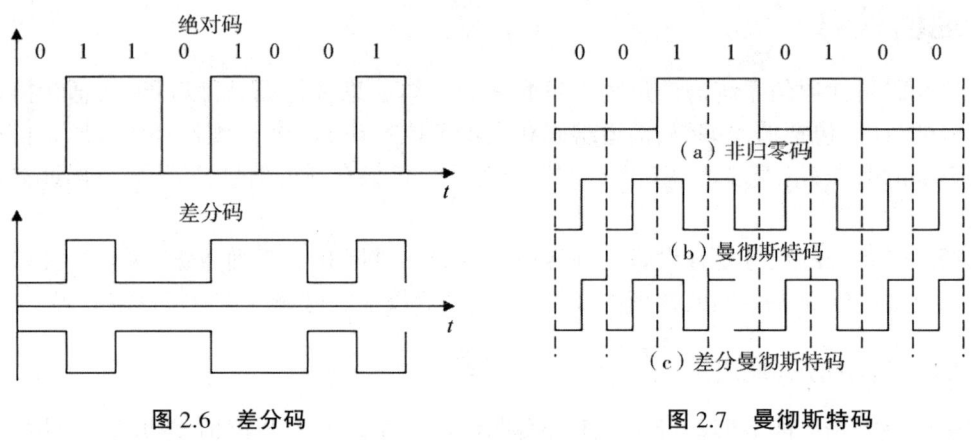

图 2.6 差分码

图 2.7 曼彻斯特码

2.2.2 模拟信道编码

模拟信道一般无法直接传输数字信号,但可以通过调制将待传送的数字信号调制成正(余)弦信号作为载波,再通过解调将模拟信号中包含的数字信号进行解析。调制工作根据所控制的载波参数的不同分为幅移键控法(ASK)、频移键控法(FSK)和相移键控法(PSK)三种方式,如图 2.8 所示。

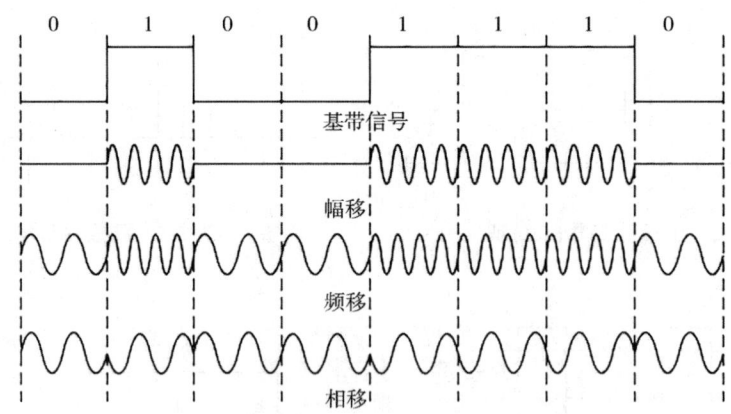

图 2.8 对数字信号的几种调制方法

正交调制(Quadrature Amplitude Modulation,QAM)是一种在模拟信道传输的,将两个正交载波上进行幅度调制的调制方式。这两个载波通常是相位差为 90°的正弦波,因此被称作正交载波。常见的正交调制有 4QAM、8QAM、16QAM、32QAM 等调制方式。以 16QAM 为例,如

图 2.9 所示,可供选择的相位有 12 种,而对于每一种相位有 1 种或 2 种振幅可供选择。由于 4 bit 编码共有 16 种不同的组合,因此这 16 个点中的每个点可对应于一种 4 bit 的编码。若每一个码元可表示的比特数越多,则在接收端进行解调时正确识别每一种状态就越困难。

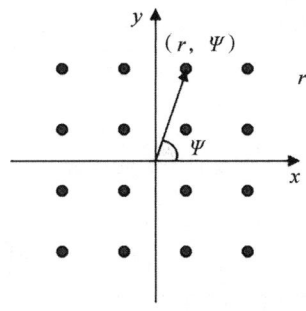

图 2.9　16QAM 正交调制

2.2.3　数据同步

数据同步是为了解决串行数据传输中通信双方的码组或字符的同步问题。所谓"同步",就是指发送端和接收端要按照何种数据的组织同步规则实现数据可靠传输。"同步"要求接收端不仅要知道一组二进制位的开始与结束,还要知道每位的持续时间,这样才能做到用合适的采样频率对所接收的数据进行采样。位同步的数据传输是指接收端接收的每一位数据信息都要和发送端准确地保持同步,主要采用外同步法和自同步法两种策略。外同步法是指接收端的同步信号由发送端送来,目前这一方法较少被使用,其传输如图 2.10 所示。自同步法是指从数据信息波形本身提取同步信号的方法,是目前常用的同步方法,包含字符同步和帧同步两种方法。

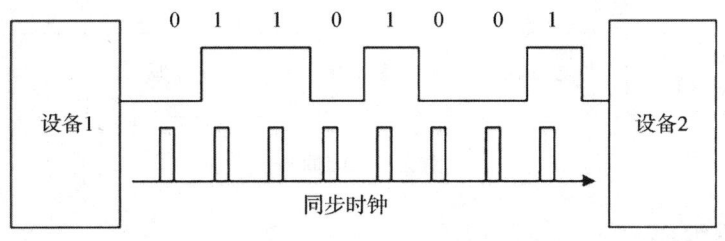

图 2.10　外同步传输

2.2.3.1　字符同步

字符同步也称异步传输,在通信的数据流中,每次传送一个字符,且字符间异步,字符内部各位同步即被称为字符同步方式。异步传输如图 2.11 所示,异步字符传输如图 2.12 所示。开始传送前,线路处于空闲状态,送出连续"1";传送开始时首先发一个"0"作为起始位,然后出现在通信线路上的是字符的二进制编码数据。每个字符的数据位长可以约定为 5 位、6 位、7 位或 8 位,一般采用 ASCII 编码,后面是奇偶校验位,也可以约定不要奇偶校验位,最后是表示停止位的"1"信号。这个停止位可以约定持续 1 位或 2 位的时间宽度。至此一个字符传送完毕,线路又进入空闲状态,持续送出"1",经过一段时间后,下一个字符开始传送,发出起始位。

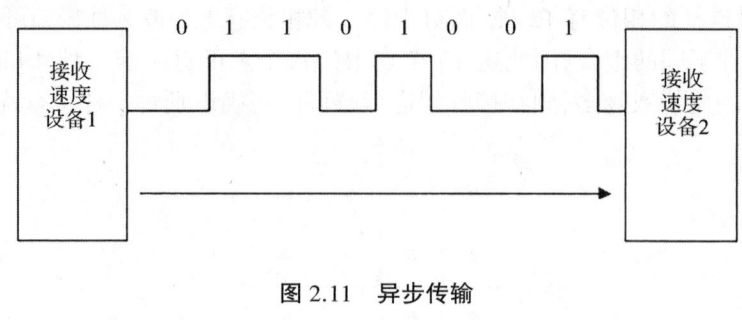

图 2.11　异步传输

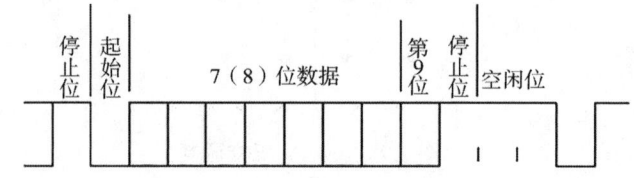

图 2.12　异步字符传输

异步传输降低了对接收时钟精度的要求,它最大的优点是设备简单、易于实现,但是它的效率很低,因为每个字符都要附加起始位和结束位,辅助开销比例较大。异步传输是串口通信所采用的通信方式。

2.2.3.2　帧同步

帧同步也称同步传输,在通信的数据流中,以多个字符组成的数据块为单位进行传输,收发双方以固定时钟节拍来发送和接收数据信号,字符或码组之间以及位与位之间是同步的。与异步传输不同,帧同步传输在传送数据块时,在帧头处要用同步字符来指示,如图 2.13 所示,并在发送端和接收端之间要用时钟来实现同步,对硬件有较高要求。帧同步是工业现场总线和工业以太网所采用的同步工作方式。

| 帧头
（同步字符） | 控制域 | 数据域 | 校验域 | 帧尾 |

图 2.13　帧同步

2.2.4　数据编码

通过数据编码可以把一种信号与一个预先预定的数据组合的内容联系起来。目前,国际公认编码有很多种,如 BCD 编码是将 4 位二进制码组合成十进制数,莫尔斯码用于电报通信中,博多码用 5 位二进制码表示一个字符或字母,还有在计算机数据通信中广泛使用的美国信息交换标准代码(American Standard Code for Information Interchange,ASCII)等。

ASCII 是一种 7 位二进制编码。其 128 种二进制组合分别对应一定的数字、字母、符号或特殊功能。如:十六进制的 30 至 39 分别表示数字 0 至 9,十六进制的 41 表示字母 A,十六进制的 27、2B 分别表示逗号","和加号"+",0A、0D 则分别表示换行与回车功能等。工业通信中往往利用 ASCII 传递数据和各种诊断信息,当然也可以不经过编码的二进制数来直接传递现场信息。

2.3 通信系统的性能指标

通信系统的性能指标主要反映通信系统信息传输的有效性和可靠性。有效性是指传输信息的能力,反映了通信系统资源的利用率;而可靠性是指接收信息的可靠程度。下面介绍了通信系统的一些常用的性能指标。

2.3.1 数据传输有效性指标

数据传输速率是指通信系统单位时间内传送的数据量,包括波特(baud)率和比特(bit)率两种表示方式。

波特率是指通信系统每秒传多少个码元。波特是波特率的单位。1 波特为每秒传送 1 个码元,1 个码元可以包含 n 个状态。码元传输速率也称调制速率、波形速率或符号速率。

比特率 S_b 是指通信系统每秒传输的二进制位数(bit/s)。其与波特有如下的换算关系

$$S_b = \frac{\log_2 n}{T} \tag{2.1}$$

其中,T 表示发送一个码元所需的最小时间;n 为信号的有效状态数。

除了以上两种指标外,反映数据传输速率的指标还包括:

①通信频带利用率[(bit/s)·Hz]:每赫兹带宽所能实现的比特率。

②协议效率:所传递数据包中有效数据与整个数据包长度的比值。

③通信效率:数据帧的传输时间与用于发送报文的所有时间之比等。

2.3.2 数据传输可靠性指标

误码率是反映数据传输可靠性的一项重要指标,其表示二进制码元在数据传输系统中被误传的概率,如式(2.2)所示。

$$P_e = \frac{N_e}{N} \tag{2.2}$$

其中,N_e 为被传错的码元数;N 表示二进制码元总数。

2.3.3 通信信道的频率特性

幅频特性:不同频率信号通过信道后,其幅值受到不同衰减的特性。

相频特性:不同频率信号通过信道后,其相角发生不同程度改变的特性。

2.3.4 信道容量

信道容量是指在某种传输介质中单位时间可能传送的最大比特数。只要信号速率低于信道容量,就可以找到一种编码方式,实现低误码率传输。否则,其传输就不能正常进行。信道中有噪声存在,导致信道传输出错的概率会更大,因而会降低信道容量。

噪声大小一般由信噪比 S/N 来衡量。由香农公式可以推出信道容量 C 与信道带宽 W,信噪比之间的香农(Shannon)计算公式为

$$C = W \log_2 \left(1 + \frac{S}{N}\right) \tag{2.3}$$

其中，W 为信道的带宽（以 Hz 为单位）；S 为信道内所传信号的平均功率；N 为信道内部的高斯噪声功率。由式（2.3）可知，提高信噪比或增加信道带宽均可增加信道容量。

2.4 网络的拓扑结构

计算机网络拓扑（Computer Network Topology）是指组成网络间的设备分布情况以及连接状态，分为物理拓扑和逻辑拓扑两种。物理拓扑是指网络设备通过实际物理介质的连接方式；而逻辑拓扑是指在物理设备之间的数据流经过的转发路径。物理拓扑和逻辑拓扑并不一定相同，一般的网络拓扑往往指的是逻辑拓扑。网络的拓扑结构主要有总线型、星型、树型、环型、网状和混合型等形式。其中，前三种形式的拓扑结构在工业网络中比较常见。

2.4.1 总线型网络拓扑结构

如图 2.14 所示，总线型网络拓扑结构是将网络中的所有设备通过相应的硬件接口直接连接到公共总线上，节点之间按半双工方式通信。总线型网络拓扑结构具有结构简单、易于安装、可扩充性好、易于维护等优点。但是这种网络拓扑结构采用半双工通信方式，通信效率较低。工业现场总线一般采用的就是总线型网络拓扑结构。

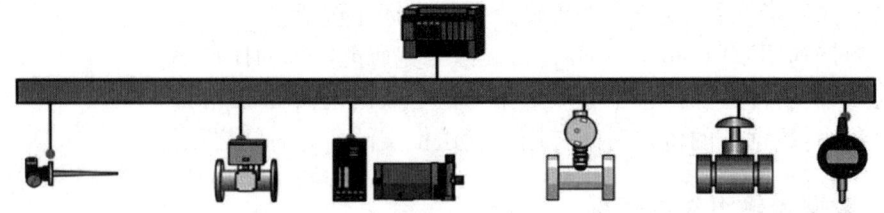

图 2.14　总线型网络拓扑结构

2.4.2 星型网络拓扑结构

如图 2.15 所示，星型网络拓扑结构是一种以中央节点为中心，把若干外围节点连接起来的辐射式互联结构。这种结构适用于局域网，以双绞线作连接线路。星型网络拓扑结构具有控制简单、易于维护、通信速率高等特点，是工业以太网常采用的拓扑形式。

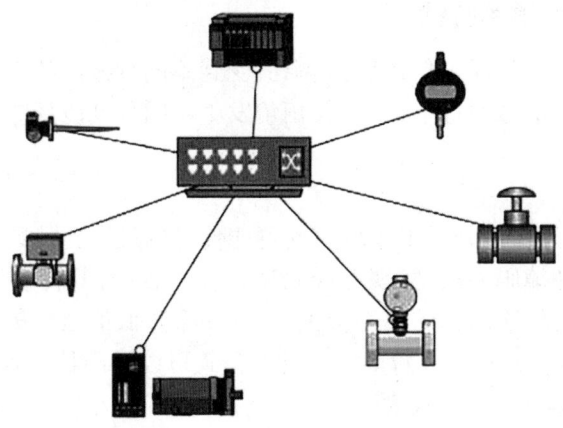

图 2.15　星型网络拓扑结构

2.4.3　树型网络拓扑结构

如图 2.16 所示,树型网络拓扑结构可以认为是由多级星型网络拓扑结构组成的,只不过这种多级星型网络拓扑结构自上而下采用分级的集中控制方式,其传输介质可有多条分支,但不形成闭合回路,每条通信线路都必须支持双向传输。树型网络拓扑具有易于扩展、故障隔离较容易等优点,但其对根的依赖性太大,适用于较大型的网络。

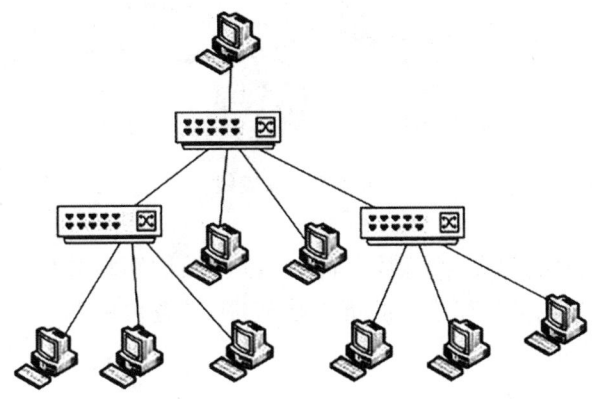

图 2.16　树型网络拓扑结构

2.5　网络传输介质

网络传输介质是数据传输系统中在发送器和接收器之间的物理通路,分为有线介质和无线介质。在有线介质中,电磁波沿着固体介质(铜线或光纤)传播;而无线介质指的是自由空间,电磁波在空间中传输。表 2.1 列出了典型传输介质的频带范围、带宽以及传输距离等基本特性。

表 2.1　典型传输介质基本特性表

传输介质	频带范围	带宽	传输距离
双绞线	1~100 MHz	100 MHz	100 m 左右
同轴电缆	100 kHz~1 GHz	1 GHz	几千米至几十千米
无线	10 kHz~900 MHz	900 MHz	几十千米
微波	300 MHz~300 GHz	2~40 GHz	视距范围
卫星	3 MHz~3 GHz	KU:2~ 8 GHz KA:20~30 GHz	一个同步卫星可以覆盖地球 1/3 以上的表面
光波	2 500~3 000 GHz	30 000 GHz	不加中继器传输距离为 6~8 km

2.5.1　有线介质

2.5.1.1　双绞线

双绞线由两根绝缘相互绞合的铜导线构成,如图 2.17 所示,由于其性价比较高,在电话和局域网布线中比较常用。双绞线分为 1 类到 7 类,其类别越高,获得的带宽和传输速率越高,最高传输速率可以达到 600 Mbit/s。绞合可减少对相邻导线的电磁干扰,使干扰在一定程度上得以抵消,提高电磁波的传输质量,这样才能提高线路的传输特性。类别越高的双绞线其绞合度和绞合精度越高。

图 2.17　双绞线

2.5.1.2　同轴电缆

同轴电缆由内导体铜质芯线、绝缘层、屏蔽层以及保护塑料外层所组成,如图 2.18 所示。由于屏蔽层的作用,同轴电缆具有很好的抗干扰特性,带宽可以达到 1 GHz,被广泛用于传输较高速率的有线电视网布线。

图 2.18　同轴电缆

2.5.1.3　光缆

光缆通常由石英玻璃纤芯(光纤)和包层构成,如图 2.19 所示。光纤通信就是利用光导纤维传递光脉冲来进行通信。由于光的频率约为 10^8 MHz,因此光纤通信系统的传输带宽远远大于其他传输媒体的带宽。

光纤分为多模光纤和单模光纤两种。多模光纤可以同时传输多条不同角度入射的光信号,但由于光脉冲在多模光纤中传输时会逐渐展宽,有易失真、传输距离短的缺点。单模光纤的直径接近一个光的波长,形成波导效应,可以实现长距离传输。单模光纤的纤芯很细,其直径只有几微米,其信号衰耗较小,在 2.5 Gbit/s 的高速率下可传输数十千米而不必采用中继器。

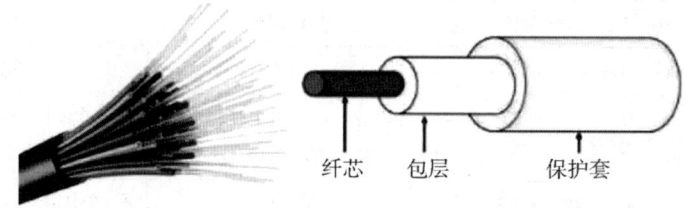

纤芯　　包层　　保护套

图 2.19　光缆

2.5.2　无线介质

利用无线电波在自由空间实现通信具有布线成本低、灵活、移动性强等特点,相对于有线通信具有很多优势。近二十几年,无线电通信发展得特别快,手机移动通信、无线上网和物联网等成为生活中较为常见的技术,并逐渐延伸到各种工业应用。无线传输可使用的频段很广,一般覆盖短波、微波、红外、激光等。

短波信道的通信质量较差,一般用于短距离、低速的广播通信,实际应用较少。红外通信、激光通信也使用无线介质,主要用于近距离设备间的相互传送数据。

微波的频率范围为 300 MHz ~ 300 GHz(波长 1 m ~ 10 cm),具有频率高、抗干扰能力强、穿透性强等优点,是目前各种无线通信主要使用的频段。大到公共的卫星通信、微波通信,小到局域网、物联网、工业设备组网等都会用到微波频段。无线电频段的使用必须得到本国政府有关无线电频谱管理机构的许可。但是,也有一些无线电频段,如 2.4 GHz 和 5.8 GHz 频段是可以自由使用的,这正好满足了民用和工业用无线网的各种应用需求。

2.6 介质访问控制

介质访问控制(Medium Access Control,MAC),是解决当局域网中共用信道的使用产生竞争时,如何分配信道的使用权问题。常用的介质访问控制方式有载波监听多点接入/碰撞检测(Carrier Sense Multiple Access/Collision Detection,CSMA/CD)、令牌环(Token Ring)、总线仲裁等。

2.6.1 载波监听多点接入/碰撞检测(CSMA/CD)

载波监听多点接入/碰撞检测协议是半双工总线型标准以太网采用的介质争用处理协议,如图 2.20 所示。早期的以太网采用总线方式将多台计算机构建成局域网络。当一台计算机发送数据时,总线上的所有计算机都能检测到这个数据。在发送数据帧时,在帧的首部写明接收站的地址。仅当数据帧中的目的地址与某台计算机的固定硬件地址一致时,该计算机才能接收这个数据帧,对与自身固定硬件地址不一致的数据帧就丢弃。

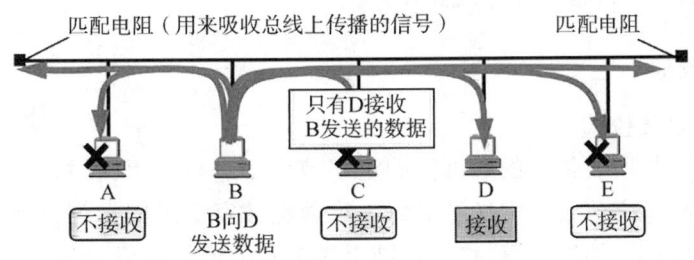

图 2.20 CSMA/CD 介质访问控制

当然,CSMA/CD 协议的实现还包括很多细节。"多点接入"表示许多计算机以多点接入的方式连接在一根总线上。"载波监听"是指每一个站在发送数据之前先要检测一下总线上是否有其他计算机在发送数据,如果有,则暂时不要发送数据,以免发生碰撞。"碰撞检测"就是计算机边发送数据边检测信道上的信号电压大小。当几个站同时在总线上发送数据时,总线上的信号电压摆动值将会增大(互相叠加)。当一个站检测到信号电压摆动值超过一定的门限值时,就认为总线上至少有两个站同时在发送数据,表明产生了碰撞,也就是发生了冲突。在发生碰撞时,总线上传输的信号产生了严重的失真,无法从中恢复出有用的信息来。每一个正在发送数据的站,一旦发现总线上出现了碰撞,就要立即停止发送,免得继续浪费网络资源,然后等待一段随机时间后再次发送。

使用 CSMA/CD 协议的每个站在发送数据之后的一小段时间内,存在着遭遇碰撞的可能性。这种发送的不确定性使整个以太网的平均通信量远低于网络传输的最高数据率。目前,主流的计算机局域网大多采用全双工通信的交换机星型架构。

2.6.2 令牌环网(Token Ring)

令牌环网采用另一种方式访问介质。如果网上站点请求发送数据帧,就必须获取空令牌,并将其改为忙令牌。这时环内其他站点不能发送数据,该站点随后发送数据帧。环上站点接收数据帧,提取地址信息,并与本站地址进行比较,如相同则同时接收数据,接收完成后,设置相应标记。该帧在环上循环一周后回到发送站,发送站检测到相应标记后将此帧移去,然后将忙令牌改成空令牌,投入环网中,供后续站发送帧。

令牌环网的缺点是需要维护令牌,一旦失去令牌就无法工作,需要选择专门的节点监视和管理令牌。令牌环网存在固有缺点,使其落后于计算机网络的市场竞争,逐渐退出了市场。

总线仲裁是工业现场总线常用的介质访问控制方法,由于会在第 4 章 CAN 总线技术里详述,在本章就不做介绍了。

2.7 差错控制方法

在数据通信过程中,数据难免会受到各种因素的影响导致在传输过程中发生错误。造成数据通信差错的原因包括:在物理信道上,线路本身的电气特性随机产生信号幅度、频率、相位的畸形和衰减;电气信号在线路上产生反射噪声的回波效应;相邻线路之间的串线干扰;大气中的闪电、电源开关的跳火、自然界磁场的变化以及电源的波动等外界因素影响。差错控制的主要目的是发现错误数据,为后续的错误处理提供依据。本节将介绍数字通信中最常使用的奇偶校验、纵向冗余校验和循环冗余校验方法。

2.7.1 奇偶校验

2.7.1.1 垂直奇偶校验

垂直奇偶校验是将所要传输的数据按固定字节数 p 进行分组,在每一组字节的后面增加一个冗余字节作为校验字节。在发送端对每一组数据按字节纵向排列,按纵向对应位采用偶校验或奇校验方式做模二加法计算,将计算结果作为冗余校验字节,按顺序发出,如图 2.21 所示。在接收端将接收到的每组数据做与发送端同样的计算,并将计算结果与发来的冗余检验字节比较。如果一致,就判断接收的这组数据正确,否则判断接收的这组数据错误。偶校验计算使纵向对应位直接做模二加法计算,计算结果填入冗余检验字节的对应位。奇校验计算使纵向对应位直接做模二加法计算,其后再多加一个"1"。

偶校验 $r_i = I_{11} \oplus I_{21} \oplus \cdots \oplus I_{p1}$;奇校验 $r_i = I_{11} \oplus I_{21} \oplus \cdots \oplus I_{p1} \oplus 1$。

模二加法规则 $0 \oplus 0 = 0$;$1 \oplus 0 = 1$;$0 \oplus 1 = 1$;$1 \oplus 1 = 0$。

垂直奇偶校验是数字通信中比较常用的数据校验手段。其能查出垂直列上的奇数位差错,不能查出偶数位差错;由于突发出现奇数位错误码元与出现偶数位错误码元的概率各半,因此垂直奇偶校验只能查出 50% 的突发性错误。

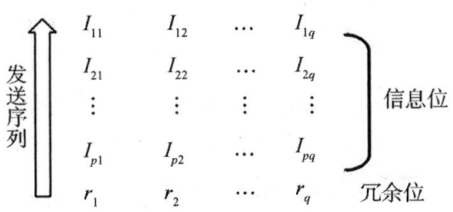

图 2.21　垂直奇偶校验

垂直奇偶校验码的编码效率为 $R = \dfrac{p}{p+1}$ ，与分组大小有关。分组字节数越多,编码效率越高,但收发端校验计算时间也会相应延长,出现误检的概率也会相应提高。因此,合理地分配分组大小,是垂直奇偶校验码实际应用中值得关注的问题。

2.7.1.2　水平奇偶校验

水平奇偶校验(见图 2.22)一般作为单片机串口通信的基本功能通过设置由硬件自动实现。发送端是先发送以字节为单位的数据,再发送校验位。校验方式与垂直奇偶校验类似,只不过按水平方向按奇校验或偶校验做模二加法计算,将计算结果作为校验位。接收端先接收这个字节数据,然后接收校验位,判断计算出的校验位与接收的校验位是否一致。如果一致,就判断接收的这个字节数据正确,否则判断接收的这个字节数据错误。与垂直奇偶校验类似,水平奇偶校验也只能查出 50% 的突发性错误。

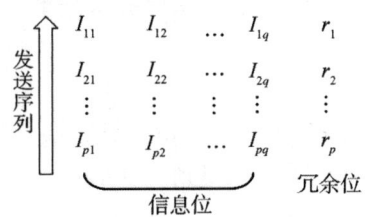

图 2.22　垂直水平奇偶校验

偶校验 $r_i = I_{11} \oplus I_{12} \oplus \cdots \oplus I_{1q}$;奇校验 $r_i = I_{11} \oplus I_{12} \oplus \cdots \oplus I_{1q} \oplus 1$ 。

2.7.1.3　垂直水平奇偶校验

将以上介绍的垂直奇偶校验与水平奇偶校验同时使用,就可以实现垂直水平奇偶校验(见图 2.23)。垂直水平奇偶校验不但能够更为精确地检测数据,还可以通过垂直和水平错误对应位确定具体错误位,这样就可以对这一位进行纠错。不过,这种纠错方式虽然理论上正确,但在实际应用中效果并不理想,很少被使用。

图 2.23　水平奇偶校验

2.7.2 纵向冗余校验

纵向冗余校验(Longitudinal Redundancy Check,LRC)是通信中常用的一种校验形式,也称纵向校验。它是一种从纵向通道上的特定比特串产生校验比特的错误检测方法。在工业领域,Modbus 协议中的 ASCII 传输模式校验就采用该算法。

2.7.2.1 LRC 的算法步骤

(1)对待校验数据序列的每个字节(8 位)组成的 2 个十六进制数值进行整体求和;

(2)将求和结果取反后加 1;

(3)如果计算结果超过 3 位十六进制字,则保留低 2 位作为校验结果。

2.7.2.2 应用举例

例如:对十六进制序列 01 02 00 00 00 0A 进行 LRC 校验,求校验码。

按照如下算法步骤:

(1)求和 01H+02H+00H+00H+00H+0AH＝0DH,二进制表示为 0000 1101;

(2)取反得 1111 0010;

(3)加 1 得 1111 0011,化为十六进制,得 0xF3。

其完整消息帧应为:01 02 00 00 00 0A F3 。接收方接到数据后,以同样的计算方式进行计算。如果得到的校验值也是 0xF3,则表明接收数据正确,否则表明接收数据错误。如果计算结果超过 3 位十六进制数字,则保留低 2 位作为校验结果。

2.7.3 循环冗余校验

循环冗余校验(Cyclic Redundancy Check,CRC)具有漏检率极低、硬件支持、速度快、稳定性好等特点,在各种工业网络和串口通信中得到广泛应用。

2.7.3.1 CRC 的算法步骤

CRC 的算法步骤可以描述为:

(1)确定 CRC 标准;

(2)在发送端将发送数据按选定 CRC 标准分段;

(3)待发送数据段 Dseg 尾部填入固定 M 位 0(M 为除数位数减 1);

(4)将以上数据与选定 CRC 标准除数 Dr 做模二除法运算,直至计算到最后,得到 M 位余数 R;

(5)将待发送数据段 Dseg 与 R 连接,并发送出去;

(6)接收方接到 Dseg$R$;

(7)接收方对 Dseg$R$ 与除数 Dr 做模二除法计算;

(8)判断余数是否为 0;

(9)如果为 0,则判断接收数据正确,接收数据;否则判断接收数据错误,放弃数据。

(10)回到步骤(3),将后续数据段按步骤(3)~(9)的顺序执行,直至所有数据发送完毕。

2.7.3.2 CRC 校验实例

(1)确定 CRC 检验标准,选择除数 P 为 10111,共 5 位,则 M 为 5−1＝4;

(2)在发送端,将发送数据按选定 CRC 标准分段,设待发送数据段 Dseg 为 1010001($k=$ 7 bit);

（3）将 Dseg 后加 M 个 0 成为 10100010000；

（4）将以上数据与选定 CRC 标准除数 P 做模二除法运算，直至计算到最后，得到 M 位余数 R；

（5）将待发送数据段 Dseg 与 R 连接，获得 10100011101，并发送出去；

（6）接收方接到 10100011101；

（7）Dseg$R$（10100011101）与 P（10111）做模二除法运算；

（8）判断：如果余数为 0，则接收数据无误，接收数据；否则，接收数据有误，丢弃数据。

```
        1001111                      1000111
 10111)10100010000            10111)10100011101
       10111                        10111
       11010                        11011
       10111                        10111
       11010                        11001
       10111                        10111
       11010                        11100
       10111                        10111
       11010                        10111
       10111                        10111
       1101                         0000
```

本例中，如果接收数据计算结果为 0，则判断接收数据正确，接收数据；如果计算结果余数不为 0，则判断接收数据错误，丢弃数据。如果后续还有未发送的数据段，则继续以上步骤，直至发送所有数据。

一种较方便的方法是用多项式来表示循环冗余检验过程。在上面的例子中，用多项式 $P(X)=X^3+X^2+1$ 表示上面的除数 $P=1101$（最高位对应于 X^3，最低位对应于 X^0）。$P(X)$ 称为生成多项式。CRC 除数选择的国际标准有 21 种：

CRC$-$16$=X^{16}+X^{15}+X^2+1$

CRC$-$CCITT$=X^{16}+X^{12}+X^5+1$

CRC$-$32$=X^{32}+X^{26}+X^{23}+X^{22}+X^{16}+X^{12}+X^{11}+X^{10}+X^8+X^7+X^5+X^4+X^2+X+1$

……

小结

本章主要介绍了数据通信相关的基础知识，为之后的工业网络的学习打下基础。数据通信本身是一个系统庞大的知识体系，在这里只挑选少量与工业网络相关的知识点加以介绍。本章分为 7 个小节，2.1 至 2.6 小节主要介绍了通信系统的组成及工作方式、通信编码、通信系统的性能指标、网络的拓扑结构、网络传输介质、介质访问控制等基础知识。这些知识比较琐碎，但对完善学生对通信的基本认识还是有一定帮助的。2.7 小节详细介绍了通信过程中的差错控制方法，是本章的重点，所涉及的各种奇偶校验算法在实际工作中比较实用，而 LRC、CRC 算法都会在后续章节中的各种工业网络协议中用到。

思考题

1.数据通信由哪几个部分组成？各个部分之间的关系是什么？

2.数据通信有哪几种通信方式？在工业总线系统中哪种通信方式最为常用？

3.异步串口通信的同步方式与工业网络的同步方式有何不同？

4.差分曼彻斯特码与普通曼彻斯特码有何不同？

5.数据通信系统的传输速率中的 kbit/s、Mbit/s 和 Gbit/s 分别表示多少 bit/s？

6.一个通信系统通信速率 10 Mbaud，一个码元可以表示 32 种状态，则数据的传输速率为多少？

7.CSMA/CD 的通信方式属于哪一种通信方式？

8.对于 3.1 kHz 带宽的电话信道，$S/N = 2\,500$，此信道的容量为多少 kbit/s？

9.发送数据 11010110、11011001、01010011、01011010，将发送数据分为 1 组，经过垂直奇校验后，冗余校验字节为何值？

10.发送十六进制数序列 34 36 3A 3C 30 31 的 LRC 校验结果为何值？

11.发送数据 0001011011001101，采用 CRC 算法，除数选择 10011。

（1）计算发送序列的校验位；

（2）如果从右向左第 3 位的 1 变为 0，能否检测出来错误？

3 RS485 串口通信技术 及 Modbus 协议

自 1969 年由美国电子工业协会(EIA)联合贝尔实验室制定 RS232 串行通信接口标准以来,RS232 成为计算机与打印机、调制解调器等各种计算机外设间数据交换的重要手段。较早期的 PC 机上一般都会配置 COM1、COM2 两个 RS232 C 接口。但是,RS232 串行通信接口存在传输速率低、信号电平高、传输距离短、仅支持一对一通信能力等不足,使其应用范围大为受限。在各种工业需求的驱动下,EIA 于 1983 年制定了 RS485 标准。RS485 具有线数少、抗干扰性强、可组网等优点,使其在工业控制领域有着较广泛的应用,并对后面出现的现场总线技术产生深远的影响。直到现在,仍有很多工厂设备还在使用 RS485 技术,其技术影响还会在未来一段时间内长期存在。

3.1 RS485 串行通信接口

3.1.1 RS485 接口特点

(1)RS485 工作在半双工通信方式下,是一个一主多从的半双工多机串口通信协议。

(2)RS485 采用两线差分信号。差分信号最大的优势是可以抑制共模干扰,可以有效地提高通信可靠性。逻辑"1"以两线之间的电压差为$+(0.2\sim6)$V 表示,逻辑"0"以两线间的电压差为$-(0.2\sim6)$V 表示,是一种典型的差分通信。

(3)RS485 最大传输速度可以达到 10 Mbit/s 以上。

(4)RS485 内部的物理结构,采用的是平衡驱动器和差分接收器的组合,抗干扰能力大大增强。

(5)传输距离最远可以达到 1 200 m 左右,但是它的传输速率和传输距离是成反比的,只有在 100 kbit/s 以下的传输速度才能达到最远的通信距离,如果需要传输更远距离可以使用中继器。

(6)可以在总线上进行联网实现多机通信,总线上允许挂多个收发器,从现有的 RS485 芯片来看,有可以挂 32、64、128、256 等不同数量设备的驱动器。

3.1.2 RS485 工作方式

早期的多路数据采集系统存在着许多缺点,使它在采集点数和引线长度上受到限制,而采用多 CPU 的方式构成的 RS485 多机通信系统,如图 3.1 所示,则能够有效解决以上问题。例如在一个生产线上要对许多参数(温度、压力、流量等)进行采集检测,并且要对这些数据进行处理、显示、打印或保存。对于这样的需求就可以将多个单片机进行分工:选一台单片机作为主机,专门负责接收其他单片机传回的数据,并进行数据的后期处理,如保存、显示等;而其他的单片机作为从机,完成对传感器的信号检测、A/D 转换,最后将数据上传给主机。

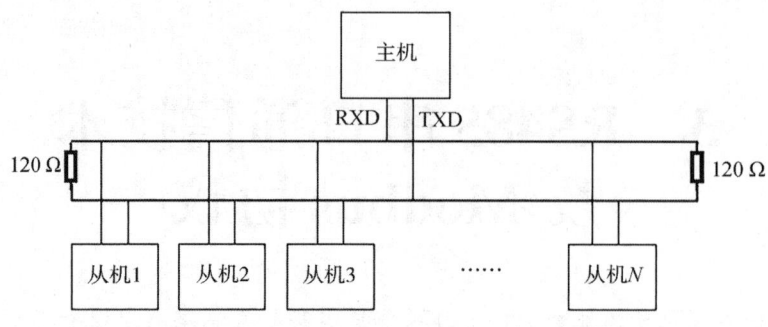

图 3.1　基于 RS485 的多路数据采集系统

3.1.3　RS485 与现场总线的本质区别

虽然 RS485 已经具备初步的多机通信能力，但是能否把其视为一种现场总线系统呢？答案是否定的。RS485 串口通信应用程序并不符合 ISO/OSI 规范，这些应用程序没有规范和软件支持系统，且其扩展能力也十分有限。现场总线是以 ISO/OSI 规范为基础的，具有完整的软件支持系统，能够解决总线控制、冲突检测、链路维护等问题，内容更为丰富复杂。在 RS485 多机通信系统中必须有一个主设备，其余为从设备，只有主设备能与各从设备分别通信，从设备之间不能通信。这种结构是 RS485 固定通信模式，而现场总线设备往往具有自动成网能力，可以无主、从设备之分，也可以允许多主设备存在，从设备之间也可以互相通信。

3.1.4　RS485 接线定义

RS485 会用两根通信线，即 A 和 B 或者 D+ 和 D- 来表示。RS485 一般采用 DB9 连接器，如图 3.2 所示，还会用到 2 脚和 6 脚与两根通信线相连，如表 3.1 所示。

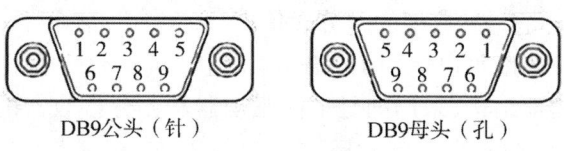

DB9公头（针）　　　　　　　　DB9母头（孔）

图 3.2　DB9 连接器

表 3.1　RS485 DB9 连接器引脚及信号定义

引脚	信号定义
2	DATA-
6	DATA+
7	NC
3	NC
5、1	GND
9	NC

3.1.5　MAX485 驱动转换芯片

RS485 有很多种驱动转换芯片，如支持 32 个节点的 MAX485、SN75176，支持 64 个节点的 SN75LBC184，支持 128 个节点的 MAX487 等。这里以典型的 MAX485 为例，介绍 RS485 的接口设计。

MAX485 是美信(Maxim)公司推出的一款常用 RS485 转换器,如图 3.3 所示。其中,5 脚和 8 脚是电源引脚;6 脚和 7 脚是 RS485 通信中的 A 和 B 两个引脚;1 脚和 4 脚分别接到单片机的 RXD 和 TXD 引脚上,直接使用单片机 UART 进行数据接收和发送。2 脚是低电平使能接收器,3 脚是高电平使能输出驱动器,我们把这两个引脚连到一起,平时不发送数据的时候,保持这两个引脚是低电平,让 MAX485 处于接收状态;当需要发送数据的时候,把这个引脚拉高,发送数据,发送完毕后再拉低这个引脚。为了提高 RS485 的抗干扰能力,需要在靠近 MAX485 的 A 和 B 引脚之间并接一个 100 Ω 到 1 kΩ 的电阻。

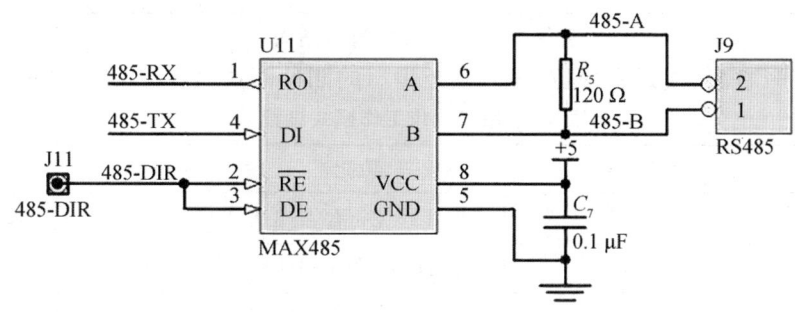

图 3.3   MAX485 硬件接口

3.2   基于 51 单片机的 485 串行通信接口设计

3.2.1   51 单片机 MAX485 接口设计

以最为常用的 STC89C52 为例,介绍其与 MAX485 的接口设计,如图 3.4 所示。P3.0/RXD 和 P3.1/TXD 为串行通信的收发端口,与 MAX485 的 RX 和 TX 引脚连接;选用单片机的 P1.7 引脚控制数据传输方向。这样就设计出了最简单的 485 通信模块。设计时可以在 51 单片机与 MAX485 之间的 RX、TX 和 RE、DE 间加入光耦隔离,这样可以提高系统的抗干扰能力。设计时还要注意光耦的方向,应设计成与信号的方向一致。端接的 120 Ω 可以预留器件位置,在两端的模块上可以方便端接电阻加入。将多个这样的模块用双绞线连接,就可以构成一个 485 多机通信系统。

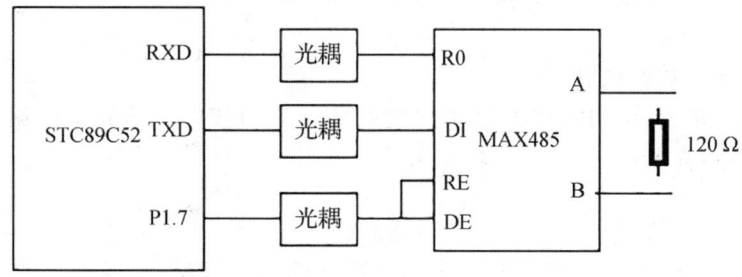

图 3.4   STC89C52 与 MAX485 接口原理图

3.2.2   串行通信相关寄存器

3.2.2.1   数据缓冲寄存器(SBUF)

SBUF 是用来存放串口发送和接收数据的寄存器,在 SFR 的地址为 99H。在物理上它对应两个不同的单元:发送寄存器和接收寄存器。

CPU 写 SBUF 就是开始发送数据(MOV SBUF,A);

CPU 读 SBUF 就是接收数据到 A(MOV A,SBUF)。

由于发送的 SBUF 与接收的 SBUF 是两个不同的逻辑部件,所以在硬件设计上保证了 51 单片机串口是一个可以同时发送与接收的"全双工"接口。

3.2.2.2 串口控制寄存器(SCON)

SCON 地址:98H,负责串口控制寄存器,其结构如图 3.5 所示。

SM0	SM1	SM2	REN	TB8	RB8	TI	RI

图 3.5 串口控制寄存器结构

SM0 SM1:串口操作模式选择位,可以确定串口的四种模式之一(如表 3.2 所示);

表 3.2 串口操作工作模式设置

SM0 SM1	模式	功能	波特率
0 0	0	同步移位寄存器模式	$f_{osc}/12$
1 0	1	1+8+1 位 UART	可变
1 0	2	1+9+1 位 UART	$f_{osc}/64$ 或/32
1 1	3	1+9+1 位 UART	可变

RI:完成一帧数据接收的标志,原始应清零,接收完成 RI=1 并申请中断。

TI:完成一帧数据发送的标志,原始应清零,发送完成 TI=1 同时申请中断。

RB8:在 9 位数据传送的模式 2、3 时,接收到的第 9 位数据。

TB8:在 9 位数据传送的模式 2、3 时,将要发送的第 9 位数据。

REN:允许接收位,REN=1 时允许接收,由软件置位或清零。

SM2:多机通信使能位。

模式 0、1 时:SM2 不用,应设为 0,此时 RI 才能被正常激活并引发中断。

模式 2、3 时:若 SM2=0 时,无论 RB8 如何,RI 都能被激活(RI=1)。但是 RI=1 并不能引发中断,所以只能用查询的方式接收数据。

若 SM2=1,收到的第 9 位(RB8)=0 时,则 RI 不会被激活;

若 SM2=1 且 RB8=1,只有当 RI=1 时,RI 才能被激活并引发中断。

f_{osc}:系统时钟频率。

3.2.2.3 第 9 位数据处理

发送时,将 SCON 中的 TB8 作为第 9 位数据发送;接收时,将接收来的第 9 位送到 SCON 中的 RB8 中,如图 3.6 所示。

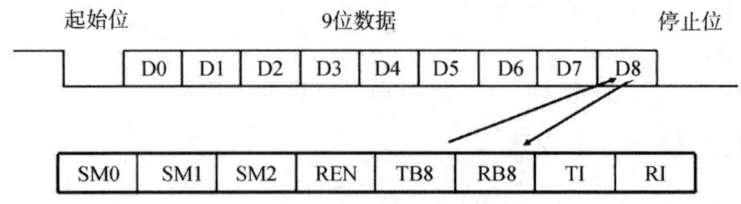

图 3.6 第 9 位数据处理过程

3.2.3 波特率的设定

3.2.3.1 串口正确通信的条件

在串口的异步通信中,发送方与接收方是两个互相独立的系统,它们的系统时钟可以各不相同。在这种条件下使通信正确的条件是:

(1)要有相同的字符帧格式;

(2)要有相同的波特率。

3.2.3.2 串口波特率的设置

MCS-51 单片机的串口四种模式其波特率各不相同。其中模式 1、3 的波特率就是由定时器 T1 的溢出率来决定的。在编制串口通信(模式 1、3)程序时,在程序的初始化中,必须进行波特率的设定,即对 T1 进行初始化。另外,PCON 中的 SMOD 位起着波特率加倍的作用。

T1 初始化的主要任务就是:

(1)设置 T1 的工作方式为定时($C/T=0$);

(2)工作模式为模式 2:自动重装;

(3)计算定时常数并分别送给 TH1、TL1。

波特率计算公式:

$$B = \frac{2^{SMOD}}{32} \times T_{1spr} \tag{3.1}$$

式中:T_{1spr} 为 T_1 的溢出率,是定时器 T_1 溢出一次的时间的倒数。

$$T_{1spr} = \frac{f_{osc}/12}{256 - TH_1} \tag{3.2}$$

波特率计算公式:

$$B = f_{osc} / [192 \times (256 - TH)] \quad (SMOD = 1 \text{ 时}) \tag{3.3}$$

或

$$B = f_{osc} / [384 \times (256 - TH)] \quad (SMOD = 0 \text{ 时}) \tag{3.4}$$

其中:f_{osc} 为系统时钟频率,TH 为定时器 T_1 的初始值。

$$TH = 256 - [f_{osc}/(192 \times B)] \quad (SMOD = 1 \text{ 时}) \tag{3.5}$$

或

$$TH = 256 - [f_{osc}/(384 \times B)] \quad (SMOD = 0 \text{ 时}) \tag{3.6}$$

【举例】设 f_{osc} 为 11.059 MHz,SMOD 设置为 0,要求波特率为 1 200 Hz,求 TH。

【解】根据式(3.6)

$$TH = 256 - \frac{11.059 \times 10^6}{384 \times 1\ 200} = 232 = 0x0E8H$$

3.2.4 基于 51 单片机的 485 串口通信主机和从机程序设计

3.2.4.1 主从式多机通信原理

主从式多机通信原理是:主机发送的数据可以传送到各个从机,从机发送的数据只能为主机接收,从机之间不能直接通信。

主机和从机的设置为模式 2 或 3,其中主机的 $SM2=0$,从机的 $SM2=1$。

主机首先通过发送地址码来寻找从机(地址码的特征是第 9 位数据为"1",且被从机接收为 RB8），所以，所有的从机都能接收到主机发出的地址码（因为：$RI = 0$，$SM2 = 1$，$RB8 = 1$），并使 $RI = 1$ 引发中断。从机在中断服务程序中，将接收到地址码与自己的地址进行比较，被选中的从机 $SM2 = 0$，而未被选中的从机仍保持 $SM2 = 1$。

当主机找到从机后，开始向从机发数据、命令，其特征为第 9 位数据为"0"。由于从机 $SM2 = 0$，所以尽管接收到的 $RB8 = 0$，同样可以激活从机的 RI，使其以查询的方式接收主机发出的数据或命令。当主机与从机的通信完成后，从机再使其 $SM2 = 1$，主机重新发出另一个从机的地址，所有从机可以马上响应并接收地址信息。

如表 3.3 所示，在模式 2、3 中，$SM2 = 0$ 时，$RB8 = 1$ 或 $RB8 = 0$ 都可以激活 RI，但不能引发中断。$SM2 = 1$ 时，$RB8 = 1$ 才能激活 RI 并引发中断。而 $RB8 = 0$ 时，RI 不能激活。模式 2、3 使用时要注意的问题：当主机找到从机后，就可以与从机以特定的方式进行通信，如带校验位的 9 位数传送或多机通信。注意：当 $SM2 = 0$ 时，只能采用查询方式。

表 3.3　$SM2$ 功能设置

功能		$SM2$	第 9 位	工作方式
带校验位的 9 位数传送		$SM2 = 0$	校验位	以查询（RI）的方式接收数据
多机通信	主机	$SM2 = 0$	地址码时：$TB8 = 1$ 数据、命令时 = 0	以查询的方式工作
	从机	$SM2 = 1$ $TB8 = 0$	未选中时 $SM2$ 不变，选中后 $SM2$ 置 0，数据接收完毕 $SM2$ 重新置 1。从机与主机通信期间，主、从双方的 $TB8$ 置 0，通信完毕后置 1	以中断的方式接收地址，以查询的方式与主机通信

3.2.4.2　485 通信主、从机工作主程序流程图（见图 3.7）和通信程序流程图（见图 3.8）

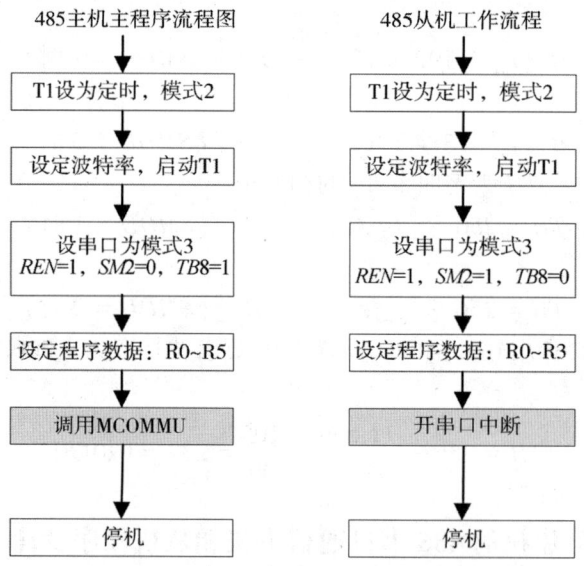

图 3.7　485 通信主、从机工作主程序流程图

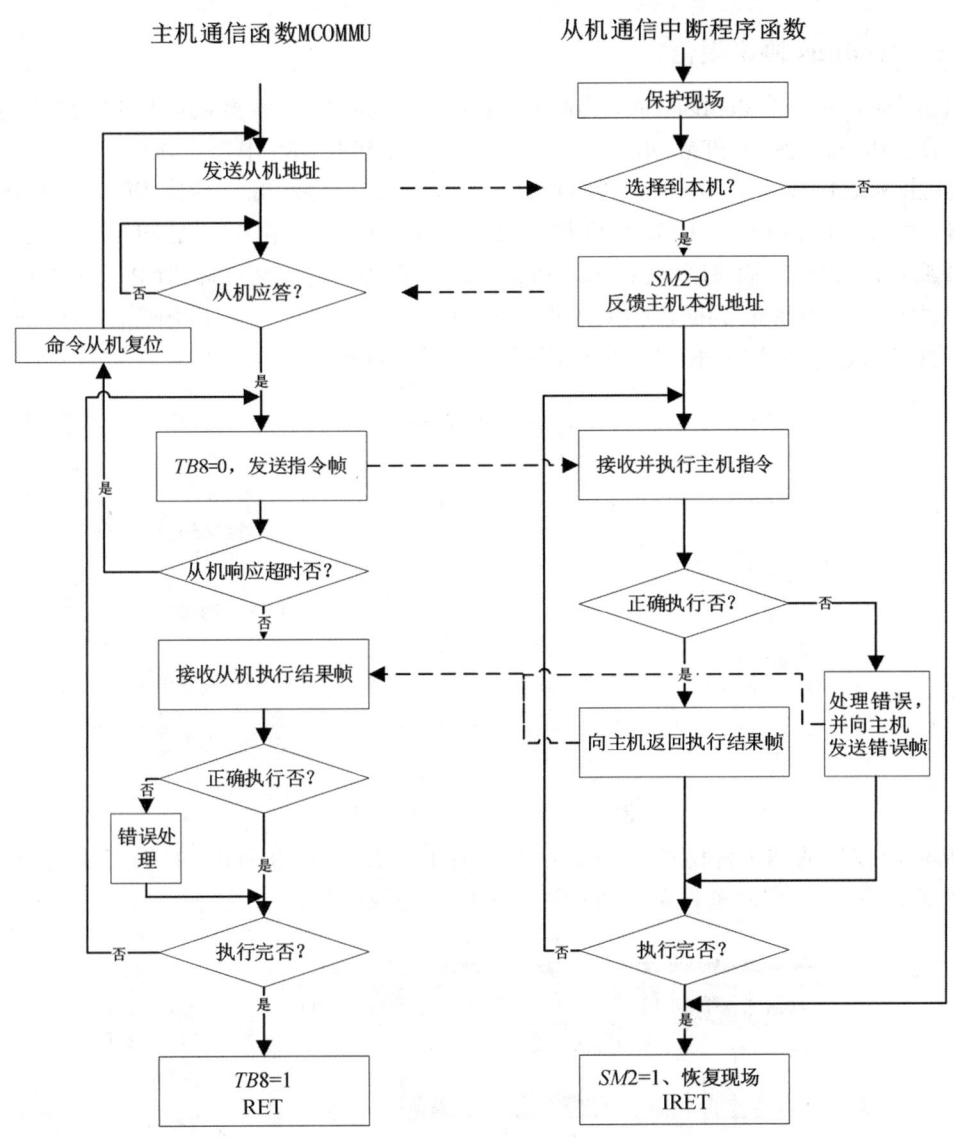

图 3.8　485 通信主、从机通信程序流程图

3.3　Modbus 协议

3.3.1　Modbus 协议概述

　　Modbus 协议,于 1979 年由 Modicon 公司提出,是第一个用于工业现场的总线协议。在 1996 年,Modicon 公司被施耐德公司收购,并成立了 Modbus-IDA 组织。此组织的成立和发展,进一步推动了 Modbus TCP 协议的广泛应用。1997 年,Modbus-IDA 制定了以太网通信标准 Modbus TCP。2004 年,中国机械工业联合会制定《基于 Modbus 协议的工业自动化网络规范》(GB/T 19582—2008)。Modbus 协议因具有标准开放,支持 RS232、RS485、TCP/IP 等多种通信接口,通信协议简单,容易设计等特点,被许多控制设备或外围信号设备广泛采用,成为自动控制业界的通用标准。

3.3.2 Modbus 协议规范

Modbus 协议栈包括 ModbusASCII、ModbusRTU、Modbus TCP 和 ModbusPLUS 四种类型,如图 3.9 所示。ModbusASCII 和 ModbusRTU 服务于 RS232 和 RS485 串口。这两种类型的功能基本一致,ModbusRTU 模式采用十六进制数编码,结构紧凑;而 ModbusASCII 模式采用 ASCII 编码,数据经过 ASCII 译码直接可读,长度是 ModbusRTU 的一倍。相比于 ModbusASCII,Modbus-RTU 模式编码效率高、传输速度快,在串口通信中应用更为广泛。Modbus TCP 是工业以太网的标准应用层协议,是一种重要的工业以太网,因其免费且易用,在工业界应用广泛。ModbusPLUS(Modbus+或者 MB+)协议是 MODICON 专用版本,支持 MODICON 专用产品。

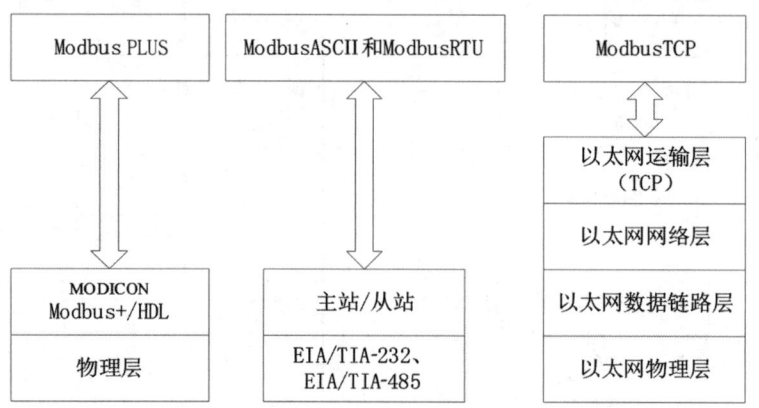

图 3.9　Modbus 协议栈模型

Modbus 协议栈的四个种协议之间是互不兼容的。如图 3.10 所示,如果需要实现不同协议间的数据交换,就需要网关设备对数据进行相应的协议转换。

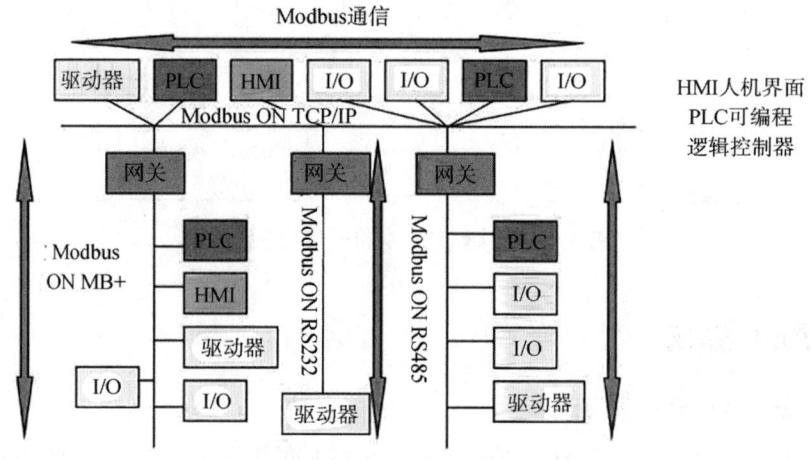

图 3.10　Modbus 不同协议栈间的通信

3.3.3 Modbus 在串行链路上的实现

Modbus 串行链路协议是一个主/从协议。一个 Modbus 系统中一般存在一个主节点和多个从节点。每个从节点必须有唯一的地址(1~247)。主节点是主动发起向"从"节点发出各种命令或处理各种响应,一个系统里有一个主节点;而从节点间不能互相通信,只能被动接收、执行或响应主节点发来的命令。Modbus 串行链路主要支持 RS485 和 RS232 两种串口。RS232

只适用于短距离的点到点通信,而 RS485 可以实现一主多从的多机通信,因而在实际应用中更为常见。

3.3.3.1　主节点 Modbus 请求模式

（1）单播模式

在单播模式下,主节点以特定地址访问某个从节点（1~247）,从节点接到并处理完请求后向主节点返回一个应答报文。在这种模式中,一个 Modbus 事务处理包含一个来自主节点的请求报文和一个来自从节点的应答报文两个报文。

（2）广播模式

在广播模式下,主节点向所有的从节点发送请求,从节点不对主节点返回应答。广播请求一般用于写命令,所有设备必须接受广播模式的写功能。地址 0 是专门用于表示广播数据的。

3.3.3.2　Modbus 串行链路协议执行过程

Modbus 串行链路主、从机工作流程如图 3.11 所示。协议执行过程 Modbus 通信总是由主节点发起。在多机通信中主节点通过发送请求帧向从节点发出读写指令;从节点收到请求帧后提取待选地址与自身地址相比较,如果一致,就执行主节点的指令并对主节点返回执行结果;当从节点正确执行指令后,向主节点返回正常响应帧;反之从节点执行指令异常,向主节点返回异常响应帧。主节点在发出请求帧后就会等待从节点的响应帧,如果超时,表明没有从节点接到该帧回到空闲状态。在接收到从机响应后,判断从机响应是否正常,如果正常,回到空闲状态;反之,则在错误处理后回到空闲状态。

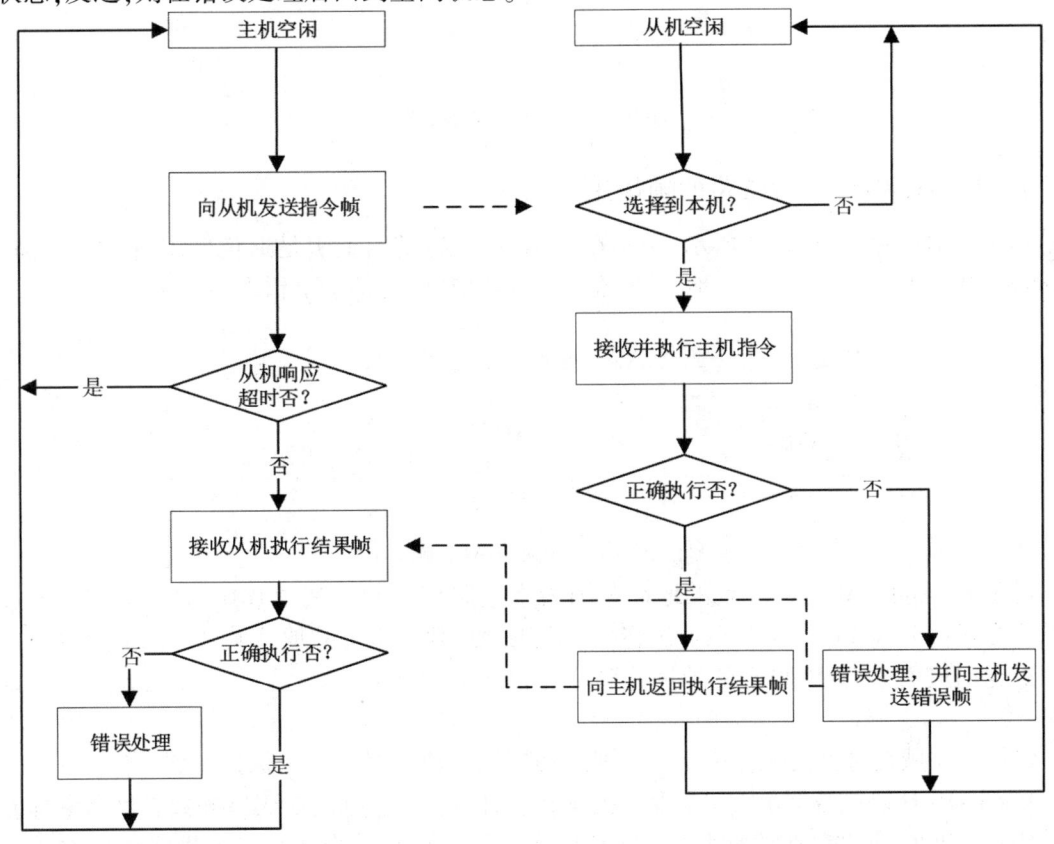

（a）Modbus主机工作流程　　　　　　（b）Modbus从机工作流程

图 3.11　Modbus 串行链路主、从机工作流程图

3.3.3.3　Modbus 事务处理

主机启动 Modbus 事务处理并创建应用数据单元 ADU〔ModbusADU（Application Data Unit）〕,功能码向从机指示将执行哪种操作。如果在一个正确接收的 ModbusADU 中,不出现与请求 Modbus 功能有关的差错,那么从机向主机响应功能码和执行结果。如果从设备执行过程中出现各种差错,那么就会返回异常码和错误原因代码。Modbus 事务处理过程如图 3.12 所示。

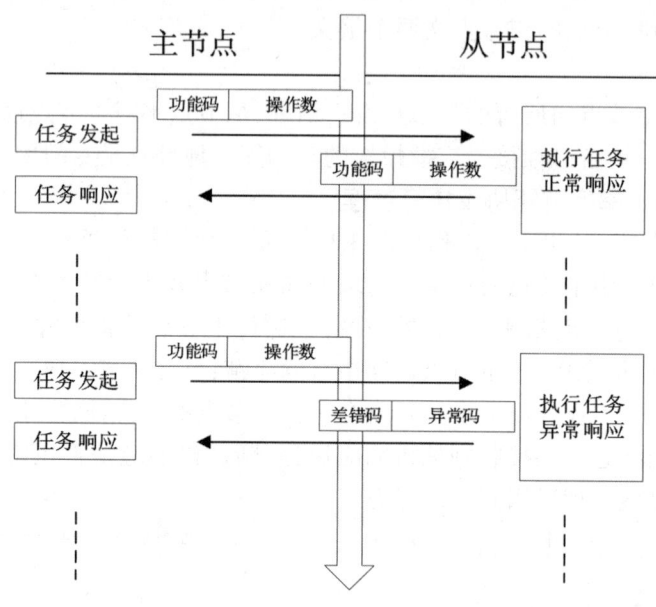

图 3.12　Modbus 事务处理

3.3.4　Modbus 串行链路的帧描述

ModbusADU 帧如图 3.13 所示,是指在 Modbus 串行链路上满足通信要求,在 ModbusPDU（Protocol Data Unit）的头部加上地址域,在 ModbusPDU 的尾部加上错误检验域。

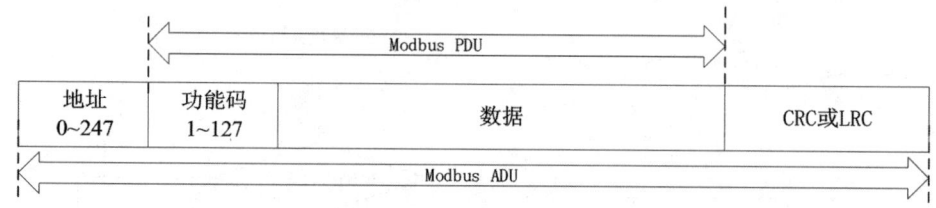

图 3.13　ModbusADU 帧

对于串行链路,ModbusPDU 的地址范围为十进制 0～247。其中 0 作为广播地址,1～247 可以分配到每个从节点。主节点通过将从节点的地址放到报文的地址域来对从节点寻址。当从节点返回应答时,会将自己的地址放到应答报文的地址域,以让主节点知道哪个子节点在回答。

错误检验域是对报文内容执行 LRC 或 CRC 校验计算结果,用以保证数据传输的正确。

ModbusPDU 协议数据单元,是由主机发起、从机响应,包括功能码域和数据域两个部分。

ModbusPDU 的功能码域表示主机向从机指示将执行哪种操作。当主机向从机发送请求报文时,功能码域通知从机执行哪种操作。如果从机正确地执行了主机发来的请求,那么从机会在响应的 PDU 的功能码域返回同样的功能码。而如果出现与请求 Modbus 功能有关的差错,那么返回的功能码的最高位会被置1。

数据域是对功能码域加入的附加信息,包括离散项目和寄存器地址、处理的项目数量以及域中的实际数据字节数。在某些请求中,数据域也可能不存在。主机向从机发送的数据域,一般表示操作目标和范围等信息,而从机向主机正常响应的数据域表示执行结果。在从机执行出现异常时,数据域会包含一个异常码,表示发生了何种异常。

3.3.5　两种传输模式

Modbus 串行链路可以采用 ASCII 模式或 ModbusRTU 模式任意一种传输模式进行 Modbus 通信。当选择好传输模式时,Modbus 系统上的所有节点都必须配置相同的该模式下的所有参数。

3.3.5.1　ASCII 模式

ASCII 模式通信是将传输数据用 ASCII 编码。报文中的每个 8 位字节以 2 个 ASCII 字符发送 。例如要传递字节 0X5B,就会将 5 和 B 分别用其 ASCII 0x35 和 0x42 进行编码。一般在通信链路或者设备无法符合 ModbusRTU 模式的定时管理时,使用该模式。

(1)字节发送格式

ASCII 模式的每个字节发送时需要占 11 位,包括 1 位起始位,8 位数据位,1 位奇偶校验位,1 位停止位。如果无奇偶校验,奇偶校验位用 1 位停止位代替。ASCII 模式字节格式如图 3.14 所示。

有奇偶校验

起始	0	1	2	3	4	5	6	7	检验	停止

无奇偶校验

起始	0	1	2	3	4	5	6	7	停止	停止

图 3.14　ASCII 模式字节格式

(2)帧格式

一帧 ASCII 模式报文必须以一个"冒号"(∶3A)起始,以"回车-换行"(CR-LF 0D0A)结束,这是固定格式。ASCII 帧包括:2 字节地址、2 字节功能码、最大 2×252 长度的数据域、2 个字节的校验字。ASCII 模式对地址、功能码和数据的传输的二进制数据每四位数据进行 ASCII 编码,其帧长度基本是 ModbusRTU 帧的 2 倍。固定格式加上地址、功能码、数据域和 LRC 校验域,ASCII 帧的最大尺寸为 513 个字符,如图 3.15 所示。

∶ 1字节	地址 2字节	功能码 2字节	数据域 0~2×252字节	LRC校验域 2字节	CR+LF 2字节

513字节

图 3.15　ASCII 模式帧格式

(3)帧的错误检验

帧检验域采用纵向冗余校验。LRC 域检验范围为不包括起始"冒号"和结尾"CR+LF"的整个报文的内容。LRC 的值由发送设备计算,接收设备在接收报文时重新计算 LRC 值,并将计算值与实际接收值做比较,如果不相等,则判断本帧发生错误。LRC 具体实现过程在 2.7.2

小节中有较详细的介绍,这里不赘述。如果设备间数据传输设置了奇偶校验,则接收设备会对每个字节进行校验,如发现校验不一致,则设置错误标记。

3.3.5.2 ModbusRTU 模式

（1）字节发送格式

ModbusRTU 模式的每个字节发送格式与 ASCII 模式相同。每个 8 位字节表示 2 个 4 bit的十六进制字符。例如传递 0x2B,就会直接传递,而不需要像 ASCII 模式那样需要编码。这种模式的主要优点是数据传输效率高,在相同的波特率下,吞吐率是 ASCII 模式的 2 倍。

（2）帧格式

ModbusRTU 帧包括:1 字节地址、1 字节功能码、最大 252 长度的数据域、2 个字节的校验字节,其格式如图 3.16 所示。RTU 帧的最大尺寸为 258 个字符。

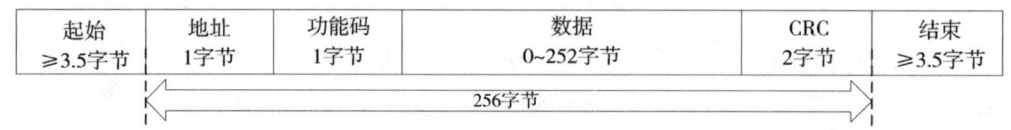

图 3.16　ModbusRTU 帧格式

（3）时间间隔

在 ModbusRTU 模式下,报文帧与帧之间必须保证 3.5 个字符传递时间的空闲间隔区分。在帧内部,必须保证 2 个字符之间的空闲间隔不超过 1.5 个字符时间,否则报文帧被认为不完整而应该被接收节点丢弃。ModbusRTU 时间间隔如图 3.17 所示。

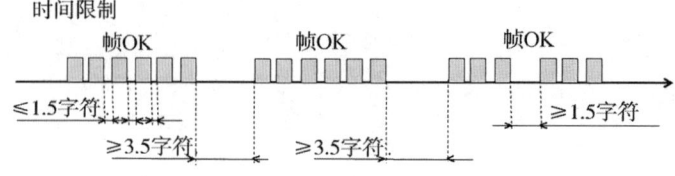

图 3.17　ModbusRTU 时间间隔

（4）帧检验域

ModbusRTU 模式采用对全部报文内容执行 CRC 循环冗余校验。CRC 校验域由 2 个 8 bit字节组成,附加在报文的最后。CRC 值由发送设备计算,接收设备在接收报文时重新计算CRC 值,如果余数为 0,则判断本帧正确,否则判断本帧发生错误。CRC 具体实现过程参见2.7.3 小节。如果设备间数据传输设置了奇偶校验,则接收设备会对每个字节进行校验,如发现校验不一致,则设置错误标记。

3.3.6　功能码、数据模型与异常码

在 3.3.3 小节中已经介绍过 Modbus 协议的基本执行过程,但对于 Modbus 协议帧中的功能码、数据与异常码还需要做详细解释。从机在接收到主机的 Modbus 帧后,需要对帧中各部分内容做进一步解析或执行,对各种错误做区分,在正常执行后向主机返回正常响应,在发生错误时向主机返回异常响应。主机通过解析从机的响应帧来判断从机的执行结果和异常原因。

3.3.6.1 功能码

ModbusPDU 的功能码表示主机向从机指示将执行哪种操作。功能码域是一个 1~255 的十进制数,其中 1~127 是一般功能,128~255 为异常响应保留。当主机向从机发送请求报文时,功能码域通知从机执行哪种操作。如果从机正确地执行了主机发来的请求,那么从机会在响应的 PDU 的功能码域返回同样的功能码。而如果出现与请求 Modbus 功能有关的差错,那么返回的功能码的最高位会被置 1。

Modbus 功能码分类如图 3.18 所示。Modbus 协议定义三种功能码,即公共功能码、用户自定义功能码和保留功能码。常用公共功能码(1~65,72~100,110~127)由 Modbus-IDA 组织确认。用户自定义功能码(65~72,100~110)为无须 Modbus-IDA 组织批准就可选择和实现的功能码。保留功能码为某些公司传统产品上使用的功能码,并不用作公共功能码。表 3.4 列出了一些较为常用的公共功能码。

图 3.18 Modbus 功能码分类

表 3.4 常用的公共功能码

数据访问	数据目标	操作	常用公共功能码 (十六进制)
比特访问	物理离散量输入	读输入离散量	02
	内部比特或物理线圈	读线圈	01
		写单个线圈	05
		写多个线圈	0F
16 比特访问	输入存储器	读输入寄存器	04
		读多个寄存器	03
	内部存储器或物理输出存储器	写单个寄存器	06
		写多个寄存器	10
		读/写多个寄存器	17
		屏蔽写寄存器	16

3.3.6.2 数据模型

表 3.5 中给出了各种功能码访问的操作对象对应的四种 Modbus 数据模型,即只读单个比特、可读写单个比特、只读 16 位字节和可读写 16 位字节。这些类型的数据对应典型的 I/O 和各种工业对象寄存器。功能码依据数据存放的地址访问目标,并针对该区域的比特或字节数据进行读或写的操作。不同的功能码可以根据自身的功能访问或操作同一个数据区域。

表 3.5　Modbus 数据模型

对象类型	数据表示	访问类型	内容
离散量输入	单个比特	只读	I/O 系统提供这种类型数据
线圈	单个比特	读写	通过应用程序改变这种类型数据
输入寄存器	16 位字节	只读	I/O 系统提供这种类型数据
保持寄存器	16 位字节	读写	通过应用程序改变这种类型数据

3.3.6.3　异常码

当从机在对主机的 Modbus 帧进行解析或执行的过程中发生错误时,会向主机返回异常响应。Modbus 从机工作处理流程如图 3.19 所示。异常响应帧的功能码是请求功能码的最高位置 1 的结果,相当于请求功能码+0x80,后面会跟一个异常码。异常码的值代表了异常产生的具体原因,如表 3.6 所示。

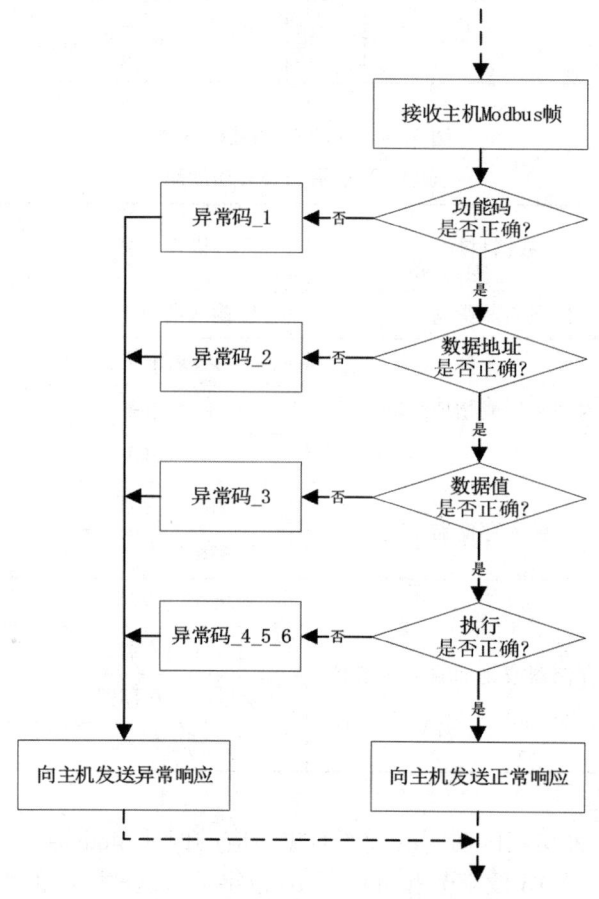

图 3.19　Modbus 从机工作处理流程

表 3.6 Modbus 异常码的含义

代码	名称	含义
1	非法功能	对于服务器(或从站)来说,询问中接收到的功能码是不可允许的操作。这也许是因为功能码仅仅适用于新设备而在被选单元中是不可实现的
2	非法数据地址	对于服务器(或从站)来说,询问中接收到的数据地址是不可允许的地址,特别是参考号和传输长度的组合是无效的。例如,对于带有 100 个寄存器的控制器来说,带有偏移量 96 和长度 4 的请求会成功,带有偏移量 96 和长度 5 的请求将产生异常码 02
3	非法数据值	对于服务器(或从站)来说,询问中包括的值是不可允许的值。这个值指示了组合请求剩余结构中的故障,例如隐含长度不正确
4	从站设备故障	当服务器(或从站)正在设法执行请求的操作时,产生不可重新获得的差错
5	确认	与编程命令一起使用。服务器(或从站)已经接受请求,并且正在处理这个请求,但是需要长的持续时间进行这些操作。返回这个响应,防止在客户机(或主站)中发生超时错误。客户机(或主站)可以继续发送轮询程序完成报文来确定是否完成处理
6	从属设备忙	与编程命令一起使用。服务器(或从站)正在处理长持续时间的程序命令。当服务器(或从站)空闲时,用户(或主站)应该稍后重新传输报文
8	存储奇偶性差错	与功能码 20 和 21 以及参考类型 6 一起使用,指示扩展文件区不能通过一致性校验。服务器(或从站)设法读取记录文件,但是在存储器中发现一个奇偶校验错误。客户机(或主方)可以重新发送请求,也可以在服务器(或从站)设备上要求服务
0A	不可用网关路径	与网关一起使用,指示网关不能作为处理请求分配输入端口至输出端口的内部通信路径。这通常意味着网关是错误配置的或过载的
0B	网关目标设备响应失败	与网关一起使用,指示没有从目标设备中获得响应。这通常意味着设备未在网络中

3.3.7　Modbus 通信实例

以上为 Modbus 协议较详细的介绍,下面列举几个 Modbus 常用的例子,以加深对 Modbus 协议的理解。

3.3.7.1　(0x01)读线圈

0x01 是读取 1 至 2 000 线圈连续状态的功能码。该功能码访问线圈地址的范围为 0x0000 ~ 0xFFFF。如果主机要获得地址为 0x1A(26)、从机地址为 0x001B(0027)的 0x13(19)个线圈的状态,将如何实现呢?

主机会向总线发送请求 ADU 帧(1A 01 00 1B 00 13 8F E9),从机返回响应 ADU 帧(1A 01 03 92 04 04 9D 4B),具体含义如表 3.7 所示。返回具体的线圈值为地址 0x0023 ~ 0x001B 对应位值 10010010(0x92),地址 0x002B ~ 0x0014 对应位值 00000100(0x04),地址 0x002E ~ 0x002C 对应 100(0x04)。返回地址按照从低到高每 8 个地址对应一个字节 8 位数据,每个字节高位对应位值高地址相应值。当最后剩下的地址不足 8 个时,将返回数据值的高位做填 0 处理。

表 3.7　（0x01）读线圈实例表

主机请求 ADU	从机地址	功能码	访问地址高字节	访问地址低字节	访问位数高字节	访问位数低字节	CRC校验高字节	CRC校验低字节
	1A	01	00	1B	00	13	8F	E9
从机响应 ADU	从机地址	功能码	返回字节数	地址0022~001B线圈值	地址002A~0023线圈值	地址002D~002B线圈值	CRC校验高字节	CRC校验低字节
	1A	01	03	92	04	04	9D	4B

如果从机在执行主机请求过程中发生异常,就会向主机返回异常响应 ADU 帧。表 3.8 所示为从机接收到的功能码是不可允许操作的一种异常情况。这时从机返回的响应帧中的功能码最高位被置 1,成为 81,异常码为 01,表示此从机不支持线圈读取操作。

表 3.8　（0x01）读线圈异常响应实例表

从机异常响应 ADU	从机地址	功能码	异常码	CRC校验低字节	CRC校验低字节
	1A	81	01	F1	97

3.3.7.2　（0x03）读保持寄存器

0x03 是读取地址范围在 0x000~0xFFFF 保持寄存器数据值。该功能码读取寄存器数量为 1~125。本例需要实现主机要获得地址为 0x1A(26)、从机的地址为 0x03E8(1000) 的 0x03(3) 个保持寄存器的值。一个保持寄存器包含 16 位(2 个字节)。

主机会向总线发送请求 ADU 帧(1A 03 03 E8 00 03 86 50),从机返回响应 ADU 帧(1A 03 06 01 45 06 2A 16 9D BD 12),具体含义如表 3.9 所示。返回具体的保持寄存器值为 3 个地址 0x03E8、0x03E9、0x003EA,分别对应存储的保持寄存器数据为 0x0145、0x062A、0x169D。

表 3.9　（0x03）读保持寄存器实例表

主机请求 ADU	从机地址	功能码	访问地址高字节	访问地址低字节	访问寄存器数高字节	访问寄存器数低字节	CRC校验字节
	1A	03	03	E8	00	03	86 50

从机响应 ADU	从机地址	功能码	返回字节数	地址03E8寄存器高字节	地址03E8寄存器低字节	地址03E9寄存器高字节	地址03E9寄存器低字节	地址03EA寄存器高字节	地址03EA寄存器低字节	CRC校验字节
	1A	03	06	01	45	06	2A	16	9D	BD 12

3.3.7.3　（0x0F）写多个线圈

0x0F 是置 1~2 000 线圈序列中的各个线圈为 ON 或 OFF。该功能码访问线圈地址范围为 0x0000~0xFFFF。本例需要主机实现对地址为 0x1A(26)的从机的 18 个线圈(3 个字节)的设置,从机 18 个线圈寄存器的地址为 0x03E8(1000)。

主机会向总线发送请求 ADU 帧(1A 0F 03 E8 00 12 03 92 81 02 C0 62),从机返回响应 ADU 帧(1A 0F 03 E8 00 12 56 5D),具体含义如表 3.10 所示。0x03F0~0x03E8 对应写线圈值为 10010010(0x92),0x03F9~0x03F1 对应写线圈值为 00010001(0x81),0x03FB~0x03FA 对应写线圈值为 10,字节高位填 0 表示为 00000010(02)。

表 3.10   (0x0F) 写多个线圈实例表

主机请求 ADU	从机地址	功能码	访问地址高字节	访问地址低字节	访问寄线圈数高字节	访问线圈数低字节	字节数	0x03F0~0x03FA 对应线圈值	CRC 校验字节
	1A	0F	03	E8	00	12	03	92 81 02	C0 62
从机响应 ADU	从机地址	功能码	访问地址高字节	访问地址低字节	访问寄存器数高字节	访问寄存器数低字节		CRC 校验字节	
	1A	0F	03	E8	00	12		56 5D	

3.3.7.4   (0x10)写多个寄存器

0x10 是写 1~120 个寄存器序列的功能码。每个寄存器将数据分成 2 个字节。正常响应返回功能码、起始地址和被写入寄存器的数量。该功能码访问寄存器地址范围为 0x0000 ~ 0xFFFF。本例需要实现主机要置地址为 0x1A(26)、从机地址为 0x03E8(1000) 的 0x0003(3) 个寄存器,需要 6 个字节。

主机会向总线发送请求 ADU 帧(1A 10 03 E8 00 03 06 00 9C 01 16 01 59 B9 ED),从机返回响应 ADU 帧(1A 10 03 E8 00 03 03 93),具体含义如表 3.11 所示。由于写寄存器的数量为 3 个,需要 6 个字节,0x03E8~0x03EA 对应写寄存器值为 0x009C、0x0116、0x0159。

表 3.11   (0x10) 写多个寄存器实例表

主机请求 ADU	从机地址	功能码	访问地址高字节	访问地址低字节	访问寄存器数高字节	访问寄存器数低字节	访问字节数	第 1 数字节	第 2 数字节	第 3 数字节	CRC 校验字节
	1A	10	03	E8	00	03	06	009C	0116	0159	B9ED
从机响应 ADU	从机地址	功能码		访问地址高字节	访问地址低字节	访问寄存器数高字节	访问寄存器数低字节		CRC 校验字节		
	1A	10		03	E8	00	03		0393		

虽然没有将每个 Modbus 功能码的使用进行一一举列,以上的 4 个例子基本能够展现 Modbus 协议的使用过程。其他的 Modbus 功能码可以依据协议说明,根据需求进行使用。

3.4 基于 485 通信的 ModbusRTU 通信实验

基于 485 通信的 ModbusRTU 通信实验是为本课程 485 通信和 ModbusRTU 协议课程内容配套的实验环节。实验目的是加深对 485 通信的理解,掌握 485 通信主从原理、地址设置等;掌握 ModbusPoll 软件的使用;加深对 ModbusRTU 协议的理解,掌握 ModbusRTU 协议的基本应用。由于本节是本书首次介绍实验部分,需要将工业网络实验系统以及本实验相关的软件加以介绍,在后续章节的实验中也还会涉及本节的这部分内容。

3.4.1 工业网络实验系统介绍

工业网络实验系统是专为本书设计的一套配套实验装置。实验系统包括基于 485 通信的 ModbusRTU 通信实验、基于 CAN 总线的 CANopen 通信实验、基于以太网的 Modbus TCP 通信实验和 ZigBee 通信实验四大模块,分别对应本书第 3 章、第 4 章、第 5 章和第 6 章的内容。通过这样一套设备,学生不需要复杂的操作就能很容易地理解各种工业网络协议的实现。

工业网络实验系统如图 3.20 所示,电气原理图如图 3.21 所示,由两块 FTK-AC9260 远程 I/O 模块,输入开关、输出指示、模拟信号输入和模拟信号输出等外设元器件,两块 ZigBee 实验模块,还有相应的通信器件组成。实验时,学生只需要通过一些简单的软件配置工作,调用相应的实验软件,观察记录实验现象和过程数据,就可以通过硬件设备完成 ModbusRTU、CANopen、Modbus TCP 和 ZigBee 四个通信实验。

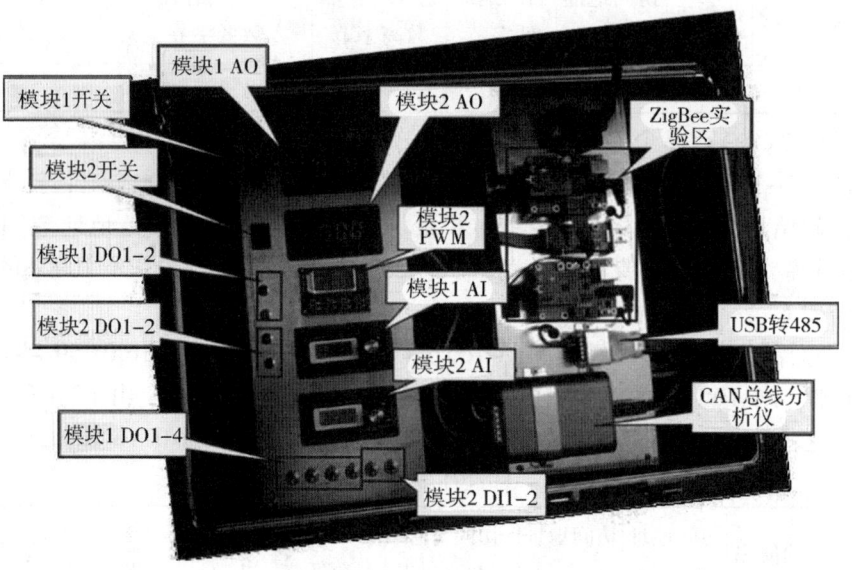

图 3.20　工业网络实验系统

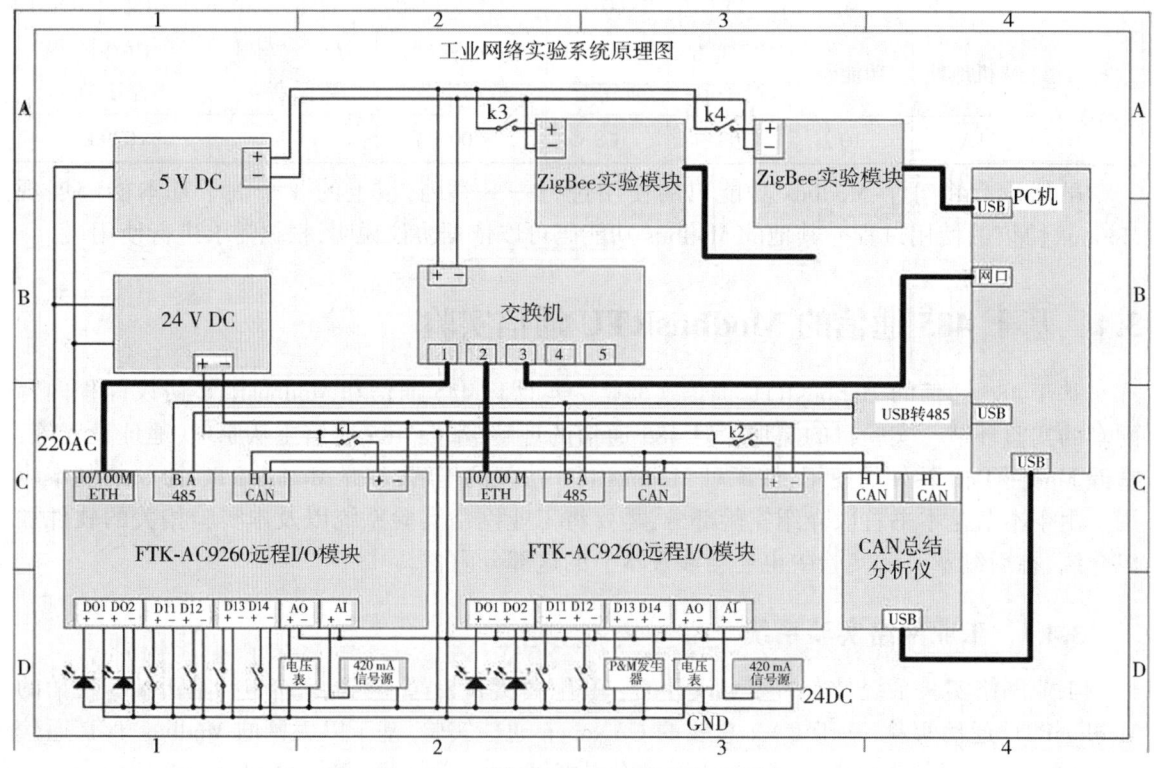

图 3.21　工业网络实验系统电气原理图

对于无线网络通信实验,实验系统还配置了两块实验模块,一块作为 ZigBee 协调器,另一块作为 ZigBee 终端节点。学生通过对协调器和终端节点编程,并观察实验现象来理解无线通信协议的实现过程。ZigBee 无线网络通信实验将在第 6 章详细介绍,本章暂不赘述。

3.4.2   FTK-AC09260 远程 I/O 模块介绍

FTK-AC09260 是由筑想智能科技有限公司针对工业、工程现场环境开发的从站分布式 I/O 模块产品。选择这个模块的原因是该产品同时配置了 RS485、RS232、CAN、以太网(ETH)等通信接口,与本书相关课程内容比较匹配。其中,RS485/RS232 支持标准 ModbusRTU 协议,CAN 通信接口支持 CANopen 协议,以太网接口支持标准 Modbus TCP 协议。该产品具体功能如下:

(1)485 总线 A、B,支持 ModbusRTU 协议,波特率为 1 200~115 200 bit/s;

(2)CAN 总线 L、H,支持 CANopen 协议,波特率为 20 kbit/s~1 Mbit/s;

(3)ETH 以太网口,支持 Modbus TCP 协议,以太网速率 10/100 Mbit/s;

(4)DIN1-DIN4:4 路光耦隔离输入接口(3.3~30 V 高);

(5)DO1-DO2:2 路光耦隔离输出接口(外接电源 DC 0~30 V);

(6)AI:1 路模拟量输入接口(4~20 mA);

(7)AO:1 路模拟量输出接口(0~3.3 V);

(8)供电:电源适配器和接线端二选一接线。

3.4.3   基于 485 通信的 ModbusRTU 通信实验结构及实验环境要求

如图 3.22 所示,本实验包括两个 I/O 模块作为从设备。主设备为一个 PC 机,通过一个 USB 转 485 通信模块连入 485 通信总线。本实验的 PC 机安装了 Windows 7 操作系统,USB 转 485 通信模块驱动,安装了 ModbusPoll 软件和 I/O 模块自带的参数配置与监控软件。

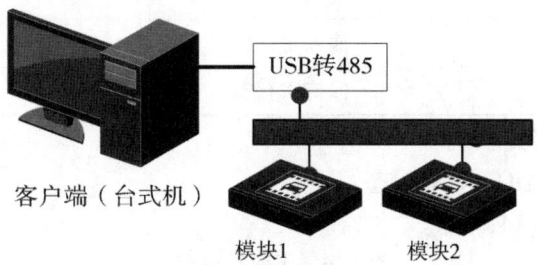

USB转485

客户端(台式机)

模块1   模块2

图 3.22   基于 485 通信的 ModbusRTU 通信实验结构

3.4.4   FTK-AC09260 模块 Modbus 协议说明

ModbusRTU 通信实验会用到 FTK-AC09260 模块中的 Modbus 协议部分。

3.4.4.1   Modbus 寄存器说明

表 3.12 所示为 Modbus 协议相关功能码与寄存器说明。

表 3.12　Modbus 协议相关功能码与寄存器说明

功能操作	指令码	寄存器名称	地址范围
读光耦输入电平状态	02	离散寄存器	20000~20003
读光耦脉冲计数	04	输入寄存器	40000~40007
读、写继电器开关状态	10,5,15	线圈寄存器	10000~10001
读模拟输入值(μA)	04	输入寄存器	40032
写模拟输出值(mV)	03	保持寄存器	30180

3.4.4.2　I/O 对应寄存器地址

表 3.13 所示为 I/O 寄存器地址。

表 3.13　I/O 寄存器地址

I/O	寄存器名称	地址/计算方式
DI1 状态(0:OFF,1:ON)	离散寄存器	20000
DI2 状态(0:OFF,1:ON)	离散寄存器	20001
DI3 状态(0:OFF,1:ON)	离散寄存器	20002
DI4 状态(0:OFF,1:ON)	离散寄存器	20003
DI1 脉冲计数值	输入寄存器	40000~40001
DI2 脉冲计数值	输入寄存器	40002~40003
DI3 脉冲计数值	输入寄存器	40004~40005
DI4 脉冲计数值	输入寄存器	40006~40007
DO1 状态(0:OFF,1:ON)	线圈寄存器	10000
DO2 状态(0:OFF,1:ON)	线圈寄存器	10001
AI 采样值(μA)	输入寄存器	40032
AO 输出值(mV)	保持寄存器	30180

3.4.4.3　Modbus 报文示例

读第 1 路光耦输入(DI1)电平状态:

主机发送报文如表 3.14 所示。

表 3.14　主机发送报文

01	02	4E	20	00	01	AF	28
设备 ID	功能码	离散输入起始地址		查询长度		CRC 校验	

设备返回报文如表 3.15 所示。

表 3.15　设备返回报文

01	02	01	00	A1	88
设备 ID	功能码	长度	状态(低电平)	CRC 校验	

3.4.5　实验相关软件介绍

本实验需要用到 FTK-AC09260 远程 I/O 模块配套的参数配置与监控软件 V1.6 和

ModbusPoll 两款软件。参数配置与监控软件用来实现 FTK-AC09260 的参数配置和功能测试；ModbusPoll 用来仿真 Modbus 主机，实现与 Modbus 从机 FTK-AC09260 远程 I/O 模块间的通信。由于实验中会用到 USB 转 485 模块，进入实验前应首先对其进行驱动。

3.4.5.1　USB 转 485 模块驱动

本实验需要两个模块和一个 USB 转 485 模块并联在 485 总线上。USB 转 485 模块连接到上位 PC 机上，作为 ModbusPoll 软件的访问端口使用。PC 机和 ModbusPoll 软件作为 485 的主机，两个模块作为从机。本实验采用的 USB 转 485 模块需要 CH341 串口驱动。如果 PC 机没有安装此驱动，就要在实验前安装此驱动程序。该安装过程比较简单，只需要在网上下载并运行 CH341SER.EXE，点"安装"按钮即可完成驱动，如图 3.23 所示。

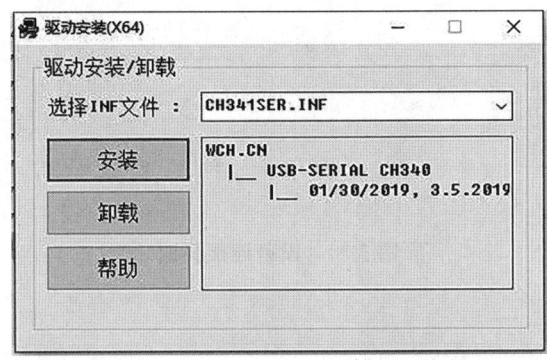

图 3.23　USB 转 485 模块的驱动安装界面

3.4.5.2　参数配置与监控软件

参数配置与监控软件用来实现 FTK-AC09260 的参数配置和功能测试，功能包括：设备连接、设备配置、实时监控、AI 校准和地址信息等功能模块。其中设备连接、设备配置和实时监控为本书介绍的实验的常用功能。使用时，直接运行参数配置与监控软件 V1.6.exe 文件即可。

（1）设备连接

设备连接界面如图 3.24 所示，可让目标 FTK-AC09260 模块与 PC 机建立连接。FTK-AC09260 可以在 485 模式或以太网模式下连接 PC 机，连接后才能进行设备配置和实时监控。在连接前需要已知当前的工作模式。在当前工作模式处于 485 模式时，可以直接进行 485 ModbusRTU 实验；如果当前工作模式处于以太网模式，则需要在以太网模式下将设备置于 485 模式才能进行 485 ModbusRTU 实验。

如果配置工作完成，在保证串口号、波特率、停止位、数据位、校验位和设备 ID 号与配置一致时，才能将目标模块连入 PC 机。

（2）设备配置

将目标模块设备连入 PC 机后就可以进入设备配置界面，如图 3.25 所示。在进入该界面后，首先要点击"读取配置"按钮，将连接模块的配置读入。学生可以按实验要求设置好各个参数，点击"写入配置"，将修改后的参数写入连接模块。

在 ModbusRTU 通信实验中需要将 Modbus 通信接口下拉列表选为 RS485，设置好 485 波特率和 485 设备 ID，点击"写入配置"按钮将配置写入目标模块。重新启动程序，就可以在设备连接界面按设置好的波特率和设备 ID 将模块连入 PC。

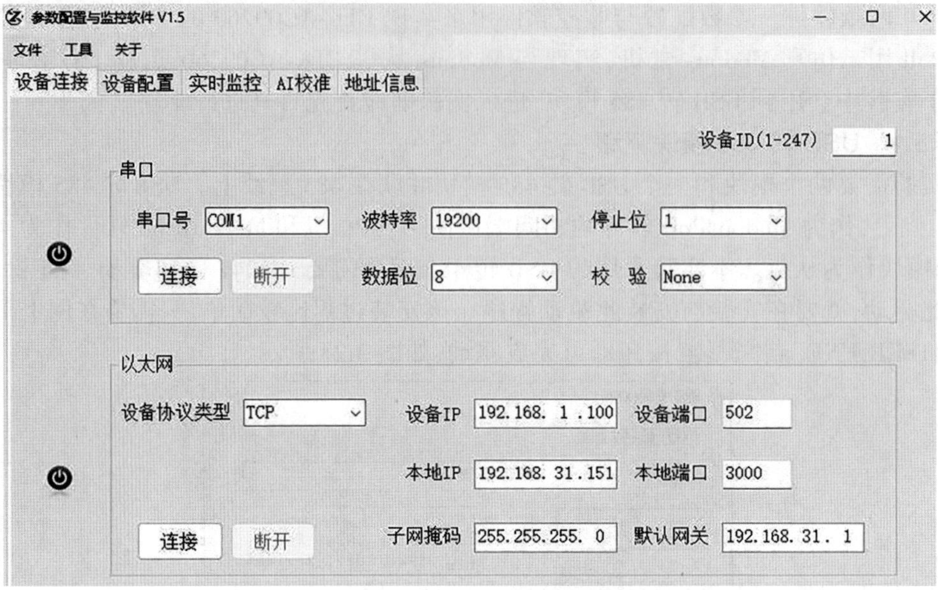

图 3.24 设备连接界面

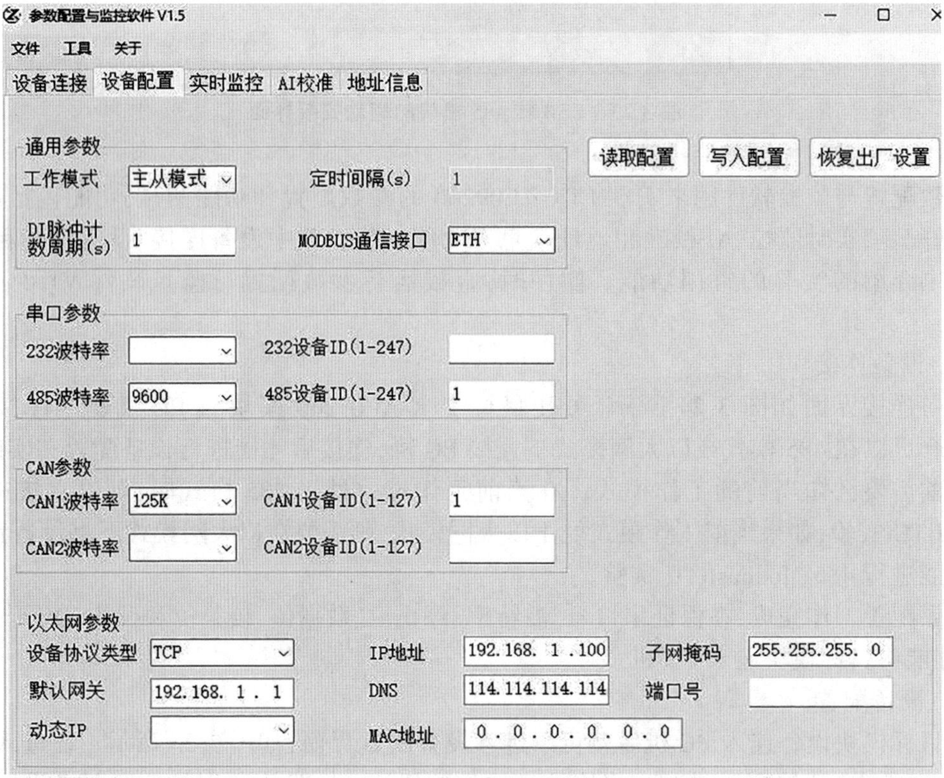

图 3.25 设备配置界面

（3）实时监控

将目标模块设备连入 PC 机后就可以进入实时监控界面，如图 3.26 所示。在进入该界面后点击"启动"按钮，就可以显示数字开关输入、脉冲计数、模拟输入输入信息，也可以点击数字输出的红点来控制开关输出。这个界面可以用于对目标模块设备进行测试。

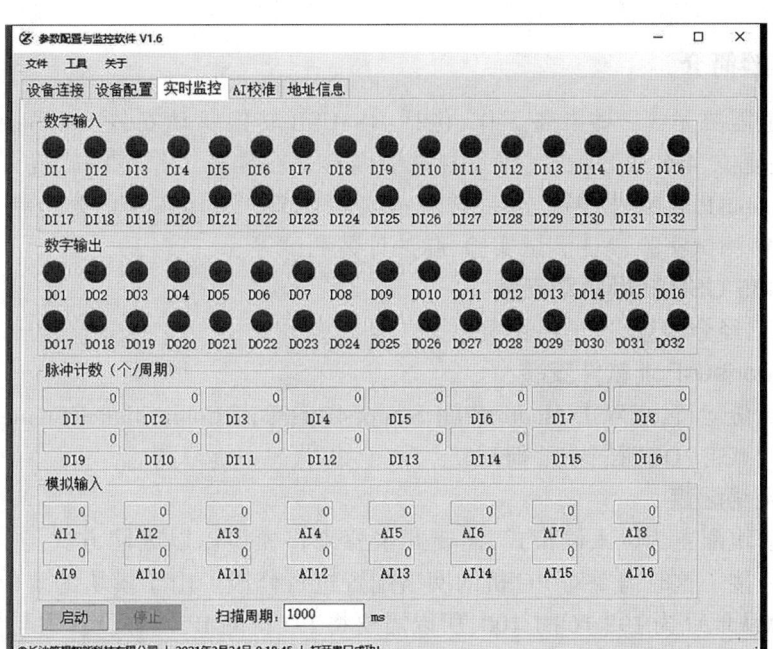

图 3.26   实时监控界面

3.4.5.3   ModbusPoll 软件

ModbusPoll 是一个模拟 Modbus 协议主机的上位机软件,其界面如图 3.27 所示,主要用于模拟主机测试从机设备通信的过程。目前,该软件支持 01、02、03、04、05、06、15、16 功能码,异常报文检测,原始报文查看,数据记录等功能,是调试 Modbus 协议栈的好帮手。该软件支持 ModbusRTU、ModbusASCII 和 Modbus TCP 协议,是本章实验和第 5 章实验的主机。

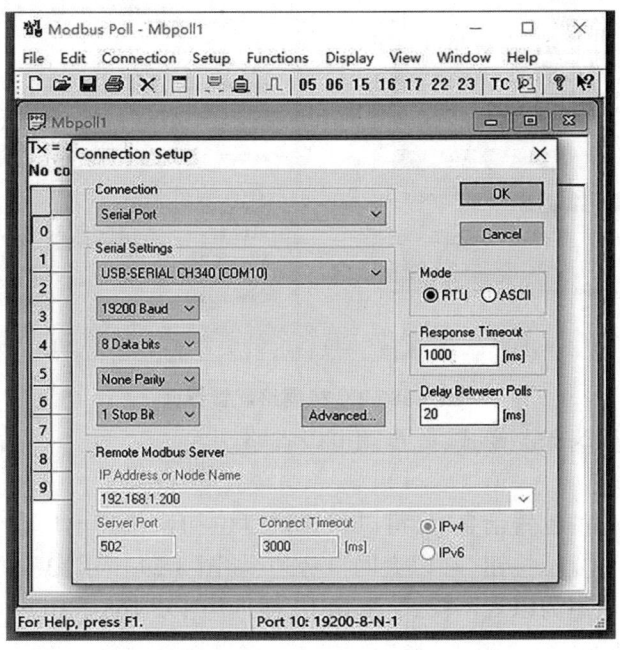

图 3.27   ModbusPoll 软件界面

3.4.6　实验简介

进行实验前需要完成一些准备工作,包括:485USB 转换驱动安装、ModbusPoll 软件安装、网络配置、模块复位、485 参数配置、设备测试等内容。在准备工作完成后就可以将实验模块与上位机的 ModbusPoll 软件进行连接,并进入实验环节。具体实验内容包括:DI 测试实验、DO 测试实验、AI 测试实验、AO 测试实验、脉冲计数测试等。

3.4.6.1　485 USB 转换驱动安装

在 3.4.5.1 已经介绍过,这里不再赘述。

3.4.6.2　ModbusPoll 软件安装

以管理员身份运行,或双击 ModbusPoll Setup64Bit;单击 Connection→Connect,弹出注册窗口,输入注册码,点击"OK"按钮,注册成功。

3.4.6.3　网络配置

如果实验模块配置为以太网模式,需要此步骤来将模块以以太网方式与 PC 机的参数配置与监控软件连接。这时需要对 PC 机的网络配置进行修改。由于模块的复位默认配置为以太网模式,IP 默认地址为 192.168.1.100,所以需要将 PC 机的 IP 地址设置为与模块 IP 在同一局域网段且不与模块和网关重复的 IP 地址,实验中可以设置为 192.168.1.2,子网掩码设置为255.255.255.0,默认网关设置为 192.168.1.1,如图 3.28 所示。

图 3.28　PC 机网络配置界面

如果模块本身设置为 485 模式,此步骤可以省略。

3.4.6.4　模块复位

在不清楚模块具体的配置信息时,可以将模块复位初始化为出厂设置。操作方法是用曲别针或牙签等按压设备复位按钮(在以太网口旁边,如图 3.29 所示)3~5 s,直至状态灯有快闪出现。设备复位后的状态为以太网模式,默认 IP 地址为 192.168.1.100。在已知模块配置信息时,不需要执行此步骤。

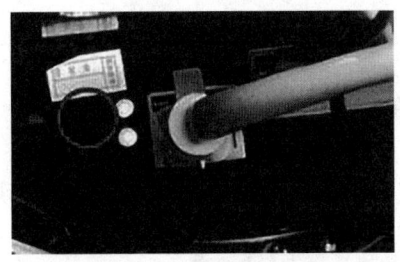

图 3.29 复位按钮(图中圆圈内)

3.4.6.5 485 参数配置

本实验中用到两个模块,在模块配置过程中需要对每个模块独立配置,保证配置只有目标模块供电。485 参数可以在 485 模式或以太网模式下进行配置。

如果当前模式是以太网模式,运行"参数配置与监控软件 V1.6",正确输入设备 IP、端口、本地 IP、本地端口、子网掩码和默认网关,点击以太网框中的"连接"按钮,建立模块与软件的连接。提示连接成功并进入界面后,选择"设备配置"页面设置 485 参数,如图 3.30 所示。

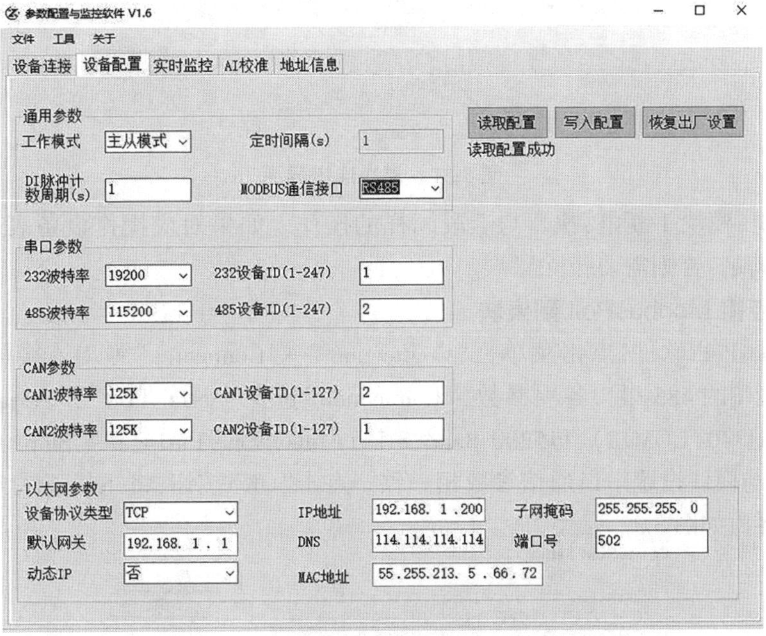

图 3.30 设备配置界面

进入模块 1 设备配置页后,点"读取配置",读入模块的配置信息;"MODBUS 通信接口"选"RS485",将模块配置为 485 模式;"485 设备 ID(1-247)"设置为"1";"485 波特率"设置为"115200";点"写入配置"将参数写入模块 1;关闭软件。

将模块 2 电源开关打开,模块 1 电源开关关闭;运行"参数配置与监控软件 V1.6";点以太网框下的"连接";"MODBUS 通信接口"选"RS485";"485 设备 ID(1-247)"设置为"2";"485 波特率"设为"115200";点"写入配置"将参数写入模块 2;关闭软件。

如果已知当前模式是 485 模式,则需要注意填写与目标模块一致的串口号、设备 ID、波特率、数据位、停止位和校验位等参数。其他的设置过程与上面介绍的内容相同,也需要独立对各个模块进行参数设置。需要注意的是,这里的串口是 PC 机与模块相连的串口号,设备 ID 是目标模块的 ID。

3.4.6.6　设备测试

模块 1 上电,模块 2 断电;运行"参数配置与监控软件 V1.5";将串口号和模块 1 的 485 参数正确填入后,点"串口"框下的"连接"按钮,将模块 1 与 PC 机连接;进入"实时监控"界面,调整实验箱面板上模块对应的开关,观察"数字输入"框前 4 个小灯的变化;点击"数字输出"前两个小灯,观察实验箱面板上模块对应的小灯明暗变化。模块连接界面如图 3.31 所示。

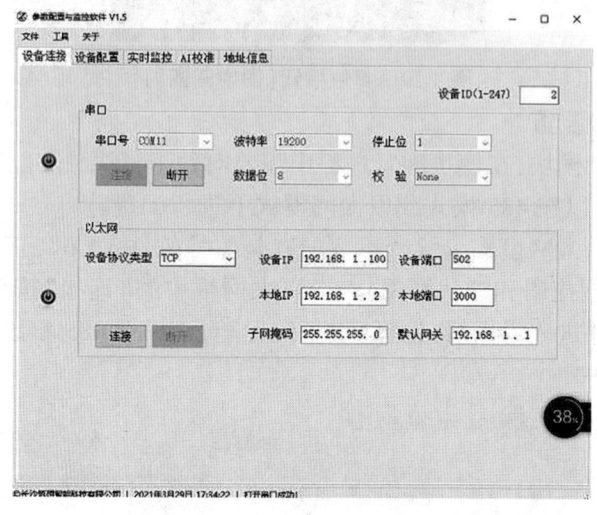

图 3.31　模块连接界面

模块 2 上电,模块 1 断电,执行与上段同样的操作。如果对应操作设备表现正常,则表明后续实验条件满足,否则需要排除错误。

3.4.6.7　连接 ModbusPoll 到模块

运行 ModbusPoll 软件,点击菜单栏"Connection"→"Connect..."弹出连接配置窗口。这个界面设置 PC 机端的 485 串口各项参数,"Connection"选择"Serial Port","Serial Settings"选择 USB-SERIAL CH340(COM12),115200 Baud,8 Data bits,None Parity 和 1 Stop Bit,选择 RTU 模式,这些参数要与模块设置串口通信参数相一致。点击"OK"按钮,将主机连入 485 总线。实验串口连接配置界面如图 3.32 所示。

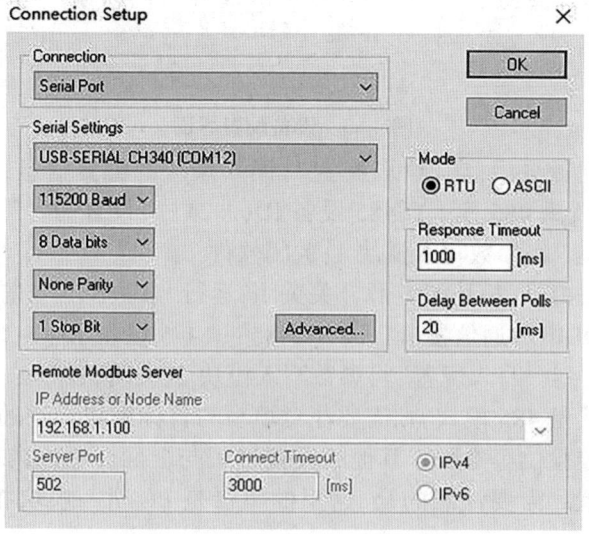

图 3.32　实验串口连接配置界面

3.4.6.8 DI 测试实验

点击菜单栏"Setup"→"Read/Write Definition"或图标,弹出命令发送窗口,如图3.33所示。

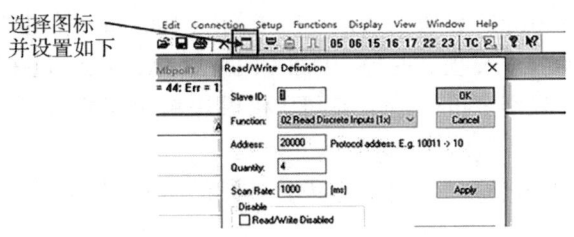

图 3.33 模块 1 命令发送配置界面

设置访问目标模块的 ID 号;选择"Function"功能码 02 Read Discrete Inputs〔1x〕;"Address"设置为 20000,对应实验面板输入开关地址;"Quantity"设置为 4,对应实验面板 4 个输入开关;"Scan Rate"设置为 1000,扫描间隔 1000 ms;点击"OK"按钮,执行主机请求操作;调整模块 1 对应输入开关,观察执行结果;调出"Display"→"Communication Traffic",观察主机的请求帧和从机模块响应帧的内容。DI 命令发送配置界面如图 3.34 所示。

将 Slave ID 设为 2,点击"OK"按钮,重复上一段的各项操作,观察实验效果和协议帧的变化。

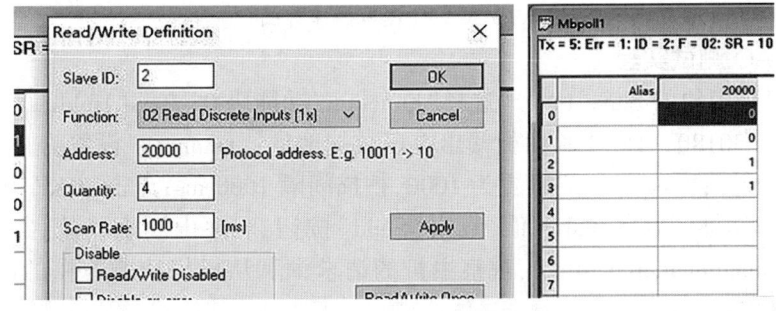

图 3.34 DI 命令发送配置界面

3.4.6.9 DO 测试实验

设置访问目标模块的 ID 号;选择"Function"功能码 01 Read Coils〔0x〕;"Address"设置为 10000,对应实验面板输出指示灯地址;"Quantity"设置为 2,对应实验面板 2 个输出指示灯;"Scan Rate"设置为 1000,扫描间隔 1000 ms;点击"OK"按钮,执行主机请求操作;双击相应线圈值,设置 Value 值,点击"Send"按钮,观察实验效果;实验过程中调出"Display"→"Communication Traffic",观察主机的请求帧和从机模块响应帧的内容。模块 2 DO 写入操作界面如图 3.35 所示。

将 Slave ID 设置为 2,点击"OK"按钮,重复上一段的各项操作,观察实验效果和协议帧的变化。

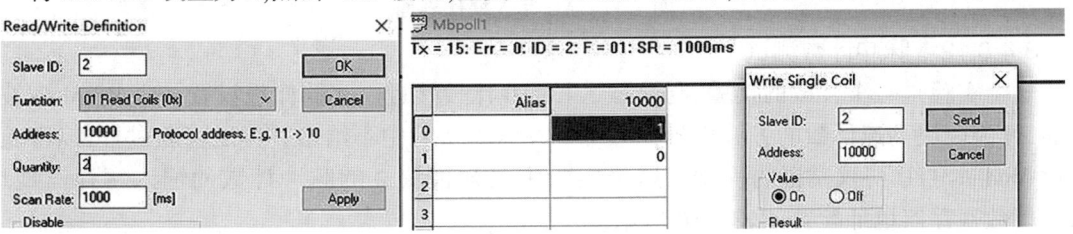

图 3.35 模块 2 DO 写入操作界面

3.4.6.10 AI 测试实验

设置访问目标模块的 Slave ID 号；选择"Function"功能码 04 Read Input Registers 〔3x〕；"Address"设置为 40032，对应实验面板输入电流信号源；"Quantity"设置为 1，对应实验面板 1 个输入电流信号源；"Scan Rate"设置为 1000，扫描间隔 1000 ms；点击"OK"按钮，执行主机请求操作；调整面板电流输入值，观察界面数据变化；实验过程中调出"Display"→"Communication Traffic"，观察主机的请求帧和从机模块响应帧的内容。AI 读取操作界面如图 3.36 所示。

将 Slave ID 设为 2，点击"OK"按钮，重复上一段的各项操作，观察实验效果和协议帧的变化。

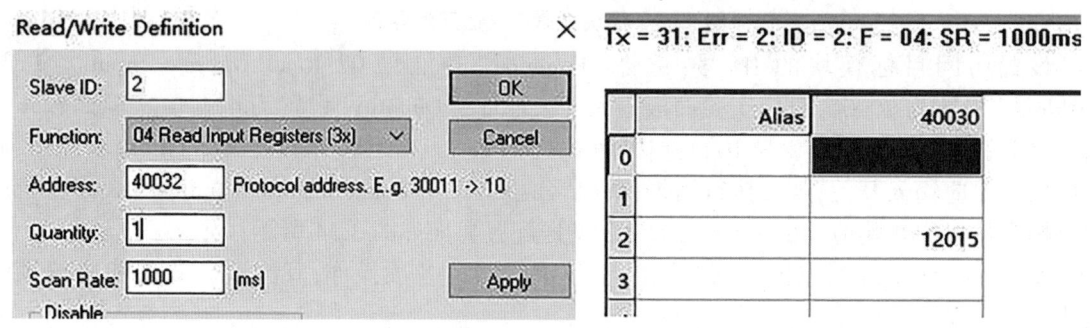

图 3.36　AI 读取操作界面

3.4.6.11 AO 测试实验

设置访问目标模块的 Slave ID 号；选择"Function"功能码 03 Read Holding Registers 〔4x〕；"Address"设置为 30180，对应实验面板输出电压数据地址；"Quantity"设置为 1，对应实验面板 1 个输出电压信号源；"Scan Rate"设置为 1000，扫描间隔 1000 ms；点击"OK"按钮执行主机请求操作；双击相应项目，设置 Value 值，点击"Send"按钮，观察电压表读值；实验过程中调出"Display"→"Communication Traffic"，观察主机的请求帧和从机模块响应帧的内容。AO 写入操作界面如图 3.37 所示。

将 Slave ID 设为 2，点击"OK"按钮，重复上一段的各项操作，观察实验效果和协议帧的变化。

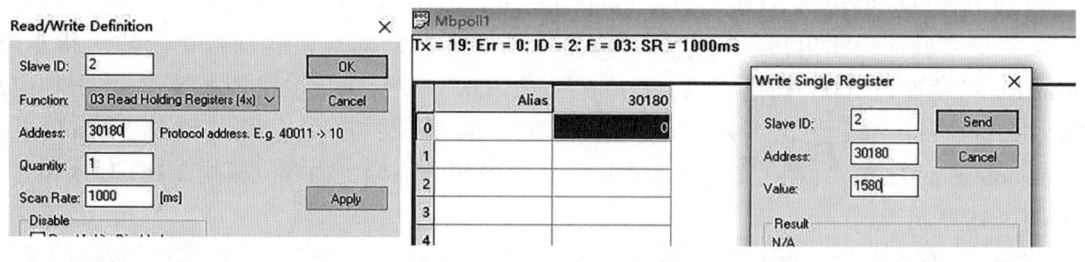

图 3.37　AO 写入操作界面

3.4.6.12 脉冲计数测试

这个实验是一个开放的实验，与步骤 3.4.6.10 比较接近。实验面板设置一个 PWM 方波发生器，作为模块高速计数的方波信号输入源。在这个实验中不给出具体的实验过程，以考验学生对 ModbusRTU 协议掌握的程度。这个实验中已知模块 2 的脉冲计数的输入寄存器地址。脉冲计数寄存器地址配置如表 3.16 所示。

表 3.16　脉冲计数寄存器地址配置

I/O	寄存器名称	地址
DI3 脉冲计数值	输入寄存器	40004～40005
DI4 脉冲计数值	输入寄存器	40006～40007

参考第 3.4.6.10 步 AI 测试实验,尝试读取脉冲计数值。学生调整实验面板上 PWM 脉冲发生器,观察计数结果。

小结

本章主要介绍了 RS485 和 Modbus 协议原理和实现。本章分为 4 个小节:3.1 小节主要介绍了 RS485 串行通信接口的特点、与现场总线的本质区别、接线定义、驱动转换芯片以及工作方式;3.2 小节介绍了基于 51 单片机与 485 串行通信接口设计,其中 51 单片机的多机通信原理是这一章的重点,是实现 485 通信的核心内容;3.3 小节介绍了 Modbus 协议规范和 Modbus 在串行链路上的实现,需要重点理解 Modbus 帧结构和主从通信原理;3.4 小节介绍了基于 485 通信的 ModbusRTU 通信实验,包括工业网络实验系统、FTK-AC09260 远程 I/O 模块、实验环境要求和实验简介等内容。通过这些实验,学生更容易掌握 485 通信原理和 Modbus 协议的本质。

思考题

1.RS485 协议与 RS232 协议有何异同?

2.485 协议是一种工业现场总线协议吗? 为什么?

3.一个 485 通信系统有几个主机和几个从机? 主机和从机功能如何划分?

4.51 单片机串行通信采用模式 3,工作主频为 12 MHz,波特率设定为 4 800 Hz,设置 SMOD＝1,则 TH 为何值? SM0、SM1 设置为何值?

5.在采用 51 单片机的 485 通信系统中,主机的 SM2 位设置为何值? 从机在作为备选状态时,从机的 SM2 位设置为何值? 主机 TB8 设置为何值? 从机被选中后从机的 SM2 位设置为何值? 主机 TB8 设置为何值?

6.485 通信系统为何适合采用 Modbus 协议?

7.ModbusRTU 实验中通过什么软件对通信参数进行设定? 设定项为哪几项?

8.ModbusRTU 实验中从机通过什么设备与主机建立通信? 这个设备在使用前如何驱动?

9.ModbusRTU 实验中的哪个设备为主设备? 哪个设备为从设备?

10.如何用 ModbusPoll 软件获得模块 2 的频率计数值? 分析发送和接收帧内容。

4 CAN 总线技术

4.1 CAN 技术简介

4.1.1 概述

CAN 是 Controller Area Network 的缩写,是 ISO 国际标准化的串行通信协议,是诸多总线系统中比较有特色、应用又比较广的一种总线。CAN 由德国电气商 Bosch(博世)公司在 1986 年率先提出。此后,CAN 通过 ISO11898 高速(125 kbit/s~1 Mbit/s)及 ISO11519 低速(125 kbit/s 以下)进行了标准化。目前在欧洲,CAN 总线已是汽车网络的标准协议。CAN 具有很高的可靠性,目前广泛应用于汽车电子、工业自动化、船舶、医疗设备、工业设备等领域。

为了对 CAN 总线有一个感性认识,让我们看一个实际的 CAN 总线汽车应用实例,如图 4.1 所示。例子中的汽车上配置了三个速度的 CAN 总线,即 500 kbit/s 的高速总线、125 kbit/s 的中速总线和 19.2 kbit/s 的低速总线。高速 CAN 总线用来控制需要响应速度快、安全要求高的装置,如发动机、转向、制动、气囊、胎压等;中速 CAN 总线用来控制一些多媒体设备、电子导航,各种灯、门、座椅马达等装置;低速 CAN 总线用来控制空调、仪表板、车内装饰灯等装置。利用 CAN 总线的汽车电控系统布线大为简化,可靠性大为提升,解决了汽车电子设计方面大量的难题。

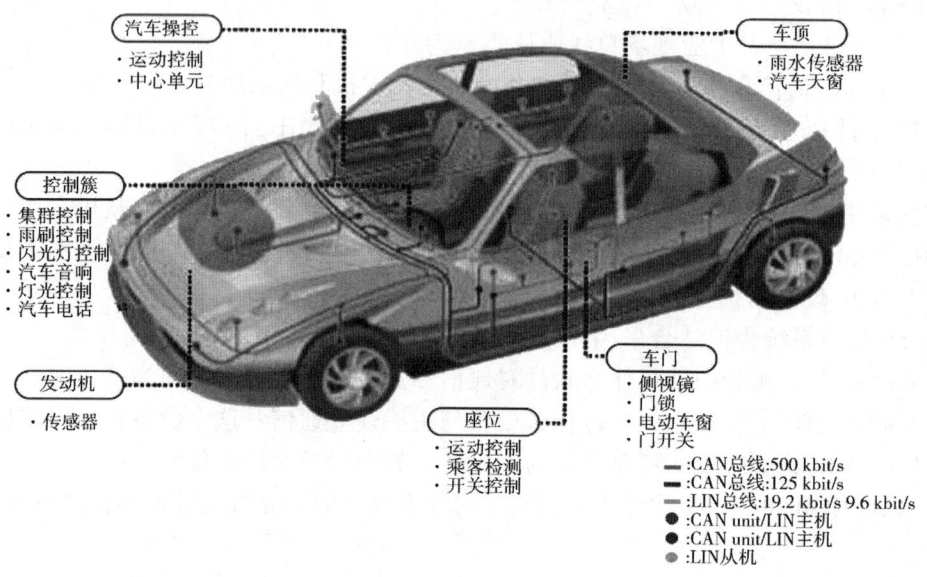

图 4.1 CAN 总线汽车应用实例

4.1.2 CAN 的通信参考模型

CAN 总线的通信参考模型包含的 ISO/OSI 参考模型的数据链路层和物理层,如表 4.1 所列。物理层定义信号的传输方式,主要涉及位编码、定时、同步等内容。数据链路层包含介质访问控制(Medium Access Control, MAC)子层和逻辑链路控制(Logical Link Control, LLC)子层两个子层。MAC 子层是 CAN 协议的核心,负责与 LLC 子层进行报文交换。MAC 子层负责报文分帧、仲裁、应答、错误检测和故障界定等。LLC 子层涉及报文滤波、过载通知以及错误恢复功能等。

表 4.1　CAN 总线通信参考模型

层		定义事项	功能描述
数据链路层	LLC 子层	接收消息的过滤	可点到点连接、广播、组播
		过载通知	通知接收准备尚未完成
		错误恢复功能	再次发送
	MAC 子层	消息的帧化	有数据帧、遥控帧、错误帧、过载帧 4 种帧类型
		连接控制方式	竞争方式(支持多点传送)
		数据冲突时的仲裁	根据仲裁,优先级高的 ID 可继续被发送
		故障扩散抑制功能	自动判别暂时错误和持续错误,排除故障节点
		错误通知	CRC 错误、填充位错误、位错误、ACK 错误、格式错误
		错误检测	所有单元都可随时检测错误
		应答方式	ACK、NACK 两种
		通信方式	半双工通信
物理层		位编码方式	插入填充位
		位时序	位时序、位的采样数
		同步方式	硬同步和再同步功能

4.1.3　CAN 总线的特点

(1)多主控制:在总线空闲时,任何单元都可以开始发送消息,采用总线仲裁(CSMA/CA)方式争取消息发送权。

(2)系统的灵活性:总线上可以带电增减节点单元。

(3)通信速度网关:在同一网络中,所有单元必须设定成统一的通信速度。不同的通信速度的网络间可以通过网关相互通信。

(4)远程数据请求:可通过发送"遥控帧"请求其他单元发送数据。

(5)错误检测、通知和恢复功能:所有的单元都可以检测错误,并通知其他所有单元,不断反复地重新发送此消息直到成功发送为止。

(6)故障封闭:隔离持续发生错误的单元。

(7)网速与单元数匹配:可连接的单元数受总线上的时间延迟及电气负载的限制。通信速度越高,可增加连接的单元数越少。

4.2　CAN 技术规范

4.2.1　物理层信号特征

4.2.1.1　总线数值(Bus Values)

CAN 总线一般采用双绞线连接各单元,信号的逻辑数值通过两线间的压差来确定。CAN 总线具有显性电平、隐性电平两种互补逻辑数值。显性电平对应逻辑 0,CAN_High 和 CAN_Low 之差为 2 V 左右。隐性电平对应逻辑 1,CAN_High 和 CAN_Low 之差为 0 V 以下。显性电平具有优先权,只要有一个单元输出显性电平,总线上即为显性电平。CAN 总线信号有 ISO11898 和 ISO11519-2 两个标准,如图 4.2 所示。

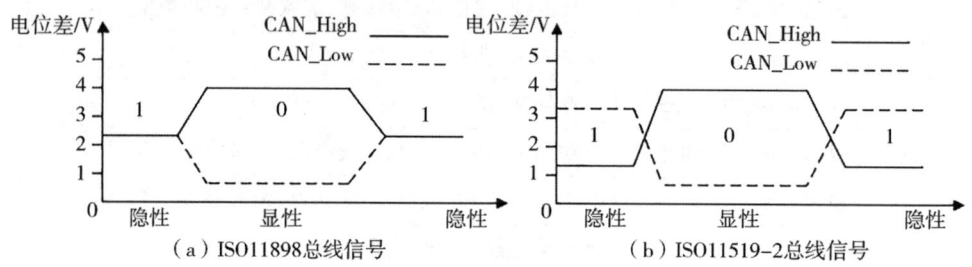

图 4.2　CAN 总线信号特征

4.2.1.2　ISO11898 和 ISO11519-2 物理层标准

ISO11898 和 ISO11519-2 在 CAN 协议中物理层的标准有所不同,如表 4.2 所示。

表 4.2　ISO11898 和 ISO11519-2 物理层标准

物理层	ISO11898(High speed)						ISO11519-2(Low speed)					
通信速度	最高 1 Mbit/s						最高 125 kbit/s					
总线最大长度×2	40 m/1 Mbit/s						1 km/40 kbit/s					
连接单元数	最大 30						最大 20					
线间信号	隐性			显性			隐性			显性		
	Min	Nom	Max	Min	Nom	Max	Min	Nom	Max	Min	Nom	Max
CAN_High(V)	2	2.5	3	2.75	3.5	4.5	1.6	1.75	1.9	3.85	4	5
CAN_Low(V)	2	2.5	3	0.5	1.5	2.25	3.1	3.25	3.4	0	1	1.15
电位差(H-L)(V)	−0.5	0	0.05	1.5	2	3	−0.3	−1.5	—	0.3	3	—

为保证 CAN 总线信号质量,抗回波干扰,在设计时要考虑总线的阻抗匹配。ISO11898 和 ISO11519-2 所采用的匹配方式不同。ISO11898 采用闭环方式,在总线两端分别并入 1 个 120 Ω 左右的电阻,如图 4.3 所示;而 ISO11519-2 采用开环串联方式,在一端的两线分别串联 1 个 2.2 kΩ 左右的电阻,如图 4.4 所示。

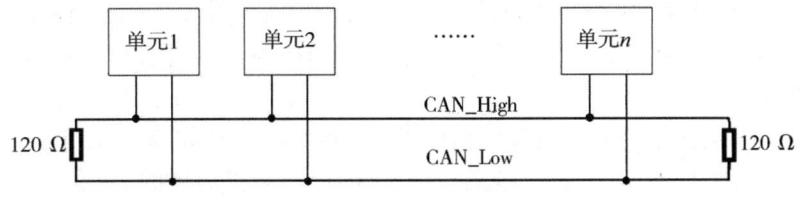

图 4.3　ISO11898 物理层连线结构

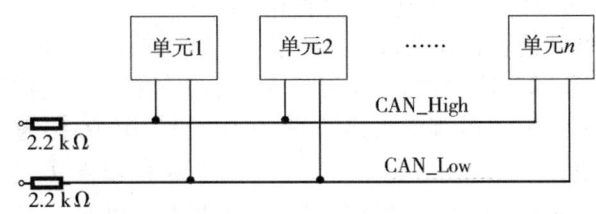

图 4.4　ISO11519-2 物理层连线结构

4.2.1.3　通信速率与传输距离的关系

总线通信速率越高,则通信距离越短,如图 4.5 所示。对于 ISO11898 协议通信速率达到 1 Mbit/s 时,传输距离在 40 m 左右;而 ISO11519-2 通信速率为 4 kbit/s 时,传输距离可以达到 1 km 左右。

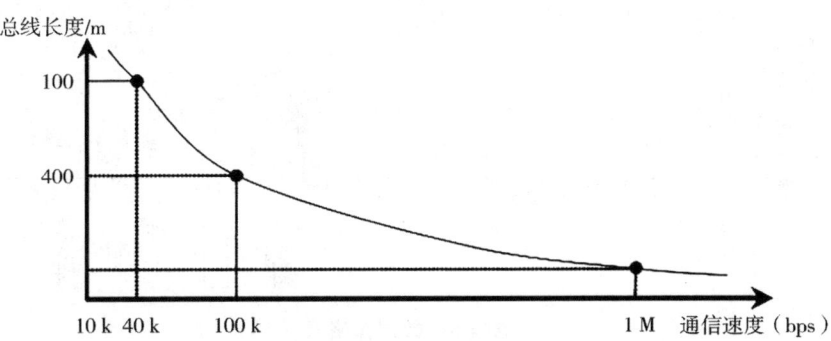

图 4.5　总线通信速率与传输距离的关系

4.2.2　CAN 的帧种类

CAN 总线节点间通信包括数据帧、远程帧、错误帧和过载帧四种类型的帧。数据帧和远程帧之间留有足够的帧间空间将帧与帧隔开。数据帧和远程帧有标准格式和扩展格式两种格式。

4.2.2.1　数据帧

数据帧用于从发送节点向其他节点发送数据,格式如图 4.6 所示。数据帧包括:帧起始、仲裁段、控制段、数据段、CRC 段、ACK 段和帧结束等 7 个部分。数据帧格式有标准格式和扩展格式两种。这两种帧格式主要区别在仲裁段,标准帧 11 位,扩展帧 29 位。为了区分这两种帧,在扩展帧与标准帧控制段重合的前两位有特殊设置,其他部分两种帧完全相同。

（1）帧起始（SOF）:表示帧开始的段,1 个显性位。

（2）仲裁段:表示该帧的 ID 和优先级。对于标准帧本段 12 位,左数 1～11 为 ID,左数第 12 位,RTR（远程请求位）为显性,用以区分远程帧。对于扩展帧本段 32 位,左数 1～11 为

ID28～ID18；左数第 12 位，SRR（替代远程请求位）为隐性；左数第 13 位，IDE（标识符选择位）为隐性；左数 14～31 位为 ID17～ID0；左数第 32 位，RTR 为显性，用以区分远程帧。本段禁止高 7 位都为隐性。

（3）控制段：表示数据的字节数及保留位的段，共 6 位。左数第 1 位对于标准帧表示 IDE 位（标识符选择位）为显性位，与扩展帧的对应位区别，对应扩展帧的 r1（保留位）；左数第 2 位为 r0（保留位），显性位；左数第 3～6 位为 DLC，表示数据长度，是 0～8 的二进制数。

（4）数据段：数据的内容，可发送 0～8 个字节的数据。

（5）CRC 段：检查帧的传输错误的段，共 16 位。CRC 的计算范围包括帧起始、仲裁段、控制段、数据段。发送单元 CRC 校验得到 15 位校验码，接收单元做同样计算，如果校验码计算结果一致则表示收到帧正确，否则判断为错误帧。CRC 段的第 16 位为 CRC 界定符，为隐性。

（6）ACK 段：表示确认正常接收的段。发送单元在 ACK 段发送 2 个位的隐性位，接收到正确消息的单元在 ACK 槽（ACK Slot）发送显性位，通知发送单元正常接收结束。

（7）帧结束：表示数据帧结束的段，7 个隐性位。

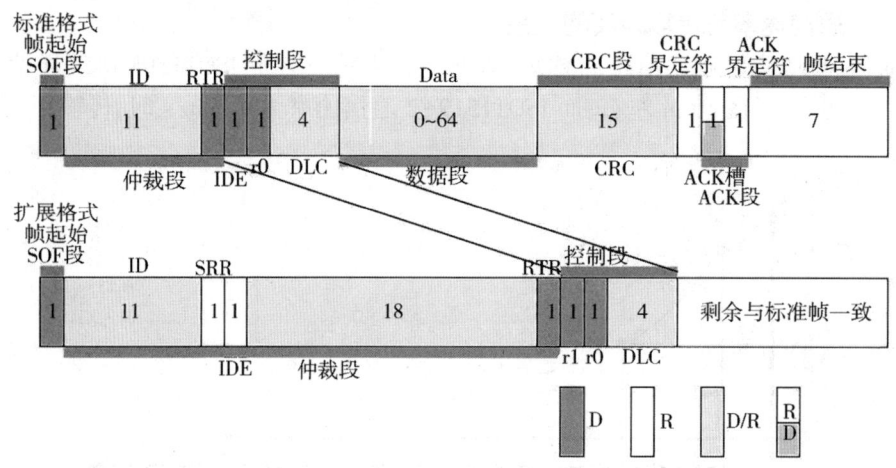

图 4.6　数据帧格式

4.2.2.2　远程帧

远程帧也叫遥控帧，用于接收单元向发送单元请求发送具有相同标识符的数据所用的帧。接收数据单元发起特定 ID 的远程帧，并且只发送 ID 部分；与其 ID 相符的单元设备就会在收到这个远程帧之后接管总线控制权，把数据封装成同样 ID 的数据帧发送到总线上；接收数据单元接收到实时数据。远程帧格式如图 4.7 所示。远程帧格式与数据帧相似，包括：帧起始、仲裁段、控制段、CRC 段、ACK 段和帧结束等 6 个部分。远程帧格式也包括标准格式和扩展格式两种。除没有数据段之外，远程帧的格式和作用与数据帧基本相同。除此之外，还有非常重要的三点需要强调一下：

（1）远程帧的 RTR 位为隐性。这表明对于同样的 ID 的远程帧和数据帧，远程帧的优先级低于数据帧。

（2）控制段中的 DLC 表示要接收数据的长度。被请求发送数据的单元会根据这个数据长度向总线发送数据。

（3）CRC 的计算范围包括帧起始、仲裁段、控制段。

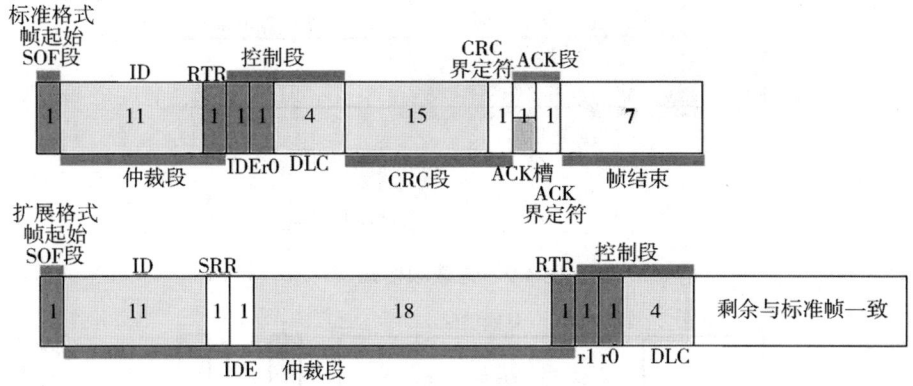

图 4.7　远程帧格式

4.2.2.3　错误帧

错误帧用于节点在接收或发送消息时检测出错误,向总线发出错误帧通知总线上其他节点发生错误。错误帧的发出一般是在数据帧或远程帧传输期间,分为主动报错和被动报错。主动报错节点只要检查到错误,就立即发出错误标志(连续的 6 个显性位),目的是主动地通知总线上的其他节点发生错误。被动报错节点即使检查到错误也只能被动地等待主动报错站点报错,并连续发送 6 个隐性位。在等待期间,此节点不能向总线发送任何信息,直到检测到由其他主动报错站点发出的错误帧结束之后才能向总线发送信息。主动报错和被动报错的节点在大多数文献中被称为主动错误节点和被动错误节点。

错误帧由错误标志和错误界定符构成,如图4.8所示。错误标志由连续 6 个显性位构成,其间如果有多个主动错误节点发送错误标志,就使错误标志显性位累加,扩展延长错误标志最多至连续 12 个显性位。错误界定符为连续 8 个隐性位。

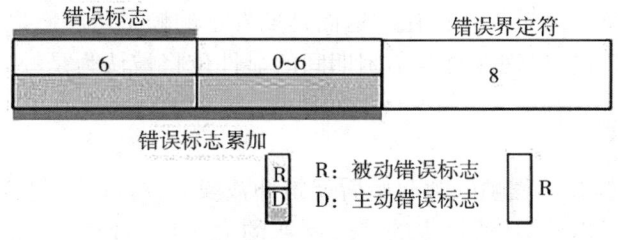

图 4.8　错误帧格式

4.2.2.4　过载帧

过载帧与错误帧具有相同的格式,但与错误帧产生的时机不同。过载帧在帧间间隔产生,用以在数据帧(或远程帧)之间提供附加的延时,来解决由于某种原因节点无法接收信息帧的情况。过载帧由两个部分组成,即过载标志和随后的过载界定符。过载标志有 6 个显性位,其间如果有其他节点也发送过载帧,就使连续显性位加长。过载定界符包含 8 个隐性位。过载帧格式如图 4.9 所示。

4.2.2.5　帧间隔

帧间隔是用于分隔数据帧和遥控帧的帧,如图4.10所示。数据帧和遥控帧可通过插入帧间隔将本帧与前面的任何帧(数据帧、遥控帧、错误帧、过载帧)分开,过载帧和错误帧前不能插入帧间隔。

帧间隔由间隔段、总线空闲段和延迟传送段组成。

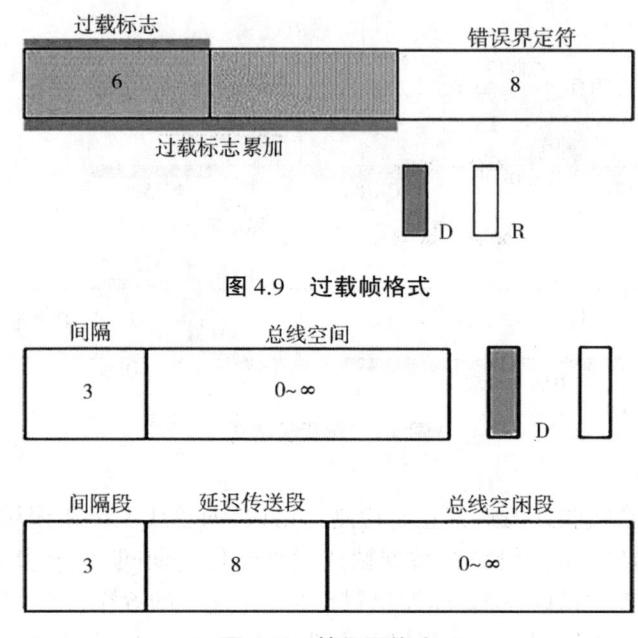

图 4.9　过载帧格式

图 4.10　帧间隔格式

（1）间隔段：由 3 个隐性位构成。其间，不允许任何节点发送数据帧或远程帧。唯一可以执行的操作是通报超载状态。

（2）延迟传送段：处于错误认可状态的节点在完成其发送动作后，在被允许发送下一帧以前，要在间歇之后送出 8 个隐性位。如果间歇期间执行了（由另一个节点引起的）发送动作，此节点将会变成正被发送的帧的接收器。

（3）总线空闲段：总线空闲时间长短不限。总线一经确认处于空闲状态，则任何节点都可以访问总线以传送信息。因另一帧正在传送而延期发送的帧是从间歇之后的第一位开始传送的。通过对总线进行检测，出现在总线空闲期间的显性位将被认为是帧起始。

4.2.3　总线仲裁

CAN 总线的数据帧和远程帧的帧起始后就是仲裁段。仲裁段里包含着这一帧的标识 ID。按照高位在左的原则可以按 ID 所代表的二进制数的大小作为仲裁比较优先级的依据。在总线处于空闲状态时，最先开始发送消息的单元获得发送权。当多个单元同时开始发送时，各发送单元从仲裁段的第一位开始进行仲裁。连续输出显性电平最多的单元可继续发送。

在 CAN 总线中，当有不同的单元同时发送显性位和隐性位时，总线表现为显性位，所以显性位的优先级高于隐性位。由于显性位代表 0，隐性位代表 1，则 ID 值越小所代表的优先级越高。如图 4.11 所示，单元 1 和单元 2 同时发送信息帧。第 1 个显性位为帧起始，从 ID 的第 1～10 位开始两个单元的值都一致，在第 11 位单元 1 是隐性位，单元 2 为显性位，单元 2 赢得了总线的使用权。单元 1 仲裁失败，从第 12 位起退出仲裁，转为接收工作状态。

对于标准数据帧，若与一个远程帧具有相同 ID，或者与一个扩展帧高 11 位具有相同的 ID，则由于数据帧的 RTR 位为显性，而远程帧的 RTR 位和扩展帧的 SRR 位都为隐性，故在这种情况下数据帧的优先级高于远程帧和扩展帧。

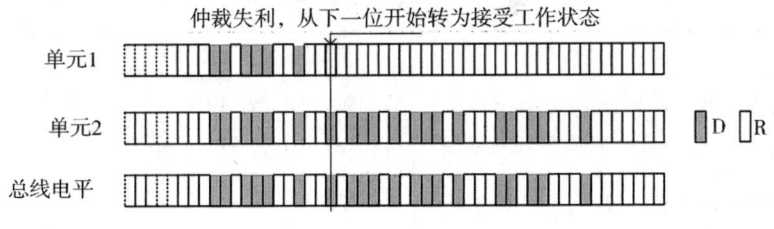

图 4.11　CAN 总线仲裁过程

4.2.4　位流编码

在发送数据帧和遥控帧时,SOF 段~CRC 段的数据均借助位填充规则进行编码。无论何时,当发送器在被发送的位流中检测到数值相同的 5 个连续位时,会自动地在实际的发送位流中插入一个补码位,如图 4.12 所示。在接收数据帧和遥控帧时,SOF 段~CRC 段的数据,相同电平如果持续 5 位,需要删除下一个位(第 6 个位)再接收。如果第 6 个位的电平与前 5 位相同,将被视为错误并发送错误帧。

数据帧或远程帧的 CRC 界定符、应答场和帧结束具有固定格式,不进行填充。错误帧和超载帧同样具有固定格式,也不适用位填充规则编码。对于接收器而言,如果直到最后(除"帧结束"的那一位)一直未出错,则报文有效。

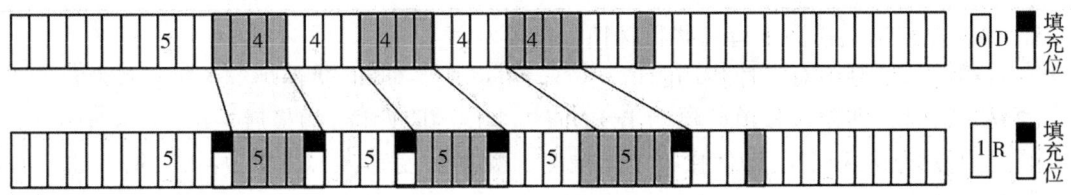

图 4.12　位填充

4.2.5　CAN 总线的错误类型及错误状态转换

4.2.5.1　错误类型

CAN 总线的错误类型包括:位错误、填充错误、CRC 错误、格式错误和 ACK 错误五种错误,如表 4.3 所示。位错误、填充错误、格式错误或应答错误由检测出的站在下一位开始时发送错误标志。CRC 错误由检测出的站从应答界定符后面那一位开始发送,除非用于其他错误状态的错误标志已经开始发送。

表 4.3　CAN 总线错误类型

错误类型	错误的内容	错误的检测帧(段)	检测单元
位错误	当输出电平和监视总线电平(不含填充位)不一致时所检测到的错误	数据帧(SOF 段~EOF 段)	发送单元和接收单元
		远程帧(SOF 段~EOF 段)	
填充错误	在需要位填充的段内,连续检测到 6 位相同的电平时所检测到的错误	数据帧(SOF 段~CRC 段顺序)	发送单元和接收单元
		远程帧(SOF 段~CRC 段顺序)	
CRC 错误	从接收到的数据计算出的 CRC 结果与接收到的 CRC 值不同	数据帧(CRC 段顺序)	接收单元
		远程帧(CRC 段顺序)	
格式错误	对固定格式的位检测结果与固定值不同	数据帧中的 ACK 界定符、CRC 界定符、EOF	接收单元
		远程帧中的 CRC 界定符、EOF	
		错误界定符	
		过载界定符	
ACK 错误	发送单元在 ACK 槽(ACKSlot)中没检测出隐性电平到显性电平的变化,表明数据没被接收方正确接收	数据帧(ACK 槽)	发送单元
		远程帧(ACK 槽)	

在 CAN 总线错误检测中有一些特殊情况需要注意:

(1)位错误:检测中对于仲裁场的填充位流期间、应答期间、错误帧等不进行检测。

(2)格式错误:即使接收单元检测出 EOF(7 个位的隐性位)的最后一位(第 8 个位)为显性电平,也不视为格式错误;即使接收单元检测出数据长度码(DLC)中 9~15 的值,也不视为格式错误。

4.2.5.2　错误状态转换

CAN 总线的错误状态分为主动错误状态、被动错误状态和总线关闭三种状态。这些状态依靠发送错误计数和接收错误计数来管理,根据计数值决定进入何种状态,如图 4.13 所示。错误计数规则如表 4.4 所示。

(1)主动错误状态:主动错误状态是可以正常参加总线通信的状态。当处于主动错误状态的单元检测出错误时,输出主动错误标志。

(2)被动错误状态:被动错误状态是易引起错误的状态。处于被动错误状态的单元虽能参加总线通信,但为不妨碍其他单元通信,接收时不能发送错误通知。处于被动错误状态的单元检测出错误时,输出被动错误标志。另外,处于被动错误状态的单元在发送结束后不能马上再次开始发送。在开始下次发送前,在间隔帧期间内,必须插入"延迟传送"(8 个位的隐性位)。

(3)总线关闭状态:总线关闭状态是不能参加总线通信的状态。信息的接收和发送均被禁止。

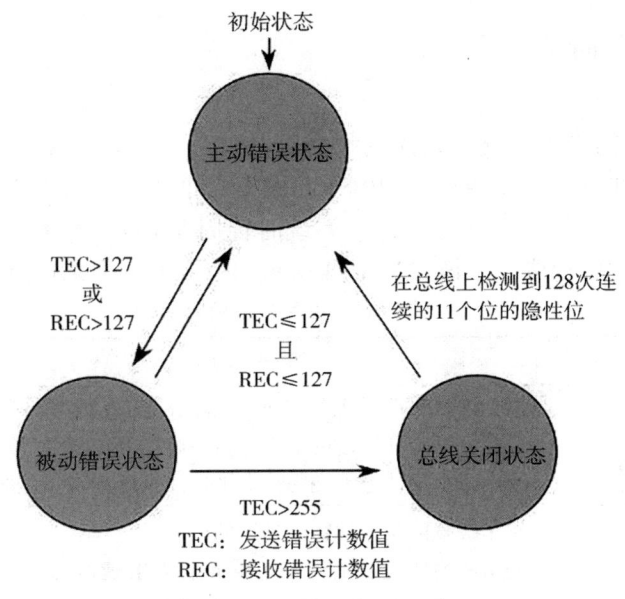

初始状态

主动错误状态

TEC>127
或
REC>127

TEC≤127
且
REC≤127

在总线上检测到128次连续的11个位的隐性位

被动错误状态

总线关闭状态

TEC>255

TEC：发送错误计数值
REC：接收错误计数值

图 4.13　单元的错误状态

表 4.4　错误计数规则

序号	接收和发送错误计数值的变动条件	发送错误计数值（TEC）	接收错误计数值（REC）
1	接收单元检测出错误时。例外：接收单元在发送错误标志或过载标志中检测出"位错误"时，接收错误计数值不增加	—	+1
2	接收单元在发送完错误标志后检测到的第一个位为显性电平时	—	+8
3	发送单元在输出错误标志时	+8	—
4	发送单元在发送主动错误标志或过载标志时，检测出位错误	+8	—
5	接收单元在发送主动错误标志或过载标志时，检测出位错误	—	+8
6	各单元从主动错误标志、过载标志的最开始检测出连续 14 个位的显性位时。之后，每检测出连续的 8 个位的显性位时	发送时+8	接收时+8
7	检测出在被动错误标志后追加的连续 8 个位的显性位时	发送时+8	接收时+8
8	发送单元正常发送数据结束时（返回 ACK 段且到帧结束也未检测出错误时）	−1，当 TEC＝0 时不变	—
9	接收单元正常接收数据结束时（到 CRC 段未检测出错误且正常返回 ACK 段时）	—	1≤REC≤127 时减 1 REC＝0 时不变 REC>127 时设 REC＝127
10	处于总线关闭状态的单元，检测到 128 次连续 11 个位的隐性位	TEC＝0	REC＝0

4.2.6　位时序与同步

4.2.6.1　位时序

由发送单元在非同步的情况下发送的每秒钟的位数称为位速率。一个位可分为同步段（SS）、传播时间段（PTS）、相位缓冲段 1（PBS1）、相位缓冲段 2（PBS2）四段。这些段的最小时间单位（时间份额 Tq）的整数倍构成。Tq 为系统时钟周期 tscl 的倍数。各段的作用和 Tq 数如表 4.5 所示。1 个位的构成及采样如图 4.14 所示。读取电平的采样点位于 PBS1 的结束处。

表 4.5　位时序各段

段名称	段的作用	Tq 数	
同步段 （SS：Synchronization Segment）	多个连接在总线上的单元通过此段实现时序调整，同步进行接收和发送的工作。由隐性电平到显性电平的边沿或由显性电平到隐性电平边沿最好出现在此段中	1 Tq	
传播时间段 （PTS：Propagation Time Segment）	用于吸收网络上的物理延迟的段。 网络的物理延迟是指发送单元的输出延迟、总线上信号的传播延迟、接收单元的输入延迟。 这个段的时间为以上各延迟时间的和的 2 倍	1~8 Tq	8~25 Tq
相位缓冲段 1 （PBS1：Phase Buffer Segment 1）	当信号边沿不能被包含于 SS 段中时，可在此段进行补偿。由于各单元以各自独立的时钟工作，细微的时钟误差会累积起来，PBS 段可用于减小此误差。	1~8 Tq	
相位缓冲段 2 （PBS2：Phase Buffer Segment 2）	通过对相位缓冲段加减 SJW 减小误差（参照图 4.14）。再同步补偿宽度（reSynchronization Jump Width，SJW）加大后允许误差加大，但通信速度下降。SJW 因时钟频率偏差、传送延迟等，各单元有同步误差。SJW 为补偿此误差的最大值，范围为 1~4 Tq	2~8 Tq	

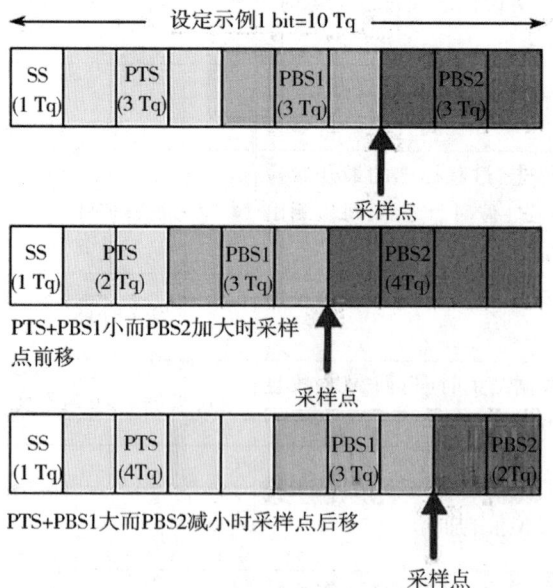

图 4.14　一个位的构成及采样

4.2.6.2　同步

CAN 协议的通信的各个位的开头或者结尾都没有附加同步信号。发送单元以与位时序同步的方式发送数据。由于发送单元和接收单元存在的时钟频率误差及传输路径上存在的相位延迟会引起同步偏差,接收单元通过硬件同步和再同步的方法调整时序进行接收。

(1)硬件同步:接收单元在总线空闲状态检测出帧起始时进行的同步调整。

(2)再同步:在接收过程中检测出总线上的电平变化时进行的同步调整。每当检测出边沿时,根据 SJW 值通过加长 PBS1 或缩短 PBS2 的方式调整同步。但如果发生了超出 SJW 值的误差时,最大调整量不能超过 SJW 值。

4.3　CAN 通信控制器 SJA1000

4.3.1　SJA1000 概述

SJA1000 是 Philips 公司 1997 年推出的一款 CAN 控制器,可以实现 CAN 总线的物理层和数据链路层的功能。它除了兼容 Philips 早期产品 PCA82C200 CAN 控制器,还增加了一种新的工作模式——PeliCAN 模式。该模式支持具有很多新特性的 CAN 2.0B 协议。

SJA1000 具有扩展的接收缓冲器 64 字节 FIFO(先进先出)寄存器,在处理帧的过程中不影响新帧的接收;支持标准帧和扩展帧;位速率最高可达 1 Mbit/s;支持 PeliCAN 模式扩展功能;支持 24 MHz 时钟频率;支持对不同微处理器的接口;支持可编程的 CAN 输出驱动器配置;增强的温度适应能力(-40~125 ℃)。SJA1000 芯片支持 DIP28 和 SO28 两种封装。

4.3.2　SJA1000 功能及引脚说明

4.3.2.1　功能介绍

SJA1000 芯片专为满足 CAN 总线协议的实现和与单片机的接口相匹配而设计,其功能框图如图 4.15 所示。

接口管理逻辑(IML):接口管理逻辑解释来自 CPU 的命令,控制 CAN 寄存器的寻址,向主控制器提供中断信息和状态信息。

发送缓冲器(TXB):发送缓冲器是 CPU 和 BSP(位流处理器)之间的接口,能够存储发送到 CAN 网络上的完整信息,缓冲器长 13 Bytes,由 CPU 写入、BSP 读出。

接收缓冲器(RXB RXFIFO):接收缓冲器是验收滤波器和 CPU 之间的接口,用来储存从 CAN 总线上接收的报文。接收缓冲器(RXB)作为接收 FIFO(RXFIFO,64 Bytes)的一个窗口,可被 CPU 访问。

位时序逻辑(BTL):位时序逻辑监视串口的 CAN 总线,并处理与总线有关的位时序。它在信息开头,由隐性到显性的变换同步 CAN 总线位流(硬同步),接收信息时再次同步下一次传送(重同步)。BTL 还提供了可编程的时间段来补偿传播延迟时间,实现相位转换(例如,由于振荡而漂移),定义采样点和每一位的采样次数。

错误管理逻辑(EML):错误管理逻辑负责传送层模块的错误界定。它接收 BSP 的出错报告,并将错误统计数字通知 BSP 和 IML。

4.3.2.2　引脚说明

SJA1000 芯片共有 28 支引脚,各引脚功能如表 4.6 所示。

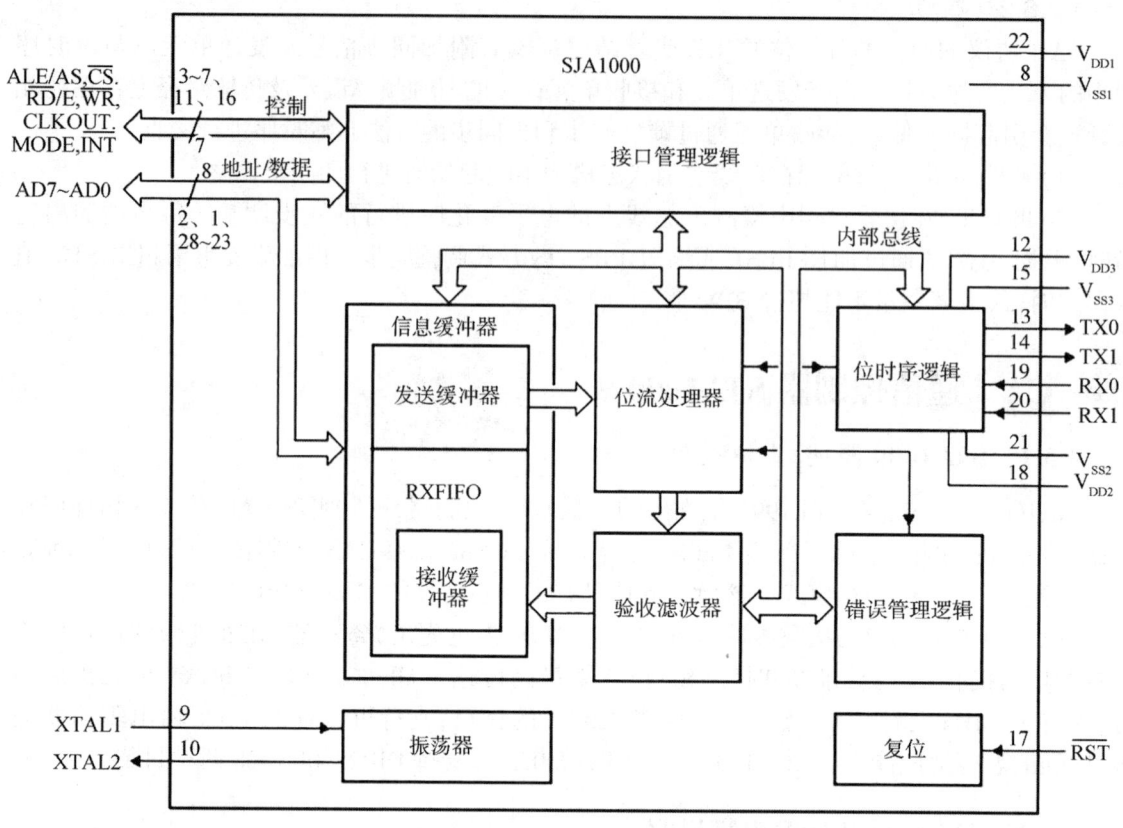

图 4.15　SJA1000 功能框图

表 4.6　引脚说明

符号	引脚	说明
AD7~AD0	2、1、28~23	多路地址/数据总线
ALE/AS	3	ALE 输入信号 Intel 模式 AS 输入信号 Motorola 模式
CS	4	片选输入低电平允许访问 SJA1000
$\overline{RD}$/E	5	微控制器的/RD 信号 Intel 模式或 E 使能信号 Motorola 模式
$\overline{WR}$	6	微控制器的/WR 信号 Intel 模式或 RD//WR 信号 Motorola 模式
CLKOUT	7	SJA1000 产生的提供给微控制器的时钟输出信号,时钟输出信号来源于内部振荡器且通过编程驱动时钟控制寄存器的时钟关闭位可禁止该引脚
V_{SS1}	8	接地
XTAL1	9	输入振荡器放大电路外部振荡信号由此输入注 1
XTAL2	10	振荡放大电路输出使用外部振荡信号时左开路输出注 1
MODE	11	模式选择输入 1=Intel 模式,0=Motorola 模式
V_{DD3}	12	输出驱动的 5 V 电压源
TX0	13	从 CAN 输出驱动器 0 输出到物理线路上

续表

符号	引脚	说明
TX1	14	从 CAN 输出驱动器 1 输出到物理线路上
V_{SS3}	15	输出驱动器接地
$\overline{INT}$	16	中断输出用于中断微控制器/INT;在内部中断寄存器各位都被置位时,低电平有效
$\overline{RST}$	17	复位输入用于复位 CAN 接口,低电平有效把/RST 引脚通过电容连到 VSS;通过电阻连到 VDD,可自动上电复位。电容可选择;电阻可选择 50 kΩ。$C=1$ F;$R=50$ kΩ
V_{DD2}	18	输入比较器的 5 V 电压源
RX0、RX1	19、20	RX0 和 RX1 是 CAN 总线输入 SJA1000 的输入比较器的引脚。它们的主要作用是接收来自 CAN 总线的数据。当 CAN 总线上有数据发送时,这些数据会通过差分信号的形式在 CANH 和 CANL 引脚上传输。SJA1000 的输入比较器会检测这些差分信号,并将其转换为数字信号,然后通过 RX0 和 RX1 引脚输入 SJA1000 内部进行处理。 SJA1000 通过比较 RX0 和 RX1 引脚的电平来判断总线上是显性电平还是隐性电平。如果 RX1 的电平比 RX0 的电平高,则读为显性电平,否则读为隐性电平。当检测到显性电平时,SJA1000 会被从睡眠模式中唤醒,并开始接收和处理数据
V_{SS2}	21	输入比较器的接地端
V_{DD1}	22	逻辑电路的 5 V 电压源

4.3.3　PeliCAN 工作模式

SJA1000 支持 BasicCAN 和 PeliCAN 两种模式。BasicCAN 的主要目的是保证与早期产品 PCA82C200 的兼容,只能部分支持 CAN 总线协议,现在已经较少被使用。PeliCAN 支持 CAN2.0A(标准帧)和 CAN2.0B(扩展帧)的协议标准,并增加一些新功能(包括:可读/写访问的错误计数器;可编程的错误报警限制;对每一个 CAN 总线错误的中断;具体控制位控制的仲裁丢失中断;单次发送,无重发;只听模式,无确认无活动的出错标志;支持热插拔、软件位速率检测;验收滤波器扩展 4 字节代码、4 字节屏蔽;自身信息接收自接收请求等),从而更全面和方便地支持 CAN 总线协议。

PeliCAN 寄存器的地址范围为 0~127,各个寄存器在工作模式和复位模式下的功能有可能相同,也有可能不同。工作模式是单元工作在总线通信状态,而复位模式是在进入工作模式前需要对某些寄存器进行设置,确定 CAN 总线通信的各项参数。在不同的模式下,有的寄存器只读,有的寄存器只写,有的寄存器可读可写,在实现 CAN 总线协议过程中就要正确地使用这些寄存器。表 4.7 说明了 PeliCAN 各个寄存器的地址分配以及在工作模式和复位模式下的读写操作。

表 4.7　PeliCAN 的各个寄存器的地址分配以及在工作模式和复位模式下的读写操作

CAN 地址	工作模式				复位模式	
	读	写	读	写	读	写
0	模式	模式			模式	模式
1	(00H)	命令			(00H)	命令
2	状态	—			状态	—
3	中断	—			中断	—
4	中断使能	中断使能			中断使能	中断使能
5	保留(00H)	—			保留(00H)	—
6	总线定时 0	—			总线定时 0	总线定时 0
7	总线定时 1	—			总线定时 1	总线定时 1
8	输出控制	—			输出控制	输出控制
9	检测	检测;注 2			检测	检测;注 2
10	保留(00H)	—			保留(00H)	—
11	仲裁丢失捕捉	—			仲裁丢失捕捉	—
12	错误代码捕捉	—			错误代码捕捉	—
13	错误报警限制	—			错误报警限制	错误报警限制
14	RX 错误计数器	—			RX 错误计数器	RX 错误计数器
15	TX 错误计数器	—			TX 错误计数器	TX 错误计数器
16	RX 帧信息 SFF（标准帧）	RX 帧信息 EFF（扩展帧）	TX 帧信息 SFF（标准帧）	TX 帧信息 EFF（扩展帧）	验收代码 0	验收代码 0
17	RX 识别码 1	RX 识别码 1	TX 识别码 1	TX 识别码 1	验收代码 1	验收代码 1
18	RX 识别码 2	RX 识别码 2	TX 识别码 2	TX 识别码 2	验收代码 2	验收代码 2
19	RX 数据 1	RX 识别码 3	TX 数据 1	TX 识别码 3	验收代码 3	验收代码 3
20	RX 数据 2	RX 识别码 4	TX 数据 2	TX 识别码 4	验收屏蔽 0	验收屏蔽 0
21	RX 数据 3	RX 数据 1	TX 数据 3	TX 数据 1	验收屏蔽 1	验收屏蔽 1
22	RX 数据 4	RX 数据 2	TX 数据 4	TX 数据 2	验收屏蔽 2	验收屏蔽 2
23	RX 数据 5	RX 数据 3	TX 数据 5	TX 数据 3	验收屏蔽 3	验收屏蔽 3
24	RX 数据 6	RX 数据 4	TX 数据 6	TX 数据 4	保留(00H)	—
25	RX 数据 7	RX 数据 5	TX 数据 7	TX 数据 5	保留(00H)	—

续表

CAN 地址	工作模式				复位模式			
	读		写		读		写	
26	RX 数据 8	RX 数据 6	TX 数据 8	TX 数据 6	保留(00H)		—	
27	(FIFO RAM)	RX 数据 7	—	TX 数据 7	保留(00H)		—	
28	(FIFO RAM)	RX 数据 8	—	TX 数据 8	保留(00H)		—	
29	RX 信息计数器		—		RX 信息计数器		—	
30	RX 缓冲器起始地址		—		RX 缓冲器起始地址		RX 缓冲器起始地址	
31	时钟分频器		时钟分频器;注 6		时钟分频器		时钟分频器	
32	内部 RAM 地址 0(FIFO)		—		内部 RAM 地址 0		内部 RAM 地址 0	
33	内部 RAM 地址 1(FIFO)		—		内部 RAM 地址 1		内部 RAM 地址 1	
↓	↓		↓		↓		↓	
95	内部 RAM 地址 63(FIFO)		—		内部 RAM 地址 63		内部 RAM 地址 63	
96	内部 RAM 地址 64 (TX 缓冲器)		—		内部 RAM 地址 64		内部 RAM 地址 64	
↓	↓		↓		↓		↓	
108	内部 RAM 地址 76 (TX 缓冲器)		—		内部 RAM 地址 76		内部 RAM 地址 76	
109	内部 RAM 地址 77(空闲)		—		内部 RAM 地址 77		内部 RAM 地址 77	
110	内部 RAM 地址 78(空闲)		—		内部 RAM 地址 78		内部 RAM 地址 78	
111	内部 RAM 地址 79(空闲)		—		内部 RAM 地址 79		内部 RAM 地址 79	
112	(00H)		—		(00H)		—	
↓	↓		↓		↓		↓	
127	(00H)		—		(00H)		—	

4.3.4　PeliCAN 部分寄存器介绍

以下介绍 PeliCAN 部分寄存器的功能。这些寄存器不包括与信息帧收发相关的寄存器和与位定时相关的寄存器。这两部分相关的寄存器将在后续单独介绍。

4.3.4.1　模式寄存器(地址 0,MOD)

模式寄存器用于改变 CAN 控制器的行为方式。

位 7～位 5:保留。

位 4 睡眠模式位(SM):置 1 时,没有 CAN 中断等待和总线活动时,CAN 控制器进入睡眠模式;置 0 时,唤醒从睡眠状态唤醒。

位 3 验收滤波器模式位(AFM):置 1 时,工作在单向验收滤波模式(32 位长);置 0 时,工作在双向验收滤波模式(两个滤波器,每个 16 位长)。

位 2 自检模式位(STM):置 1 时,进入自检模式,此模式下可通过自发自收一组报文来判断该控制节点是否正常地挂在 CAN 总线上;置 0 时,恢复正常模式。

位 1 只听模式位(LOM):置 1 时,进入只听模式,此模式下只可以接收信息,不向总线发应答信号,也不会产生错误计数;置 0 时,恢复正常模式。

位 0 复位模式位(RM):置 1 时,使本单元进入复位模式;而当 1-0 跳变时,CAN 控制器回到工作模式。

在复位模式下,模式寄存器的 0~2 位是只写的。

4.3.4.2 命令寄存器(地址 1,CMR,只写)

命令寄存器用于启动 CAN 控制器执行某种信息传输的操作。这个寄存器是只写的。所有位的读出值都是逻辑 0。

位 7~位 5:保留。

位 4 自动接收请求位(SRR):置 1 时,信息发送和接收报文可同时进行,也就是自己接收自己发送的报文;置 0 时,表示空缺。

位 3 清除数据溢出位(CDO):置 1 时,清除数据溢出状态位;置 0 时,无作用。

位 2 释放接收缓冲器位(RRB):置 1 时,释放 RXFIFO 内存空间;置 0 时,无作用。

位 1 中止发送位(AT):置 1 时,取消等待中的发送请求;置 0 时,无作用。

位 0 发送请求位(TR):置 1 时,报文被发送;置 0 时,无作用。

4.3.4.3 状态寄存器(地址 2,SR,只读)

状态寄存器用于反应 CAN 控制器的状态。

位 7 总线状态位(BS):置 1 时,表示总线关闭;置 0 时,表示总线开启。

位 6 出错状态位(ES):置 1 时,表示错误计数达到报警门限;置 0 时,表示错误计数尚未达到报警门限。

位 5 发送状态位(TS):置 1 时,表示 CAN 控制器正在发送信息;置 0 时,表示空闲。

位 4 接收状态位(RS):置 1 时,表示 CAN 控制器正在接收信息;置 0 时,表示空闲。

位 3 发送完毕状态位(TCS):置 1 时,表示最后一次发送完成;置 0 时,表示当前的发送还未完成。

位 2 发送缓冲器状态位(TBS):置 1 时,表示发送缓冲器释放,可以向其中写数据;置 0 时,表示发送缓冲器释放锁定,不能向其中写数据。

位 1 数据溢出状态位(DOS):置 1 时,表示 RXFIFO 中无足够的存储空间;置 0 时,表示 RXFIFO 中有存储空间。

位 0 接收缓冲状态位(RBS):置 1 时,表示 RXFIFO 有可用信息;置 0 时,表示 RXFIFO 无可用信息。

4.3.4.4 中断寄存器(地址 3,IR,只读)

中断寄存器反应使能中断源发生中断的情况。读此寄存器的时候,除接收中断外,所有位都会被复位。

位 7 总线错误中断位(BEI):置 1 时,表示 BEIE 使能时检测到总线错误;置 0 时,表示复位。

位 6 仲裁丢失中断位(ALI):置 1 时,表示 ALIE 使能时仲裁失败;置 0 时,表示复位。

位 5 错误消极中断位(EPI):置 1 时,表示 EPIE 使能时进入错误消极状态或从错误消极状态又进入错误活动状态;置 0 时,表示复位。

位 4 唤醒中断位（WUI）：置 1 时，表示 WUIE 从睡眠模式中唤醒；置 0 时，表示复位。

位 3 数据溢出中断位（DOI）：置 1 时，表示 DOIE 使能时 RXFIFO 产出溢出；置 0 时，表示复位。

位 2 出错报警中断位（EI）：置 1 时，表示 EIE 使能时达到错误报警门限；置 0 时，表示复位。

位 1 发送中断位（TI）：置 1 时，表示 TIE 使能时发送缓冲器释放；置 0 时，表示复位。

位 0 接收中断位（RI）：置 1 时，表示 RIE 使能时 RXFIFO 中有可用信息；置 0 时，表示复位。

4.3.4.5　中断使能寄存器（地址 4，IER，可读写）

中断使能寄存器允许或禁止不同类型的中断源产生中断。中断使能寄存器与中断寄存器的位对应一致。

位 7 总线错误中断使能位（BEIE）：置 1 时，表示 BEIE 使能时检测到总线错误使能；置 0 时，表示禁能。

位 6 仲裁丢失中断使能位（ALIE）：置 1 时，表示 ALIE 使能时仲裁失败使能；置 0 时，表示禁能。

位 5 错误消极中断使能位（EPIE）：置 1 时，表示 EPIE 使能时进入错误消极状态或从错误消极状态又进入错误活动状态使能；置 0 时，表示禁能。

位 4 唤醒中断使能位（WUIE）：置 1 时，表示 WUIE 使能时从睡眠模式中唤醒使能；置 0 时，表示禁能。

位 3 数据溢出中断使能位（DOIE）：置 1 时，表示 DOIE 使能时 RXFIFO 产出溢出使能；置 0 时，表示禁能。

位 2 出错报警中断使能位（EIE）：置 1 时，表示 EIE 使能时达到错误报警门限使能；置 0 时，表示禁能。

位 1 发送中断使能位（TIE）：置 1 时，表示 TIE 使能时发送缓冲器释放使能；置 0 时，表示禁能。

位 0 接收中断使能位（RIE）：置 1 时，表示 RIE 使能时 RXFIFO 中有可用信息使能；置 0 时，表示禁能。

4.3.4.6　仲裁丢失捕捉寄存器（地址 11，ALC，只读）

仲裁丢失捕捉寄存器用于获取仲裁丢失位置信息。其一般与 IR 寄存器的第 6 位联合使用，以便在发生仲裁失败时获取仲裁丢失位置。

位 7 ～位 5：保留，取 0。

位 4 ～位 0：所对应的二进制数值表示仲裁丢失的位置（如图 4.16 所示）。

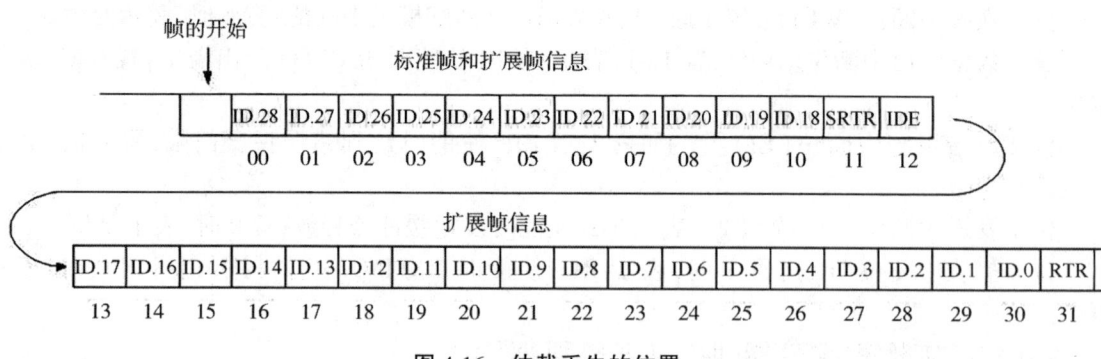

图 4.16 仲裁丢失的位置

为了方便表述,如图 4.16 中 ID.28～ID.18 SRTR,对于标准帧等同于对于标准帧的 ID.10～ID.0 RTR。

4.3.4.7 错误代码捕捉寄存器(地址 12,ECC,只读)

错误代码捕捉寄存器用于获取总线的各种错误类型和位置。

位 7～位 6 错误类型位(ERRC1～ERRC0):00 表示位错,01 表示格式错,10 表示填充错,11 表示其他类型错误。

位 5 方向(DIR):置 1 表示接收时发生的错误,置 0 表示发送时发生的错误。

位 4～位 0:各种组合代表不同含义,如表 4.8 所列。

表 4.8 错误编码

位 4	位 3	位 2	位 1	位 0	功能	位 4	位 3	位 2	位 1	位 0	功能
0	0	0	1	1	帧开始	0	1	0	1	0	数据区
0	0	0	1	0	ID.28～ID.21	0	1	0	0	0	CRC 序列
0	0	1	1	0	ID.20～ID.18	1	1	0	0	0	CRC 定义符
0	0	1	0	0	SRTR 位	1	1	0	0	1	应答通道
0	0	1	0	1	IDE 位	1	1	0	1	1	应答定义符
0	0	1	1	1	ID.17～ID.13	1	1	0	1	0	帧结束
0	0	1	1	0	ID.12～ID.5	1	0	0	1	0	中止
0	0	1	1	1	ID.4～ID.0	1	0	0	0	1	活动错误标志
0	0	1	0	0	RTR 位	1	0	1	1	0	消极错误标志
0	1	1	0	1	保留位 1	1	0	0	1	1	支配控制位误差
0	1	0	0	1	保留位 0	1	0	1	1	1	错误定义符
0	1	0	1	1	数据长度代码	1	1	1	0	0	溢出标志

4.3.4.8 错误报警限额寄存器(地址 13,EWLR,复位时可写,正常工作时只读)

错误报警限额寄存器用于定义错误报警限额。默认为 96。

4.3.4.9 RX 错误计数寄存器(地址 14,RXERR,复位时可写,正常工作时只读)

RX 错误计数寄存器反映接收错误计数的当前值。复位时可写,一般初始化时为 0。

4.3.4.10　TX错误计数寄存器(地址15,TXERR,复位时可写,正常工作时只读)

TX错误计数寄存器反映发送错误计数的当前值。其复位时可写。硬件复位初始化时为0。总线关闭时,TXERR被初始化为127来计算协议定义的最小时间(128个总线空闲信号)。这段时间里读TXERR将给出总线关闭恢复的状态信息。复位时向TXERR写入255,在进入工作状态时会引起总线关闭事件。

4.3.4.11　输出控制寄存器(地址8,OCR,复位时可读写)

输出控制寄存器用于建立不同的输出驱动配置。其允许在软件控制下建立输出驱动器的不同配置。如果复位模式有效,此寄存器可被访问(读/写)。正常工作时,在BasicCAN模式中呈现的是"FFH",在PeliCan模式中可读。

4.3.4.12　时钟分频寄存器(地址31,CDR,复位时可读写)

时钟分频寄存器用于控制微控制器的时钟输出。

位7:在BasicCAN模式与PeliCAN模式之间进行选择。

位6(CBP):接收比较器旁路。

位5(RXINTEN):专用的接收中断脉冲在TX1上。

位4:0。

位3:允许使CLKOUT引脚无效。

位2～位0:控制用于微控制器的CLKOUT频率。

4.3.5　信息帧收发的实现

与信息帧收发相关的寄存器包括发送缓冲器、接收缓冲器、验收代码寄存器和验收屏蔽寄存器。参照表4.8,它们虽然具有相同的寄存器地址,但在CAN控制器的内部设计是完全分开的三个独立的物理区域。当CAN控制器在工作模式时,如果外微处理写这段地址空间,则访问发送缓冲器;如果外微处理读这段地址空间,则访问接收缓冲器;当CAN控制器在复位模式时,读写这段地址空间,则访问的是验收代码寄存器和验收屏蔽寄存器。

4.3.5.1　发送缓冲器(地址16～28,TXB,工作模式可写)

发送缓冲器用于预置发送信息帧数据,其被分为描述符区和数据区,如图4.17所示。描述符区的第一个字节是帧信息字节(帧信息)。它可以设置标准格式(SFF)或扩展格式(EFF)、远程帧或数据帧、数据长度等CAN通信参数。SFF有2个字节的识别码,EFF有4个字节的识别码,数据区有8字节。发送缓冲器长13个字节,在CAN地址的16～28。使用CAN控制器地址96～108为发送缓冲器保留的一段RAM,可以直接被访问。

(1)TX结构信息(地址16,SFF地址,工作模式只写)

位7帧格式(FF):置0时,表示标准帧;置1时,表示扩展帧。

位6远程发送请求(RTR):对应远程请求,置1时,表示远程帧;置0时,表示数据帧。

位5～位4:保留(取0)。

位3～位0数据长度代码(DLC):二进制的值表示帧中包含数据的长度。

(2)TX标识码1～2(地址17～18)

①对于TX标识码1

位7～位0:对于标准帧对应ID.10～ID.3,对于扩展帧对应ID.28～ID.21。

16	TX帧信息1
17	TX识别码1
18	TX识别码2
19	TX数据字节1
20	TX数据字节2
21	TX数据字节3
22	TX数据字节4
23	TX数据字节5
24	TX数据字节6
25	TX数据字节7
26	TX数据字节8
27	未使用
28	未使用

（a）标准帧格式

16	TX帧信息
17	TX识别码1
18	TX识别码2
19	TX识别码3
20	TX识别码4
21	TX数据字节1
22	TX数据字节2
23	TX数据字节3
24	TX数据字节4
25	TX数据字节5
26	TX数据字节6
27	TX数据字节7
28	TX数据字节8

（b）扩展帧格式

图 4.17　标准帧和扩展帧格式配置在接收缓冲器里的列表

②对于 TX 标识码 2

位 7～位 5：对应于标准帧 ID.2～ID.0。

位 4（RTR）：对应远程请求，置 1 时，表示远程帧；置 0 时，表示数据帧。

位 3～位 0：置 0。

③TX 标识码 2 对于扩展帧

位 7～位 0：对应于扩展帧 ID.20～ID.13。

（3）TX 标准帧数据字节 1～8（地址 19～26）

对应标准帧的数据 1～8 字节。

（4）TX 标识码 3～4（地址 19～20）

①TX 标识码 3 对于扩展帧

位 7～位 0：对应 ID.12～ID.5。

②TX 标识码 4 对于扩展帧

位 7～位 3：对应 ID.4～ID.0。

位 2（RTR）：对应远程请求，置 1 时，表示远程帧；置 0 时，表示数据帧。

位 1～位 0：置 0。

（5）TX 扩展帧数据字节 1～8（地址 21～28）

对应扩展帧的数据 1～8 字节；

对于标准帧，地址 27～28 寄存器未被使用。

4.3.5.2　接收缓冲器（地址 16～28，RXB，工作模式可读）

接收缓冲器用于接收信息帧。对于标准信息帧和扩展信息帧的描述符和数据区的功能与发送缓冲器的寄存器设置对应一致，如图 4.18 所示。接收缓冲器与 RXFIFO 最前面的寄存器相映射。接收缓冲器每读取一帧数据，就相当于取走了这一帧数据，RXFIFO 的后续帧就会推到前面，等待接收缓冲器下一次获取。有了 RXFIFO 这样的设计，在节点处理当前帧的同时，不会影响后续帧的接收，这样就会在很大程度上提高单元节点的工作效率。

16	RX帧信息1
17	RX识别码1
18	RX识别码2
19	RX数据字节1
20	RX数据字节2
21	RX数据字节3
22	RX数据字节4
23	RX数据字节5
24	RX数据字节6
25	RX数据字节7
26	RX数据字节8
27	未使用
28	未使用

16	RX帧信息
17	RX识别码1
18	RX识别码2
19	RX识别码3
20	RX识别码4
21	RX数据字节1
22	RX数据字节2
23	RX数据字节3
24	RX数据字节4
25	RX数据字节5
26	RX数据字节6
27	RX数据字节7
28	RX数据字节8

（a）标准帧格式　　　　　　（b）扩展帧格式

图 4.18　标准帧和扩展帧格式配置在接收缓冲器里的列表

RXFIFO 共有 64 个信息字节的空间,如图 4.19 所示。一次接收缓冲器获取多少数据取决于最前面信息帧的长度。如果 RXFIFO 中没有足够的空间来存储新的信息,CAN 控制器会产生数据溢出中断,已部分写入 RXFIFO 的信息将被删除。

（1）RX 结构信息（地址 16,SFF 地址,工作模式只写）

位 7 帧格式（FF）:置 0 时,表示标准帧;置 1 时,表示扩展帧。

位 6 远程发送请求（RTR）:对应远程请求,置 1 时,表示远程帧;置 0 时,表示数据帧。

位 5~位 4:保留（取 0）。

位 3~位 0 数据长度代码（DLC）:二进制的值表示帧中包含数据的长度。

（2）RX 标识码 1~2（地址 17~18）

①对于 RX 标识码 1

位 7~位 0:对于标准帧对应 ID.10~ID.3,对于扩展帧对应 ID.28~ID.21。

②RX 标识码 2 对于标准帧

位 7~位 5:对应于标准帧 ID.2~ID.0。

位 4（RTR）:对应远程请求,置 1 时,表示远程帧;置 0 时,表示数据帧。

位 3~位 0:置 0。

③RX 标识码 2 对于扩展帧

位 7~位 0:对应于扩展帧 ID.20~ID.13。

（3）RX 标准帧数据字节 1~8（地址 19~26）

对应标准帧的数据 1~8 字节。

（4）RX 标识码 3~4（地址 19~20）

①RX 标识码 3 对于扩展帧

位 7~位 0:对应 ID.12~ID.5。

②RX 标识码 4 对于扩展帧

位 7~位 3:对应 ID.4~ID.0;

位 2（RTR）:对应远程请求,置 1 时,表示远程帧;置 0 时,表示数据帧。

位 1~位 0:置 0。

（5）RX 扩展帧数据字节 1~8（地址 21~28）

对应扩展帧的数据 1~8 字节；

对于标准帧，地址 27~28 寄存器未被使用。

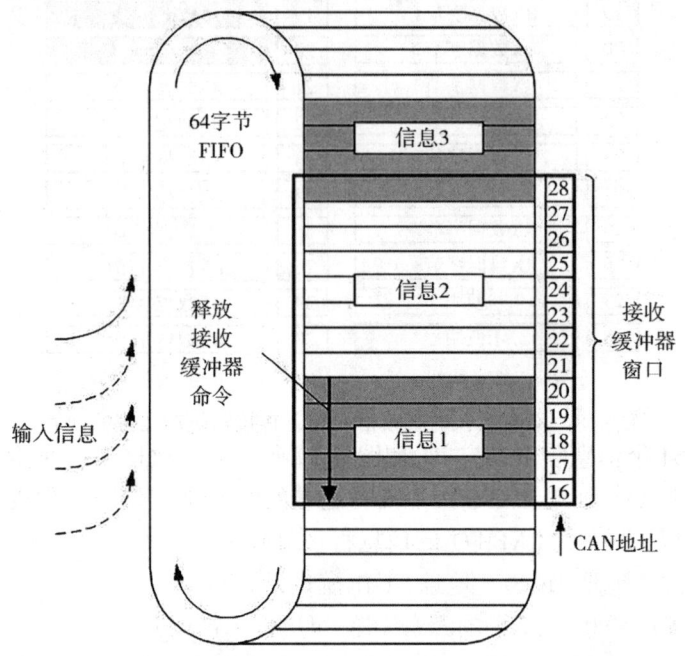

图 4.19　RXFIFO 中的信息帧流动

4.3.5.3　验收滤波器

验收滤波器由验收代码寄存器 $ACRn$（$n:0~3$，地址 16~19，复位时可读写）和验收屏蔽寄存器 $AMRn$（$n:0~3$，地址 20~23，复位时可读写）组成。只有当接收信息中的识别位满足验收滤波条件时，CAN 控制器才允许将已接收信息存入 RXFIFO（如图 4.19 所示）。CAN 控制器有单滤波器模式和双滤波器模式两种不同的过滤模式，由模式寄存器 MOD.3 AFM（1：单滤波模式，0：双滤波器模式）提前预置。

如图 4.20 所示，验收滤波的功能实现 CAN 帧过滤，将验收通过的帧放入接收 FIFO，丢弃验收不通过的帧。

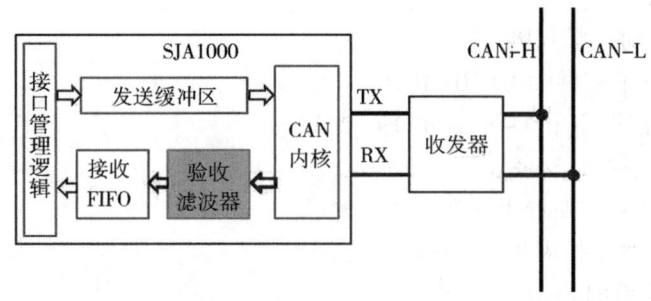

图 4.20　验收滤波结构图

（1）单滤波器模式

单滤波器是使验收代码寄存器 ACRn 位与信息帧的 ID 和 RTR 对应位进行同或计算（两位一致则输出为 1，否则为 0）。其输出结果再与验收屏蔽寄存器 AMRn 对应位做或运算。ID

和 RTR 每位完成以上计算,所有位的计算结果共同输入一个与计算器,如果结果为 1,则该信息帧通过滤波器接收到 RXFIFO,否则丢弃该帧(如图 4.21 所示)。屏蔽寄存器的作用是屏蔽验收代码寄存器的设置对帧滤波的影响,即如果屏蔽寄存器某位设置为 1,则无论对应验收代码寄存器设置值是否与帧对应位一致,都不会影响该帧的接收;如果屏蔽寄存器某位设置为 0,则必须保证对应验收代码寄存器设置值与帧对应位一致才不会影响该帧的接收。

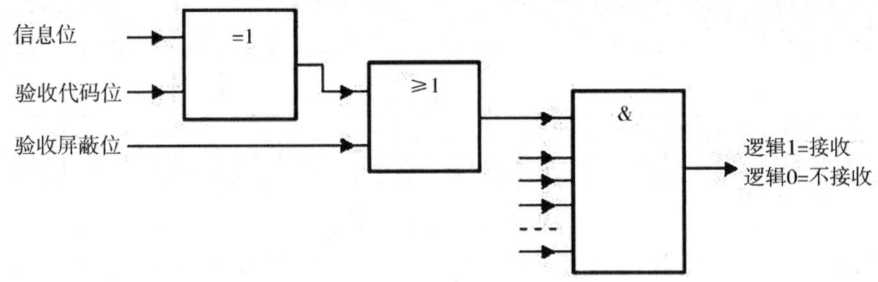

图 4.21　单滤波器模式

对于标准帧,使用 ACR0 ~ 1 和 AMR0 ~ 1 来实现对 ID 和 RTR 位的验收滤波。AMR1 和 ACR1 的低四位不用,可以通过设置 AMR1.3 ~ AMR1.0 为 1 来屏蔽这些位的影响。接收到滤波器的还包括信息帧后续两个字节的数据,可以把 AMR2 和 AMR3 设置成 FF 来消除这些位的影响。标准帧单滤波器配置如图 4.22 所示。

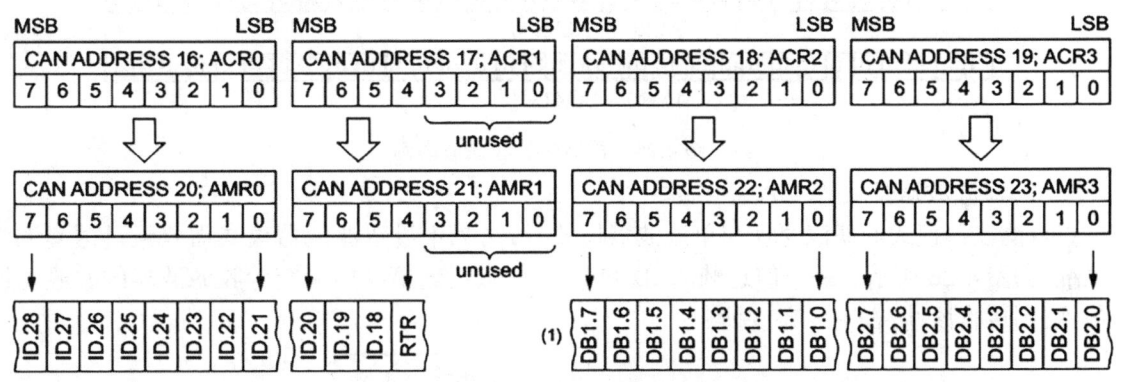

图 4.22　标准帧单滤波器配置

举例:如图 4.23 所示,验收代码寄存器 ACR0 ~ ACR3 分别为 0x21,0x00,0x00,0x00;验收屏蔽代码寄存器 AMR0 ~ AMR3 分别为 0x00,0x0F,0xFF,0xFF。试分析接收到帧 ID = 0x108,RTR = 0,DATA1 = 0x05,DATA2 = 0x24 的标准帧的验收情况。

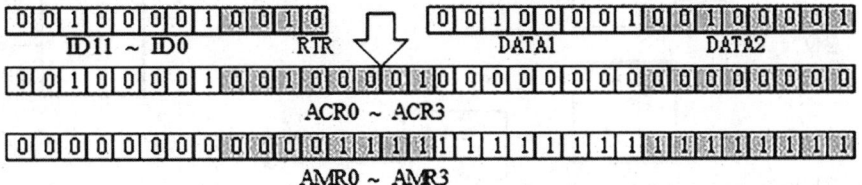

图 4.23　标准帧验收滤波举例

对于扩展帧,使用 ACR0 ~ ACR3 和 AMR0 ~ AMR3 来实现对 ID 和 RTR 位的验收滤波。AMR3 和 ACR3 的低四位则不用,可以通过设置 AMR3.1 ~ AMR3.0 为 1 来屏蔽这些位的影响。

扩展帧单滤波器配置如图 4.24 所示。

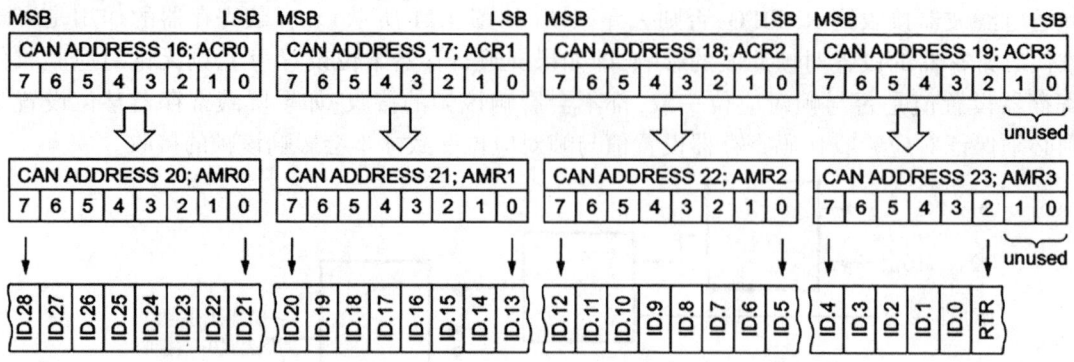

图 4.24 扩展帧单滤波器配置

举例:如图 4.25 所示,验收代码寄存器 ACR0~ACR3 分别为 0x21、0x00、0x05、0x24;验收屏蔽代码寄存器 AMR0~AMR3 分别为 0x00、0x00、0x00、0x03;接到帧 ID = 0x42000A4,RTR = 1 分析验收结果。由于这个数据帧的 ID 和 RTR 满足滤波器的验收滤波条件,所以这个数据帧能够被接收。

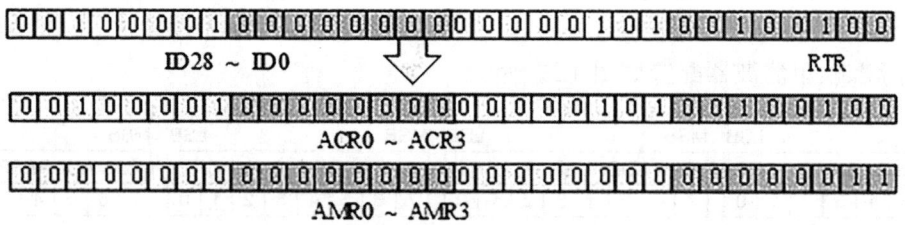

图 4.25 扩展帧验收滤波举例

(2)双滤波器模式

双滤波器模式的滤波原理与单滤波器模式一致,只不过双滤波器模式需要经过两套滤波系统,如图 4.26 所示。一个信息帧的 ID 和 RTR 位只要满足其中一套验收滤波器的验收滤波条件,则接收该帧,否则放弃该帧。

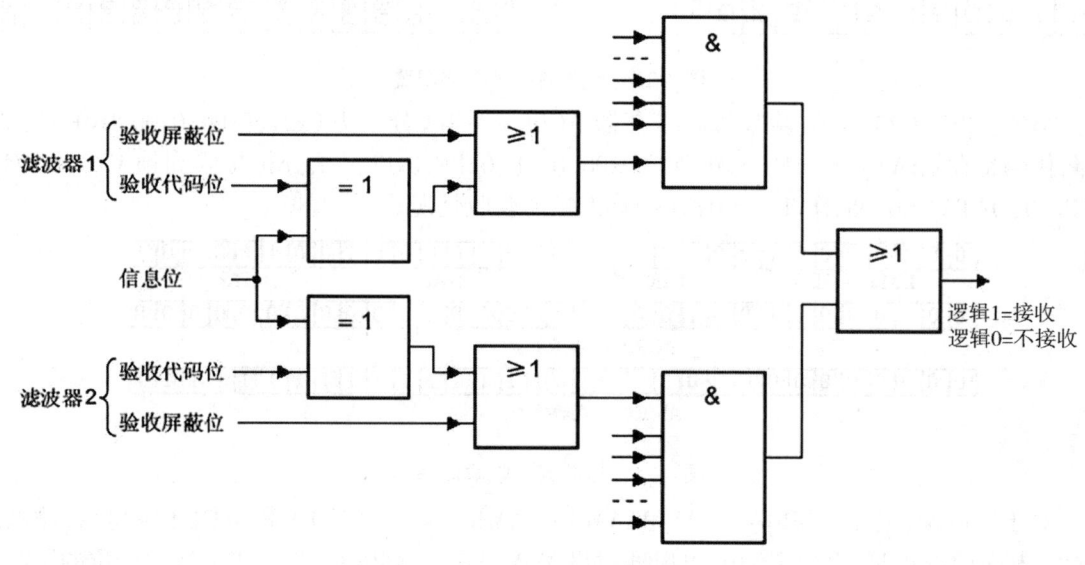

图 4.26 双滤波器模式计算原理

对于标准帧,如图 4.27 所示,ACR0、ACR1.7~ACR1.4 与 AMR0、AMR1.7~AMR1.4 构成第一套滤波器;ACR2、ACR3.7~ACR3.4 与 AMR2、AMR3.7~AMR3.4 构成第二套滤波器。AMR1和 AMR3 的低四位置为 1 来消除这些位的影响。一个标准帧的 ID 和 RTR 位只要满足其中一套验收滤波器的验收滤波条件,则接收该帧,否则放弃该帧。

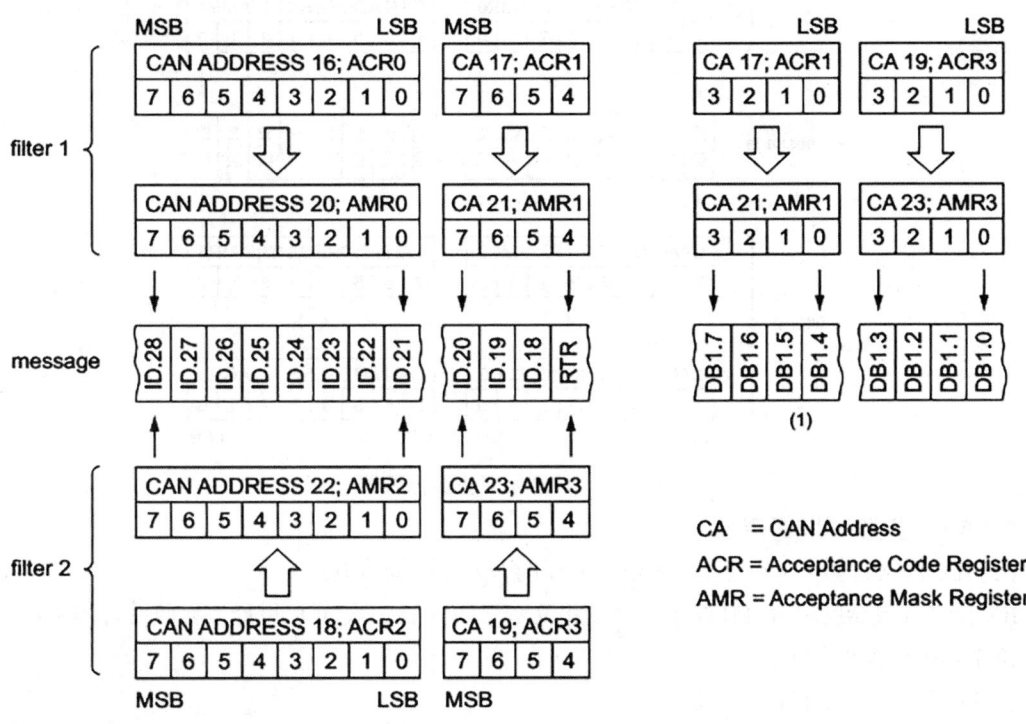

图 4.27　标准帧双滤波器配置

举例:如图 4.28 所示,验收代码寄存器 ACR0~ACR3 分别为 0x21、0x10、0x05、0x24,屏蔽代码寄存器 AMR0~AMR3 分别为 0x00、0x00、0x00、0x00。分析 ID.28~ID.18 = 0x052 和ID.28~ID.18 = 0x211 DB1 = 0x04 能否通过滤波器。由于这个数据帧的 ID 和 RTR 满足滤波器 1 的验收滤波条件,所以这个数据帧能够被接收。

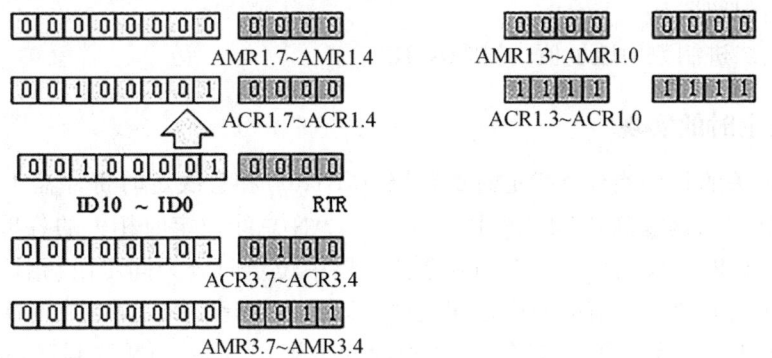

图 4.28　标准帧双滤波器举例

对于扩展帧,如图 4.29 所示,ACR0、ACR1 与 AMR0、AMR1 构成第一套滤波器;ACR2、ACR3 与 AMR2、AMR3 构成第二套滤波器。一个扩展帧的 ID.28~ID.13 只要满足其中一套验收滤波器的验收滤波条件,则接收该帧,否则放弃该帧。

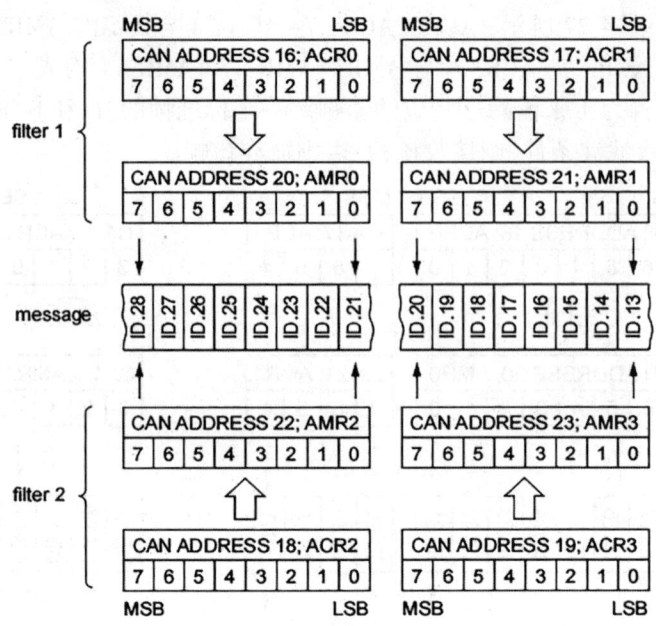

图 4.29　扩展帧双滤波器配置

4.3.5.4　接收辅助寄存器

（1）RX 报文计数器（地址 29，RMC，工作时只读，复位清 0）

RX 报文计数器反映 RXFIFO 中有效的报文数。每接收一次加 1，每释放接收缓冲器一次减 1。

位 7～位 5：保留置 0；

位 4～位 0：二进制数为计数。

（2）RX 缓冲器起始地址寄存器（地址 30，RBSA，工作时只读，复位时可读写）

RX 寄存器反映接收缓冲区窗口存放被接收的报文的第一个字节的内部 RAM 地址。

内部 RAM 地址起始为 32；

CAN 地址 = RBSA+32；

地址范围为 32～63；

位 7～位 6：保留置 0；

位 5～位 0：二进制数为地址值（范围 0～31）。

4.3.6　位定时的实现

与位定时相关的寄存器有总线定时寄存器 0（BTR0）和总线定时寄存器 1（BTR1）。通过对 BTR0 和 BTR1 设置就能确定 4.2.6 中介绍的与 CAN 总线位定时相关的各项参数。图 4.30 表示一个位周期的时间段划分，在 SJA10000 控制器中位定时分为同步段、相位缓冲段 1 和相位缓冲段 2 三个时间段。位值的采样在相位缓冲段 1 的末尾，可以设置成 1 次采样或 3 次采样。每个段都是时间份额 t_{scl} 的整数倍，而 1 个时间份额 t_{scl} 又是 CAN 控制器外部时钟 t_{clk} 的整数倍。以上介绍的位定时相关参数可以通过 BTR0 和 BTR1 的配置得到。

4.3.6.1　总线时序寄存器 0（地址 6，BTR0，复位时可读写）

确定波特率预引比例因子（BRP）和同步跳转宽度（SJW）的值。

位 7～位 6：同步跳转宽度（SJW）位域。

$t_{SYNCSEG} = 1 \times t_{scl}$

$t_{TSEG1} = t_{scl} \times (8 \times TSEG1.3 + 4 \times TSEG1.2 + 2 \times TSEG1.1 + TSEG1.0 + 1)$

$t_{TSEG2} = t_{scl} \times (4 \times TSEG2.2 + 2 \times TSEG2.1 + TSEG2.0 + 1)$

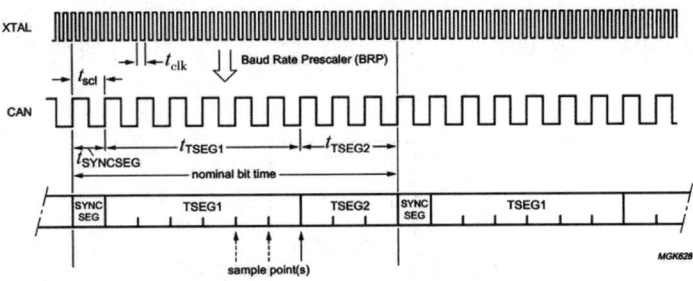

BRP = 000001, TSEG1 = 0101 and TSEG2 = 010

图 4.30　一个位周期的时间段划分

$$t_{sjw} = t_{clk} \times (2 \times BTR0.7 + BTR0.6 + 1) \tag{4.1}$$

t_{sjw}:同步跳转宽度,定义了一个周期可以被一次重新同步缩短或延长的时钟周期最大数。

t_{clk}:外晶振的振荡周期。

位 5～位 0:波特率预置位域 BRP,定义 CAN 的系统时钟 t_{scl}

$$t_{scl} = 2\, t_{clk} \times (BTR0.5 \sim BTR0.0 + 1) \tag{4.2}$$

4.3.6.2　总线时序寄存器 1(地址 7,BTR1,复位时可读写)

确定位时间的长度、采样点的位置和在每个采样点欲获取的采样数目。如果复位模式有效,这个寄存器可以被访问(读/写)。

位 7:采样位,置 1 时表示 3 次采样;置 0 时表示 1 次采样。

位 6～位 4:时间段 2(TSEG2)

$$t_{TSEG2} = t_{clk} \times (4 \times BTR1.6 + 2 \times BTR1.5 + BTR1.4 + 1) \tag{4.3}$$

位 3～位 0:时间段 1(TSEG1)

$$t_{TSEG1} = t_{clk} \times (8 \times BTR1.3 + 4 \times BTR1.2 + 2 \times BTR1.1 + BTR1.0 + 1) \tag{4.4}$$

图 4.30 是 BTR0 设置为 0000001,BTR1 设置为 00100101 所表示的位定时情况。

整个的位周期为:

$$T_b = t_{scl} + t_{TSEG1} + t_{TSEG2} \tag{4.5}$$

CAN 总线的波特率为:

$$F = \frac{1}{T_b} \tag{4.6}$$

4.4　CAN 总线硬件电路设计

本小节通过一个基于 51 单片机的 CAN 总线的实验系统的完整设计实例,从实践角度介绍 CAN 总线单元节点的硬件设计。该系统也是 CAN 总线基础通信实验所采用的节点模块,实际验证可行,对进一步掌握 CAN 总线的开发具有很好的参考意义。

4.4.1　CAN 总线驱动器

CAN 总线驱动器是 CAN 控制器和物理总线之间的接口,将 CAN 控制器的逻辑电平转换为 CAN 总线的差分电平,在两条有差分电压的总线电缆上传输数据。

TJA1050 因其应用灵活、性能优良,并与多种 CAN 控制器兼容,成为目前应用最为广泛的独立型 CAN 总线驱动器之一。TJA1050 符合 ISO11898 标准,与早期的 PCA82C250 相兼容,在电磁兼容性 EMC、抗干扰等各项性能上优于 PCA82C250。TJA1050 还具有最高速率达 1 Mbit/s、热保护、电源和地之间短路保护、低电流待机模式、未上电节点不影响总线、总线至少可连接 110 个节点等特点。TJA1050 引脚如图 4.31 所示,TJA1050 基本参数如表 4.9 所列,TJA1050 引脚说明如表 4.10 所列。

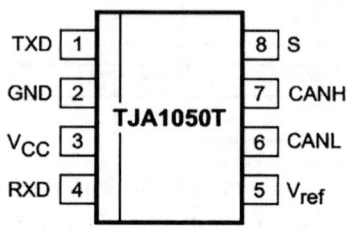

图 4.31 TJA1050 引脚

表 4.9 TJA1050 基本参数

特征	说明	最小值	最大值
V_{CC}	电源电压	4.75 V	5.25 V
V_{CANH}	电压耐受范围	−27 V	40 V
V_{CANL}	电压耐受范围	−27 V	40 V
$V_i(dif)(bus)$	差分电压	1.5 V	3 V
$t_{PD}(TXD-RXD)$	传播延迟	–	250 ns
t_{vj}	耐受温度	−40 ℃	150 ℃

表 4.10 TJA1050 引脚说明

名称	引脚	描述
TXD	1	发送从 CAN 控制器发送来的数据
GND	2	地
V_{CC}	3	电源电压
RXD	4	将接收数据传入 CAN 控制器
V_{ref}	5	参考电源
CANL	6	CAN 总线低压线
CANH	7	CAN 总线高压线
S	8	高速和静默模式选择

4.4.2　TJA1050 与 SJA1000 的接口设计

TJA1050 的典型应用如图 4.32 所示。其中,SJA1000 协议控制器通过 TX0 与 TJA1050 的 TXD 相连输出信息,而 RX0 与 TJA1050 的 RXD 相连输入信息。TJA1050 则通过它的两个有差动接收和发送能力的总线终端 CANH 和 CANL 连接到总线线路。它的引脚 S,可以用 51 单片机的某个端口的输出控制,置 1 使总线驱动器处于静默模式,置 0 则使总线驱动器处于工作模式。参考输出电压 V_{ref} 提供一个 $V_{CC}/2$ 的额定输出参考电压,其在实际应用中可以根据需要进行配置和使用。在 SJA1000 接口设计中如果不需要这个电压,这个引脚一般做悬空处理。

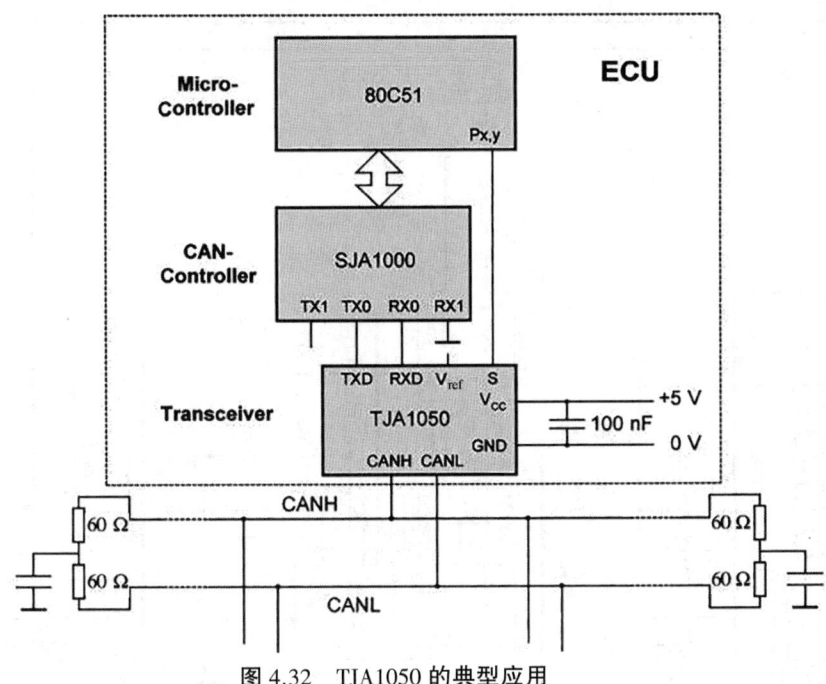

图 4.32　TJA1050 的典型应用

4.4.3　CAN 总线通信实验模块硬件设计

CAN 总线通信实验模块(其硬件原理图)如图 4.33 所示,是一款专为 CAN 总线基础通信实验设计的单元节点,其采用 AT89C52 单片机、SJA1000、TJA1050、232 串口、LED 数字显示、18B20 温度采集、1 路继电器输出、按键、指示灯等硬件配置,可作为 CAN 总线硬件设计实践学习非常实用的入门内容。在此,仅就 CAN 总线相关的硬件接口设计进行详细介绍。

如图 4.33 所示,SJA1000 在与 AT89S52 单片机的接口设计中,用 SJA1000 的 AD0~AD7 与单片机的 P0.7~P0.0 相连, 利用了单片机 P0 口对片外存储器的读写数据时作为低 8 位地址和数据的访问端口;SJA1000 $\overline{CS}$ 与单片机 P2.7 连接, 作为高位地址;SJA1000 $\overline{WR}$、$\overline{RD}$、ALE、$\overline{INT}$ 与单片 $\overline{WR}$、$\overline{RD}$、ALE、$\overline{INT0}$ 相连,作为写、读、地址所存和中断的控制。

TJA1050 与 SJA1000 的接口在 4.4.2 节中介绍过,这里不做赘述。有两点还需要强调:TX 和 RX 接口可以采用光耦隔离,以提高系统抗干扰能力;对于高速通信需要在两端加 120 Ω 端接电阻,对于低速通信需要线上串联 2.2 kΩ 的电阻,设计时应考虑到这些因素预留焊接电阻的位置。

单片机对 SJA1000 的访问与其对片外存储器的访问是一致的。例如:要访问模式寄存器,地址 7F00H,高位 7F 为片选地址,00 为模式寄存器地址,则使单片机执行外部 RAM 中的指令读取数据:

MOV DPTR, #7F00;

MOVX A,@ DPTR;将外 RAM 的 x 送给 A

如果要向模式寄存器写一个数 x,则使单片机执行写外部数据存储器 RAM 的指令。

MOV DPTR, #2000;

MOV A, x;

MOVX @ DPTR, A;写数据到外部 RAM

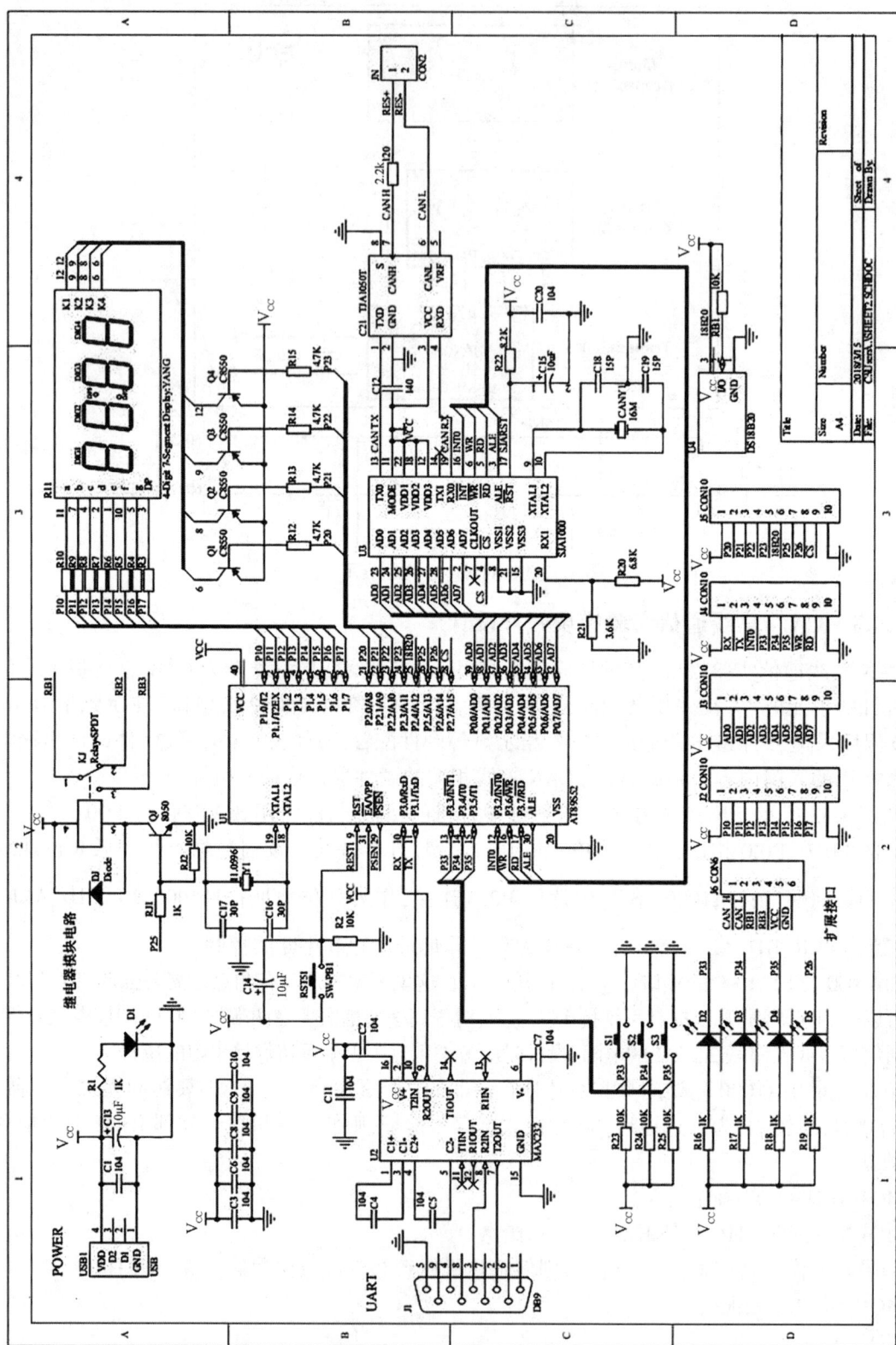

图4.33 CAN总线通信实验模块硬件原理图

4.5　CAN 总线程序设计

4.5.1　CAN 程序总体流程

　　CAN 程序总体流程如图 4.34 所示。系统上电后，单片机首先根据硬件配置进行对定时器、中断等各种资源进行初始化；然后将 SJA1000 置为复位模式；在 SJA1000 处于复位模式状态下，单片机通过访问各种寄存器来初始化 CAN 总线通信的各项参数（如图 4.35 所示）；将 SJA1000 置为工作模式；进行 CAN 总线收、发、错误处理等各种处理。

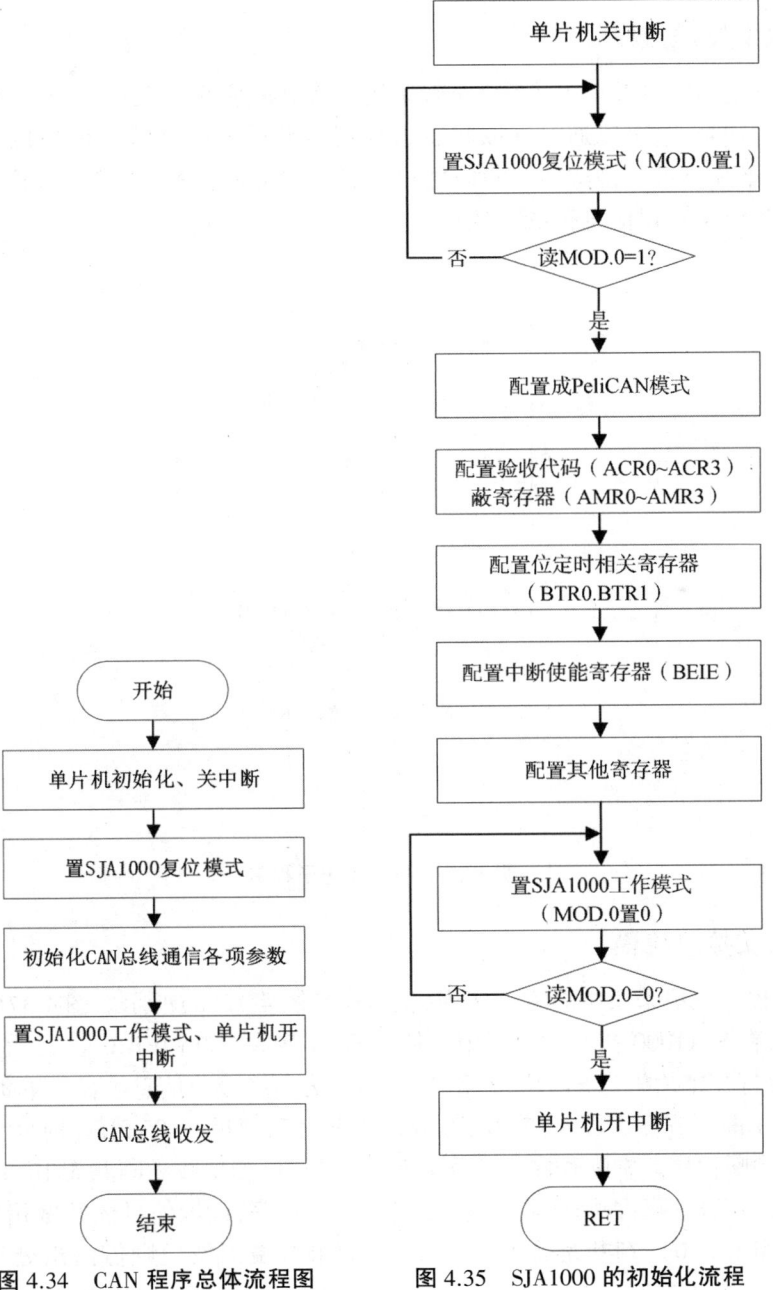

图 4.34　CAN 程序总体流程图　　　图 4.35　SJA1000 的初始化流程

4.5.2 SJA1000 初始化过程

在 SJA1000 的复位模式下需要对 CAN 总线通信的各项参数进行设置,相当于对 SJA1000 进行初始化。如图 4.35 所示,在 SJA1000 进入复位模式前需要单片机屏蔽中断,以防对后续的初始化工作造成干扰。单片机通过置 MOD.0 位 1 来将 SJA1000 置为复位模式;进入复位模式后就需要对 PeliCAN 模式、验收代滤波相关寄存器、位定时相关寄存器、中断使能寄存器等按工作需要进行设置;在 SJA1000 初始化完毕后,通过置 MOD.0 位 0 来将 SJA1000 置为工作模式。

4.5.3 报文发送流程

CAN 发送子程序(如图 4.36 所示)一般采用查询方式实现。发送前要检测是否允许单片机向发送缓冲写信息,这可以通过读取状态寄存器的发送缓冲器状态位(SR.2)来实现;如果 SR.2 为 1,表明单片机可以将待发送的信息写入发送缓冲器;写入工作完成后,通过启动发送指令(CMR.0 置 1)来实现信息帧的发送。

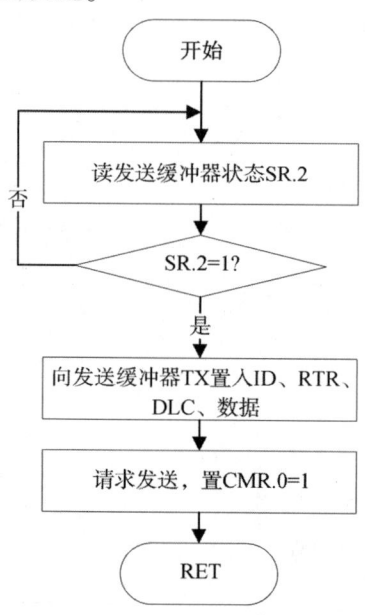

图 4.36 CAN 发送子程序

4.5.4 报文接收流程

CAN 接收程序一般采用中断方式实现,主程序如图 4.37(a)所示。图 4.37(b)说明单片机的主工作流程,在 SJA1000 初始化过程中要使能 CAN 接收中断(IER.0 = 1)。在 SJA1000 进入工作模式后,要打开单片机与 SJA1000 相关的中断,为后续接收信息帧做好准备。

CAN 接收中断子程序如图 4.37(b)所示。当有信息帧进入 RXFIFO 时就会产生中断,单片机程序跳入中断程序。中断程序中首先要保护现场;检测接收中断状态 IR.0 是否为 1,以确保 RXFIFO 中存有信息帧,否则恢复现场,退出中断子程序;读取信息帧并做相应的处理;释放接收缓冲器(CMR.2 = 0);判断是否有溢出发生,如果有溢出发生则做溢出处理,否则恢复现场;完成并退出中断子程序。

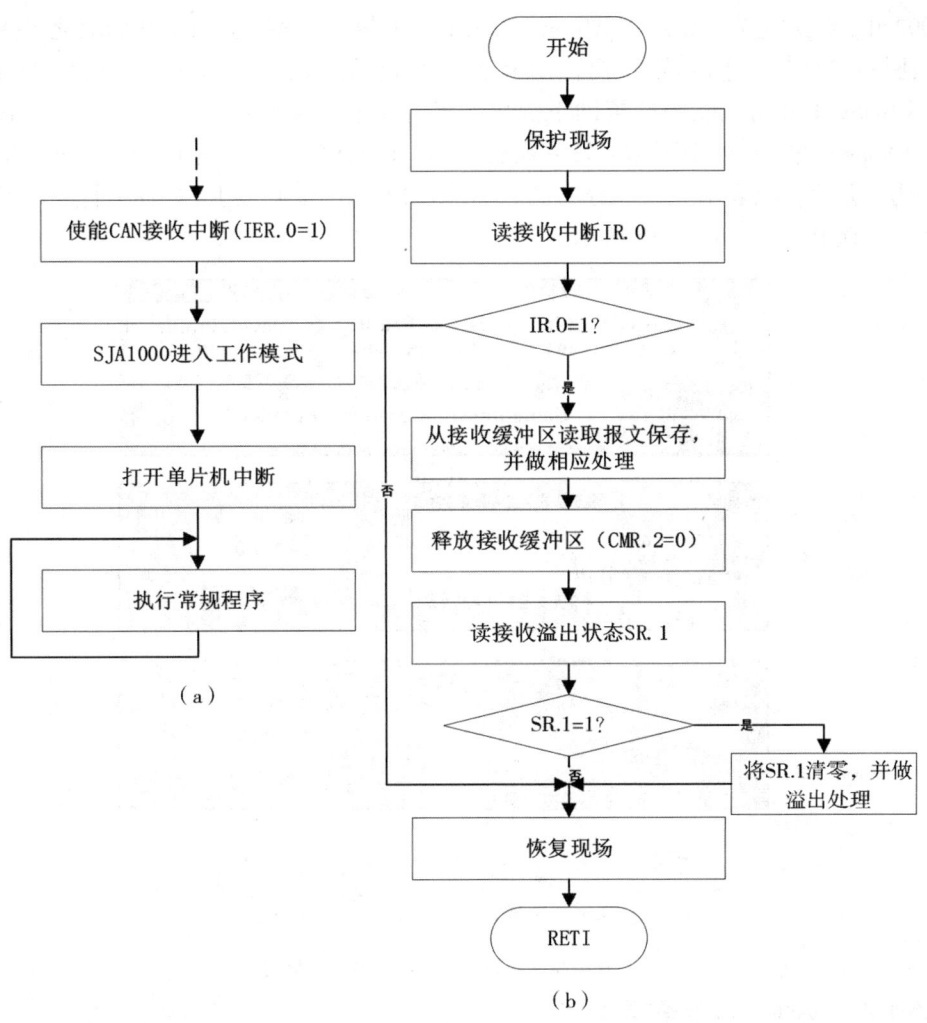

图 4.37　CAN 接收中断子程序

4.6　CANopen 协议

4.6.1　CANopen 概述

4.6.1.1　CANopen 简介

　　CAN 总线本身是一个底层协议,仅定义了物理层和数据链路层,本身并不完整。很多复杂的应用问题需要更高层次的协议来解决。符合国际标准化组织(ISO)所定义的开放系统互联(OSI)标准的 CAN 高层协议栈一般会实现应用层和传输层功能,有的高层协议还包括表示层、会话层和网络层的一些功能。比较重要的 CAN 高层协议有 CANopen、SAEJ1939、DeviceNet、SDS、iCAN 等。其中,CANopen 因坚持开放、免费、非营利原则,一经推出便在欧美得到了广泛的认可与应用。目前,CANopen 协议已经在运动控制、车辆工业、轨道交通、电机驱动、工程机械、船舶海运等行业得到广泛的应用,并已经成为最具潜力和影响力的 CAN 高层协议。

1992 年,德国成立了 CiA（CAN in Automation）协会。该协会制定并标准化了一系列 CAN 应用层协议（CAL），并向其用户提供所有关于 CAN 的标准、使用和测试的咨询服务。1993 年,德国 BOSCH 公司在欧盟的资助下提出并设计了基于 CAL 协议的应用层 CANopen 协议。自此,CANopen 便一直处于不断的发展完善之中。CiA DS-301 描述了 CANopen 所需要的网络层、传输层、会话层或表示层的部分功能。在 CiA DS-301 基础之上,对各个行业不断推出设备子协议 CiA DSP-4xx,如图 4.38 所示。

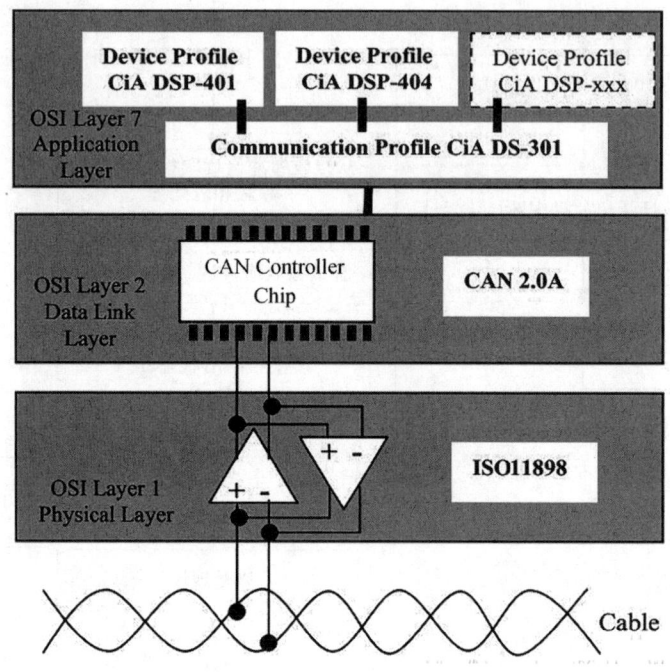

图 4.38　CANopen OSI 网络模型图

4.6.1.2　CANopen 设备模型

CANopen 的设备模型如图 4.39 所示,其包括通信对象、对象字典和应用过程 3 个部分。通信单元提供数据传输所需的所有机制和通信对象（COB），符合 CANopen 规范的数据可以利用这些机制通过 CAN 接口进行传输。对象字典是应用单元与通信单元之间的接口,是设备的所有参数列表。在应用单元中,用户可以对设备的基本功能进行定义或描述。通信时,应用单元会向它的客户提供服务。

（1）通信对象

CANopen 应用层根据不同的应用,制定了四种通信对象（COB），即过程数据对象（PDO）、服务数据对象（SDO）、预定义对象（同步、时间和紧急报文）和网络管理对象（NMT、心跳报文、启动报文）。对于以上四种通信对象,CANopen 为了减少网络的组态工作量,强制性地为它们的通信帧进行 COB-ID（CAN 标识符）预分配。

（2）对象字典

CANopen 网络中每个节点都有一个对象字典（Object Dictionary，OD）。对象字典包含了描述这个设备和它的网络行为的所有参数。对象字典里面的对象用一个 16 位的主索引来寻址,其范围在 0x0000 到 0xFFFF 之间。表 4.11 反映了设备对象字典的总体分配概要。在某些主索引下可能还有一些附加的参数,定义了 0x00 到 0xFF 之间的 8 位子索引,来对主索引进行参数扩展。

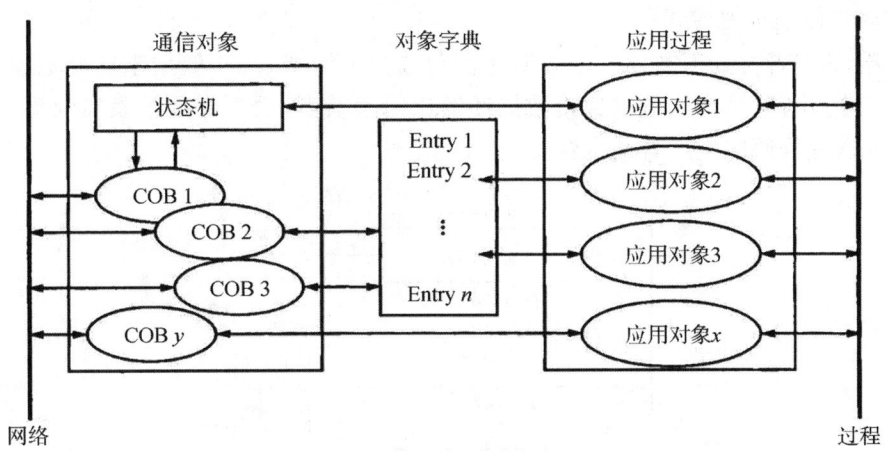

图 4.39 CANopen 的设备模型

表 4.11 设备对象字典的总体分配表

索引(十六进制)	对象	索引(十六进制)	对象
0000	不用	00A0~0FFF	保留
0001~001F	静态数据类型	1000~1FFF	通信协议区
0020~003F	复杂数据类型	2000~5FFF	设备商特定协议区
0040~005F	设备商规定的复杂数据类型	6000~9FFF	标准设备协议区
0060~007F	设备协议规定的静态数据类型	A000~BFFF	标准接口协议区
0080~009F	设备协议规定的复杂数据类型	C000~FFFF	保留

在一个 CANopen 系统的设计中采用标准的电子数据清单(Electronic Data Sheet,EDS)和设备配置文件(Device Configuration File,DCF)来描述 CANopen 协议中对象字典与参数,包括 EDS 文件本身的信息、设备基本信息、对象字典描述三类信息。DCF 文件与 EDS 文件的结构一样,只是更加具体地给出对象字典所对应参数的具体数值。

4.6.1.3 通信方式

通信方式是指通过什么样的方式发起和结束一次通信的机制。CANopen 主要有主/从、客户/服务器和生产者/消费者三种通信方式。

(1)主/从方式

在此通信方式下,网络上有且只有一个主机,其余设备都是从机。主机与从机间的通信可以实现一对多无应答通信和一对一应答通信。

在一对多无应答通信的情况下,主机因内部产生的某个事件或者定时地给从机发送数据。符合验收滤波条件的从机只接收信息帧,而不需要给主机应答。这种方式往往用于底层管理 LMT 服务、网络管理 NMT 服务、COB-ID 分配 DBT 服务、同步信息发布等。

一对一应答通信情况下,主机向特定的从机 ID 发远程帧,从机接收到主机的请求后给出相同 ID 的数据帧。这种方式一般用于主机获得特定从机的数据和配置参数。

(2)客户/服务器方式

客户/服务器方式下,客户向服务器发出服务请求数据帧,服务器执行相应任务后给出应答数据帧。这种通信方式下,完成一次通信至少需要两次数据帧的交互通信。

（3）生产者/消费者方式

生产者/消费者方式下需要一个数据生产者和多个消费者，一般用于实时数据传输，如图 4.40 所示。生产者所生产的数据通过数据帧发送给消费者，而不需要消费者反馈。消费者也可以通过发送远程帧向生产者请求数据。

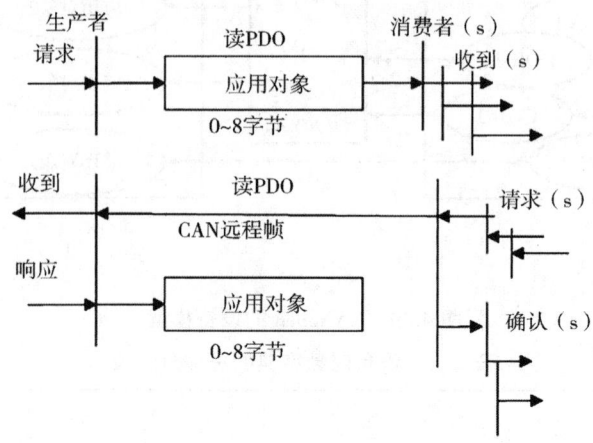

图 4.40　生产者/消费者方式

4.6.2　预配置 COB-ID

所有的 CANopen 通信对象都必须预先分配好 ID，然后根据优先级的高低将 ID 分配给所有设备。这种默认的 ID 分配方案，对于最多具有 127 个 CANopen 设备的简单网络而言，在预先配置好 COB-ID 参数的情况下，CANopen 设备能够直接进入工作状态。此外，CANopen 网络还必须配置一台主机，应用主机通常是具有网络管理（NMT）功能的设备；所有的 CANopen 设备都必须配有一个明确的节点 ID。

如图 4.41 所示，预配置的 COB-ID 为 11 位，由一个 4 位功能代码和一个 7 位节点 ID 组成。功能代码用来设定服务类型，如 PDO、SDO、NMT 以及设置消息的优先级，如表 4.12 所列。节点 ID 将消息与具体设备对应起来。

10				7	6						0
位 28	位 27	位 26	位 25	位 24	位 23	位 22	位 21	位 20	位 19	位 18	
功能代码				节点 ID							

MSB　　　　　　　　　　　　　　　　　　　　　　　　　　　　　　　　　　LSB

图 4.41　主/从连接集预配置的 11 位 COB-ID

表 4.12　预配置 COB-ID

通信对象	功能代码	CAN-ID 范围
广播或组播消息		
网络管理	0000b	000h
同步报文	0001b	080h
时间戳报文	0010b	100h
点对点消息		
Emergency（紧急事）	0001b	081h～0FFh
TPDO 1	0011b	181h～1FFh
RPDO 1	0100b	201h～27Fh
TPDO 2	0101b	281h～2FFh
RPDO 2	0110b	301h～37Fh
TPDO 3	0111b	381h～3FFh
RPD0 3	1000b	401h～47Fh
TPDO 4	1001b	481h～4FFh
RPDO 4	1010b	501h～57Fh
默认 SSDO（tx）	1011b	581h～5FFh
默认 SSDO（rx）	1100b	601h～67Fh
网络管理错误控制	1110b	701h～77Fh

4.6.3　管理对象

管理对象主要负责完成底层管理 LMT 服务、网络管理 NMT 服务和 COB-ID 分配 DBT 服务。具体服务包括 NMT 控制对象、NMT 节点监护、心跳报文等服务。这些服务都建立在主/从式通信方式上，由主机发出来完成整个网络的管理和监护。

4.6.3.1　NMT 控制对象服务

NMT（Network Management）控制对象服务采用主/从方式对 CANopen 从设备节点进行网络启动和设备监控，如图 4.42 所示。一个 CANopen 网络有 1 台 NMT 主机负责启动、监控和重启 NMT 从机，每个 NMT 从机节点具有唯一的 ID，范围为 1～127。

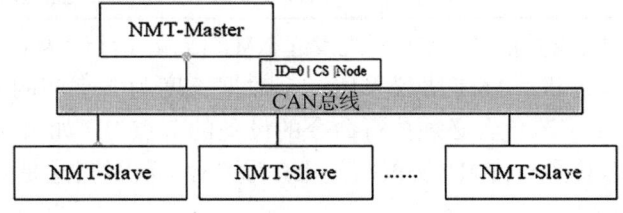

图 4.42　CANopen NMT 主/从结构

CANopen 设备都内置一个内部 NMT 状态机，如图 4.43 所示和表 4.13 所列，由初始化状态（Initialization state）、预操作状态（Pre-operational state）、运行状态（Operational state）和停止状态（Stopped state）组成。在内部状态机中，状态之间的转变通常由内部事件来触发（如设备启动、内部功能错误或内部复位），或由 NMT 主机在外部触发。

设备上电或复位后，进入初始化状态。设备初始化完成后，会自动过渡到预操作状态，并发送启动消息通知，表明它已经准备好工作了。处于预操作状态的设备可以开始传输同步消息、时间戳消息或心跳消息，前提是这些服务得到了支持并且配置正确。此状态下，设备可以通过 SDO 进行通信,但不能通过 PDO 进行通信。在运行状态下,设备可以支持包括 PDO 在内的所有通信对象。设备在切换到停止状态时,仅对接收到的 NMT 命令做出反应。此外,在停止状态下,设备通过支持错误控制协议来指示 NMT 的当前状态。

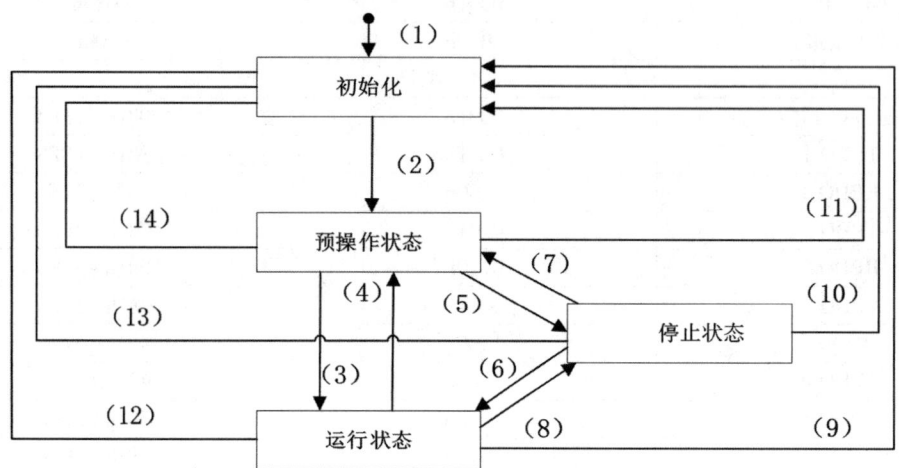

图 4.43　NMT 状态机

表 4.13　NMT 状态的转变

状态转变	需要的触发动作
(1)	上电之后自动初始化设备
(2)	完成初始化之后自动改变
(3)、(6)	NMT 主机的启动远程节点指令
(4)、(7)	NMT 主机进入预操作状态指令
(5)、(8)	NMT 主机进入停止状态指令
(9)、(10)、(11)	NMT 主机复位远程节点指令
(12)、(13)、(14)	NMT 主机复位远程节点通信参数指令

在 CANopen 网络中,由激活的 NMT 主机发起 NMT 传输,运行 NMT 协议的从机必须接收 NMT 命令,进入 NMT 状态机。NMT 协议采用一个数据长度为 2 字节的 CAN 帧,第一个字节包含命令说明字,第二个字节包含必须执行命令的设备的节点 ID(如果该值等于 0,则所有节点都必须执行命令状态转换)。NMT 协议帧使用 0 号 CAN 标识符,这是 CAN 总线系统中最高的优先 CAN-ID。

NMT 报文格式如表 4.14 所示。

表 4.14　NMT 报文格式

CAN-ID	Byte0	Byte1
000h	命令码	节点号

命令码是主机对从机操作的服务代码,共有 5 种,如表 4.15 所列。节点号如果是 0,表示主机将对所有节点进行 NMT 控制服务,否则只对相应节点号的节点进行 NMT 控制服务。

表4.15　命令码

命令码	NMT 服务含义	命令码	NMT 服务含义
1	启动节点	129	复位节点
2	关闭节点	130	复位通信
128	进入预操作状态		

4.6.3.2　NMT 节点监护服务

在通信之前,主机需要在 NMT 节点监护服务检测从节点的当前状态后,才能启动一次数据的传输。一次完整的 NMT 节点监护服务如下:

主机给从机发送远程帧(不带数据场的 CAN 帧),COB-ID 为 700h+Node-ID。

从机做如表 4.16 所列应答。

表4.16　从机应答

COB-ID	Byte0
700h+Node-ID	bit7:反转位,bit6-0:从机状态

从机状态如表 4.17 所列。

表4.17　从机状态

值	含义	值	含义
0	初始化中	4	停止
1	掉线	5	运行态
2	连接中	127	预运行态
3	准备中		

4.6.3.3　心跳报文

心跳报文与 NMT 节点监护服务所要达到的目的相同,都是使主机检测从机的工作状况,但实现方式有所不同。使用时,二者只能选择其一。从机是心跳报文的生产者,执行 NMT 节点监护服务的主机是消费者。从机周期性地发送带有从机状态的报文给主机,主机为从机的心跳报文设置一个超时时间,用以监测从机是否还在网络上。

从机发送给主机的报文如表 4.18 所列。

表4.18　从机发送给主机的报文

COB-ID	Byte0
700h+Node-ID	从机状态

从机状态如表 4.19 所列。

表4.19　从机状态

从机状态值	含义	从机状态值	含义
0	启动	5	运行态
4	停止	127	预运行态

例如:在从机完成初始化后会将报文发送给主机,表明从机已经启动,并进入了预操作状态,如表 4.20 所示。

表 4.20 从机初始化后发送的报文

700h+Node-ID	0

4.6.4 服务数据对象(SDO)

SDO 主要用于 CANopen 设备节点间通过对象字典访问配置的各项参数。SDO 通信以客户设备发送请求帧、服务器设备返回应答帧的客户/服务器方式,访问设备的对象字典。SDO 传输有快速传输 SDO、段传输 SDO 和块传输 SDO 三种机制。

4.6.4.1 快速传输 SDO

快速传输 SDO 主要用来直接访问小于等于 4 字节的参数数据。这种传输方式除了经常用来做参数配置之外,也经常用于关键性数据的传输。发送方(客户端)发送 CAN-ID 为 600h+Node-ID 的报文,接收方(服务器)成功接收后,回应 CAN-ID 为 580h+Node-ID 的报文。快速传输 SDO 协议如图 4.44 所示。

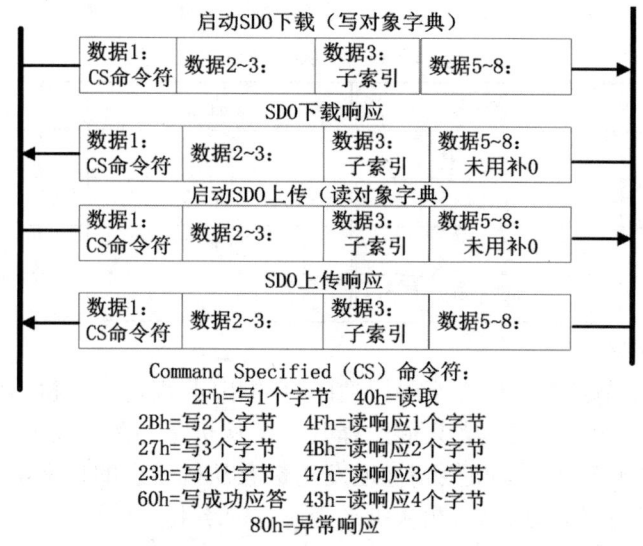

图 4.44 快速传输 SDO 协议

下面给出 SDO 应用于修改设备对象字典的例子。假设将 Node-ID 为 3 号的设备对象字典中(索引为 1801h,子索引为 2h)的对象入口参数修改为 8h,使用快速传输方式传输这一个字节的数据,那么用户发送给服务器的消息如表 4.21 所列。

表 4.21 用户发送给服务器的消息

COB-ID	字节					
	0	1	2	3	4	5~7
603h	2Bh	01h	18h	02h	8h	—

服务器返回给用户的消息如表4.22所列。

表 4.22   服务器返回给用户的消息

COB-ID	字节					
	0	1	2	3	4	5~7
583h	60h	01h	18h	02h	—	—

两次数据中的第一个字节为命令码,包含信息由上传/下载、服务方式(快速、段传输、块传输)、消息中包含的字节数以及反转位等组成。紧接着的3个字节是对象索引号(1801h)和子索引号(2h),再后面的是数据。

4.6.4.2 段传输 SDO

当传输数据大于 4 个字节时,就不能使用快速传输 SDO 了,而应该用段传输 SDO,如图4.45 所示。段传输 SDO 由一个启动报文引导本次大量数据的传输。启动报文最多携带 4 字节的数据,紧接着的报文每次只使用第一个字节作为协议开销,因而每个报文可以实现 7 个字节的传输。

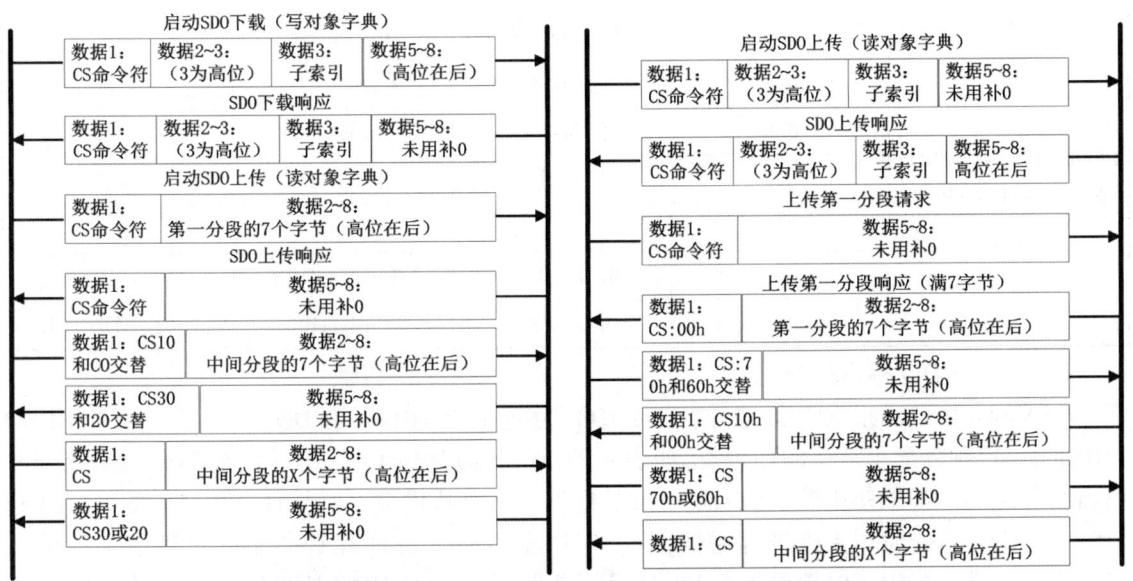

图 4.45   段传输 SDO 下载和上传

4.6.4.3 块传输 SDO

块传输 SDO 适用于海量数据的传输,该方式在工业控制中很少用,这里就不详细介绍了。

4.6.5 过程数据对象(PDO)

PDO 可以采用主/从方式或生产者/消费者方式传输设备节点的过程数据。在主/从系统中,主机首先与已经在线的从机进行通信,然后主机将得到的过程数据发送给其他从机。这种方式无法准确地预测响应时间,而且效率不高,较少被使用。在生产者/消费者模型中,生产者负责发送数据,消费者负责接收数据。这种方式效率较高,在实际系统中较多地被使用。

PDO 的数据域的 8 个字节可以全部用来传递数据,没有其他协议开销。在 CANopen 协议中将 PDO 分为接收过程数据对象(RPDO)和发送过程数据对象(TPDO)两种。TPDO 和 RPDO 通常以一个特定的从机角度来进行描述。当一个从机设备发送 PDO 时,这个 PDO 相对于这个从机为 TPDO,而对于接收这个 TPDO 数据的从机设备来说,这个 TPDO 就是该设备的 RPDO。

4.6.5.1 通信参数配置

PDO 的通信参数按照定义好的索引地址(16 位索引+8 位子索引)保存在设备对象字典中,如表 4.23 所列。用户可以通过服务数据对象对通信参数进行访问。RPDO 索引范围为 1400h~15FFh,共 512 个;TPDO 索引范围为 1800h~19FFh,也是 512 个。通信参数记录中有 5 个可用的子条目:COB-ID、传输类型、禁止时间、事件定时器和同步初始值,只有前两个参数是必选项,其余的均为可选,接收过程数据对象不允许使用同步初始值。

表 4.23 PDO 通信参数的结构

索引	子索	参数	数据类型	条目类别
1400h~15FFh(RPDO) 1800h~19FFh(TPDO)	00h	支持最高子索引	Unsigned8	必选
	01h	COB-ID	Unsigned32	必选
	02h	传输类型	Unsigned8	必选
	03h	禁止时间	Unsigned16	可选
	04h	预留		
	05h	事件定时器	Unsigned16	可选
	06h	同步初始值	Unsigned8	可选(仅用于 TPDO)

4.6.5.2 PDO 标识符分配

CANopen 协议已根据设备地址(节点 ID)为前 4 个 TPDO(TPDO1~4)和前 4 个 RPDO(RPDO1~4)预分配了默认的标识符,如表 4.23 所列,而其他 PDO 的标识符都是由系统开发商自行分配的。如果使用默认的 CAN 标识符,那么所有从机都可以与具有相对应的 RPDO 和 TPDO 的 CANopen 应用主机进行通信,这个应用主机通常是具有 CANopen 管理器功能的设备。在采用默认标识符的情况下,NMT 从机不能监听到其他 NMT 从机发送出来的 TPDO,因此,用户必须对这些 NMT 从机重新进行设置,这样 NMT 从机之间才能建立起 PDO 的通信。

在生产者/消费者模式下,用户必须为这些从机配置适当的 CAN 标识符(COB-ID),使生产者的 CAN 标识符与消费者的 CAN 标识符一致,这种方法叫作 PDO 链路。图 4.46 表现了 4 个从机间的 PDO 收发的配置情况。节点 ID 为 1 和 2 的设备的 RPDO 标识符为 184h,与节点 ID 为 4 的设备的 TPDO1 的标识符一致,这样节点 ID 为 1 和 2 的设备就能接收到节点 ID 为 4 的设备的 TPDO1 数据。

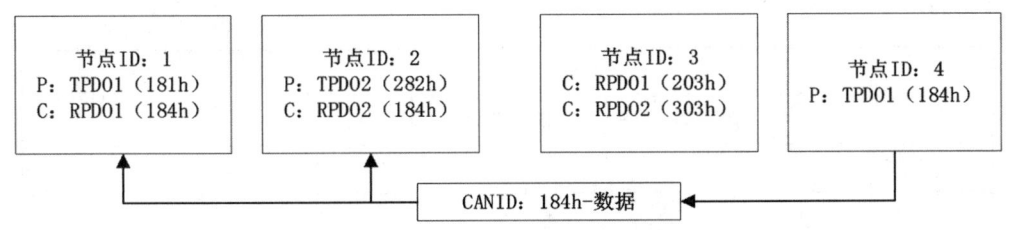

图 4.46　生产者/消费者模式案例

4.6.5.3　PDO 的传输类型

PDO 通信参数索引 02h 为 PDO 传输类型,其定义了触发 TPDO 传输或处理收到的 RPDO 的方法。CANopen 协议中制定 3 种触发 PDO 的方法,即事件驱动、远程请求或轮询和同步传输,如图 4.47 所示。

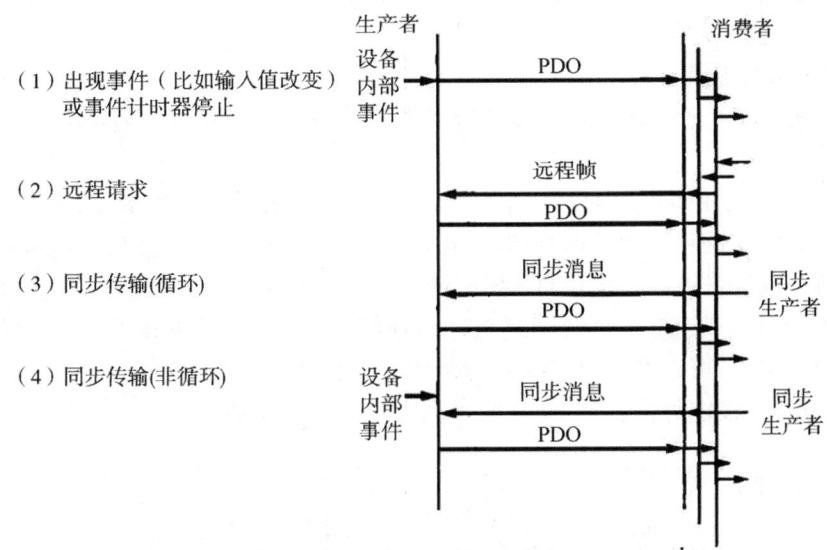

图 4.47　PDO 通信类型

如表 4.24 所示,当传输类型为 0 时,TPDO 将以同步、非循环的方式发送数据。输入数据在接收到同步消息且事件发生后,数据才被发送出去。当传输类型为 1~240 时,设备接收到 n 个同步消息 ($n = 1\sim240$) 后,PDO 数据传输被确定并发送出去。当传输类型为 0~240 时,对于同步 RPDO 没有任何区别,数据都是在接收到下一个同步消息之后才开始数据更新。传输类型 252 和 253 仅适用于那些只能通过远程帧请求才能传输的 TPDO,实际中较少被应用。传输类型 254 和 255 为异步传输 PDO。当传输类型为 254 时,只有在制造商定义的事件发生后才传输 PDO 数据;当传输类型为 255 时,只有在 CiA 协议规范所指定的事件发生后才传输 PDO。

表 4.24　PDO 传输类型

类型	同步传输		异步传输	仅 RTR
	周期性	非周期性		
0		√		
1~240	√			
241~251	保留			

续表

类型	同步传输		异步传输	仅 RTR
	周期性	非周期性		
252	√			√
253			√	√
254、255			√	

（1）事件驱动

事件驱动是当待发送的过程数据发生变化时,产生触发事件,数据立刻被发送出去。在这种通信模式下,只需要发送变化的数据,这样就会节省总线带宽,响应时间也大为缩短。触发事件可以是设备内部的事件,也可以是周期性运行的定时器的行为,事件驱动类型的 RPDO 可立即处理收到的过程数据。

（2）远程请求或轮询

PDO 通信还可以由远程帧来触发。消费者设置节点发送远程帧,生产者响应发送 PDO 数据。

（3）同步传输

在 CANopen 设备中也可以通过一个特殊的同步消息来触发过程数据的发送和接收。同步传输又分为非周期性和周期性两种传输方式。非周期性传输方式会在接到同步消息后利用远程帧请求数据或设备内部特定事件(数据变化或内部定时)触发数据传输。周期性传输方式会按固定的接到同步消息的个数间隔周期性地触发传输,如图 4.48 所示。例如,当需要输出快速的周期数据时,可以设定每接收到 1 条同步消息之后就输出数据,而当需要输出较慢的周期数据时,就可以设定每接收到 10 条同步消息之后才输出数据。

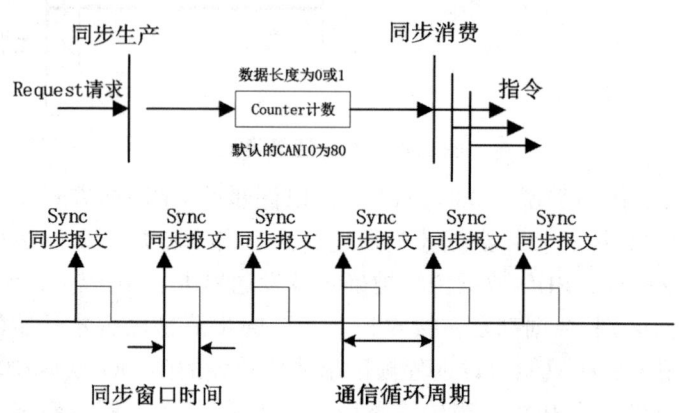

图 4.48　同步传输

（4）禁止时间、事件计时器和同步初始值

禁止时间(子索引 03h)定义了发送具有相同 CAN 标识符的 2 个 PDO 之间需要间隔的时间。如果设置了禁止时间,用户就可以知道最大的总线负载以及最长的等待时间。根据优先级由高到低将禁止时间按由长到短分配给 TPDO,使 PDO 数据的发送有规律地进行。

事件计时器(子索引 05h)为异步 PDO 传输(传输类型 254 和 255)设置了一个计时。当计时器溢出时就会触发相应的 TPDO 传输。如果在计时器运行周期之内出现了应用程序定义的事件,TPDO 也会被触发,之后计数器立即复位。此外,在接收 RPDO 时也会使用事件计时器。

如果在规定时间内没有收到 RPDO,则通知应用程序进行相应的处理。

同步初始值(子索引 06h)为传输类型是 1~240 的设备节点定义发送周期间隔 TPDO 的起点。例如,将 2 组设备配置成传输类型为 2 的同步 TPDO,即每收到 2 条同步消息就发送 1 个TPDO。其中 1 组同步 TPDO 的计数器的初始值为 1,另一组的初始值为 2。这样第一组设备在收到第 3、5、7 这类奇数编号的同步消息之后就会发送数据,而另一组设备会在收到偶数编号的同步消息之后发送数据。相比之下,这种发送方式的总线负载分配更加合理有效,用户可以根据特定的应用对过程数据的同步传输进行优化。

4.6.5.4　PDO 映射参数

CANopen 设备子协议事先为每一种设备类型都定义了默认的映射,这种映射关系适用于大多数的应用。例如,电机驱动器的默认 TPDO 中包含有关轴的控制字、状态字以及设定值或实际值。PDO 映射参数利用对象字典的索引和子索引存储需要收发的 PDO 数据,如图 4.49所示,相当于数据指针,用户可以由此访问 PDO 数据。PDO 映射参数集位于对象字典中的索引 1600h~17FFh(RPDO1~RPDO512)和 1A00h~1BFFh(TPDO1~TPDO512)中,并被分为静态PDO 映射、可变 PDO 映射和动态 PDO 映射 3 种类型。静态 PDO 映射描述了 PDO 的内容由设备制造商预定义,不能通过 CANopen 接口更改。可变 PDO 映射描述了 PDO 的映射项可以在NMT 预操作状态下更改。动态 PDO 映射描述了 PDO 映射项在 NMT 运行状态下也可以改变。

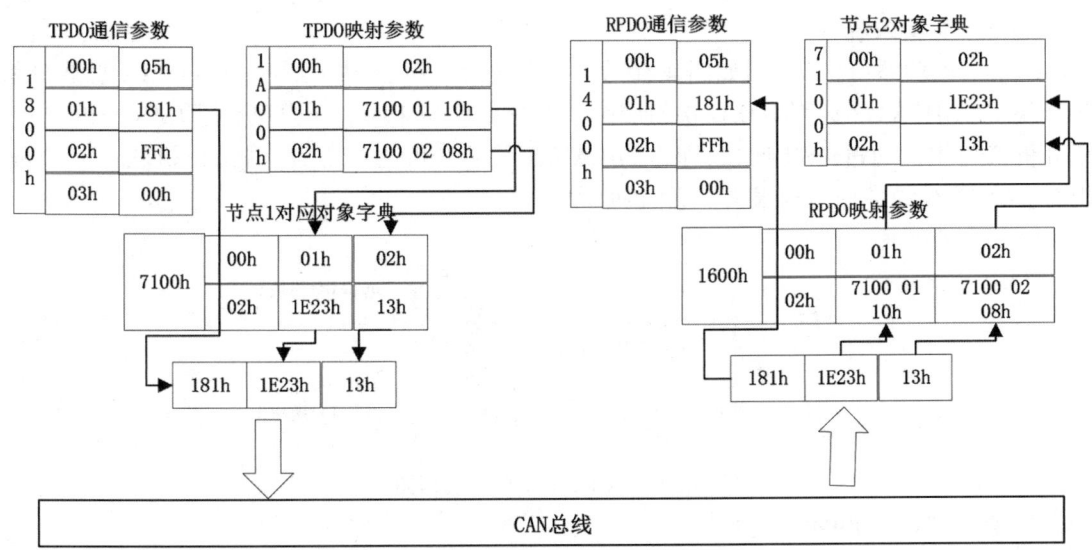

图 4.49　PDO 映射举例

PDO 映射参数的子索引 00h 表示的是映射对象(过程数据)的数量。一个 PDO 映射参数集最多可以映射 8 字节数据或 64 个位变量(逐位映射)。由于一个 PDO 只使用一个唯一的CAN 数据帧,因此所有映射过程参数的最大长度都不能超过 8 字节。

4.6.6　特殊功能对象

特殊功能对象包括同步对象(SYNC)、时间戳对象(TIME)、紧急对象(EMCY)。

4.6.6.1　同步对象(SYNC)

同步对象一般由主机周期性地发送到网络上。系统启动前由 SDO 配置同步对象参数进行配置。在 1005h 对象字典中定义同步对象的标志符,同步对象不带任何数据。为避免同步对象"饿死"现象,其标识符优先级都会很高。同步对象之间的时间间隔周期在 1006h 对象字典中定义。

4.6.6.2　时间戳对象(TIME)

该对象可以给设备提供时间参数,对象内部包含了 1 个 TIME_OF_DAY 类型的值。时间戳对象的传输符合生产者/消费者推送模式,消费时间戳的对象可以是生产者,也可以是消费者。

4.6.6.3　紧急对象(EMCY)

紧急对象一般是由设备内部错误的产生而触发的,并由设备上的紧急对象生产者传送。紧急对象适用于中断类型的错误警告,每一次错误事件只会传送一次紧急对象。CANopen 规范中定义紧急错误码和错误寄存器,设备相关的额外信息以及哪些是紧急条件是由应用决定的。

4.7　CANopen 通信实验

CANopen 通信实验是为本课程 CAN 总线和 CANopen 协议课程内容所配套的实验环节。实验目的是加深对 CAN 总线的理解,掌握 ID 设置原理等;掌握 CANPro 软件的使用;加深对 CANopen 协议的理解,掌握 CANopen 协议的基本应用。

4.7.1　实验系统介绍

4.7.1.1　实验系统

CANopen 实验系统(其框图如图 4.50 所示)由 1 台主机、1 块 CANalyst-II+CAN 总线分析仪和 2 块 FTK-HD8843 远程 I/O 模块组成。总线分析仪与 2 块 I/O 模块通过 CAN 总线连接。总线分析仪与主机通过 USB 连接,即作为 CAN 总线系统的主节点,同时上位机软件 CANpro 实现对 CAN 总线的各种信息报文发送、接收和监测。

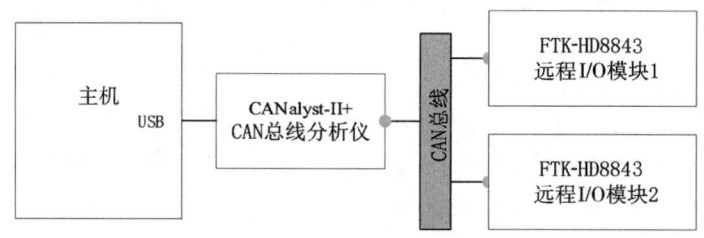

图 4.50　CANopen 实验系统框图

4.7.1.2　FTK-HD8843 简介

FTK-HD8843 是一款工业级的综合型分布式 I/O 模块如图 4.51 所示,支持以太网 Modbus TCP、CAN CANopen 和 485 ModbusRTU 三种通信协议。本实验用到的 CANopen 协议支持 SDO 与 PDO 两种数据传输方式。主机通过 SDO 方式访问 I/O 对象字典,实现对 I/O 的读取和设置。PDO 指令支持异步和同步两种数据传输模式,可以通过设置心跳时间、上报时间、同步个数等参数,实现数据传输触发条件。

4.7.1.3　实验相关软件

(1)参数配置与监控软件 V2.6.3

参数配置与监控软件 V2.6.3 用来实现 FTK-HD8843 远程 I/O 模块的参数配置和功能测试。监控软件功能包括:设备连接、设备配置、实时监控、AI 校准和地址信息等功能模块。在这些模块中设备连接、设备配置是实用化过程中必须完成的任务。

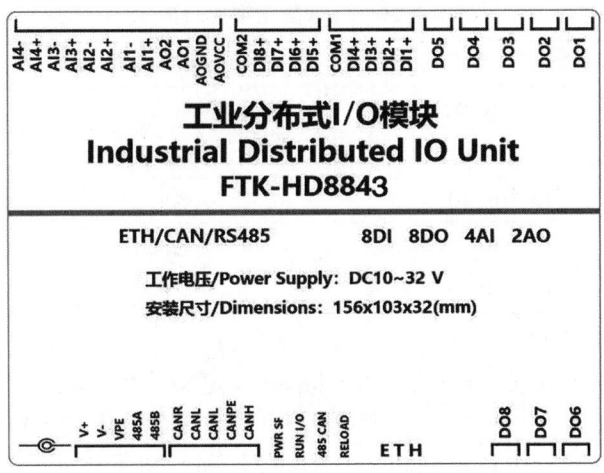

图 4.51　FTK-HD8842 工业分布式 I/O 模块

（2）CANPro 软件

CANPro 协议分析平台软件为 CANalyst-II+ CAN 总线分析仪的标配软件。其提供对 CAN 底层协议分析、iCAN 协议分析、DeviceNet 协议分析、CANopen 协议分析以及 SAE J1939 协议分析的支持。在 CANPro 协议分析平台中，用户还能够通过自定义协议工具或脚本协议工具分析其他非标准的基于 CAN-bus 网络的高层协议。

4.7.2　CANopen 协议说明

4.7.2.1　SDO 指令说明

SDO 指令，如表 4.25 所列，通过 0x4F（1 字节）、0x4B（2 字节）读指令实现对 DI 和 AI 的读取，通过 0x2F（1 字节）、0x2B（2 字节）写指令实现对 DO 和 AO 的设置。SDO 数据帧的形式为 ID（11 位）-指令（8 位）-对象字典主索引低 8 位-对象字典主索引高 8 位-子索引 8 位-数据（4 字节）。主机向从机发送 ID 为 0x600+NodeID 的请求帧，从机模块返回帧 ID 为 0x580+NodeID 的响应帧。

表 4.25　SDO **指令**

功能操作	主机指令
读 DI 状态	0x600+NodeID-0x4F-DI 对象字典主索引低 8 位-DI 对象字典主索引高 8 位-子索引（0x00）-数据（4 字节）
读 AI 工程值、DI 计数周期值	0x600+NodeID-0x4B-DI 对象字典主索引低 8 位-DI 对象字典主索引高 8 位-子索引（0x00）-数据（4 字节）
写 DO 开关状态	0x600+NodeID-0x2F-DO 对象字典主索引低 8 位-DO 对象字典主索引高 8 位-子索引（0x00）-数据（4 字节）
写 AO 值	0x600+NodeID-0x2B-AO 对象字典主索引低 8 位-AO 对象字典主索引高 8 位-子索引（0x00）-数据（4 字节）

表 4.26 为模块的各种 I/O 数据字典主索引的分配，子索引就一个为 0x00。DI 和 DO 以位为单位，每个 AI 和 AO 以 2 个字节表示，低位字节在前，高位字节在后。

表 4.26　SDO 数据字典映射

操作说明	数据字典主索引（HEX）	长度（Byte）	说明
DI1～DI8 状态	0x2000	1	按位 0：OFF，1：ON
DO1～DO8 状态	0x2020	1	0：OFF，1：ON
DIF1～DIF4 频率计数值	0x2010～0x2013	2 个/地址	个/秒
AI1～AI4 采样工程值	0x2030～0x2033	2 个/地址	数值以上位机配置为准
AO1～AO2 模拟输出值	0x2050～0x2051	2 个/地址	0～10 000 mV/0～20 000 μA

4.7.2.2　PDO 指令说明

PDO 指令，如表 4.27 所列，从机通过 CANopen 预定义的 TPDO1～4 向主机传输 I/O 数据，主机利用 CANopen 预定义 RPDO1～2 实现对从机 DO 和 AO 的设置。PDO 数据帧的形式为 ID（11 位）-数据（8 字节）。主机读取从机 I/O 数据时，向从机发送远程帧，从机模块返回相同 ID 的响应数据帧。

表 4.27　PDO 指令说明

PDO	主机指令（HEX）	从机返回（HEX）
TPDO1	0x180+NodeID（远程帧标准帧）	0x180+NodeID-数据（8 字节）（数据帧标准帧）
TPDO2	0x280+NodeID（远程帧标准帧）	0x280+NodeID-数据（8 字节）（数据帧标准帧）
TPDO3	0x380+NodeID（远程帧标准帧）	0x380+NodeID-数据（8 字节）（数据帧标准帧）
TPDO4	0x480+NodeID（远程帧标准帧）	0x480+NodeID-数据（8 字节）（数据帧标准帧）
RPDO1	0x200+NodeID-数据（8 字节）（数据帧标准帧）	无
RPDO2	0x300+NodeID-数据（8 字节）（数据帧标准帧）	无

表 4.28 表示模块的各种 PDO 数据所使用的传输控制信息和数据在数据帧中的位置。从机采用 TPDO1 发送 DI1～DI8（第 0 字节）和 DO1～DO8（第 4 字节），采用 TPDO2 发送 AI1～AI4（第 0～7 字节），采用 TPDO3 发送 AO1～AO2（第 0～3 字节），采用 TPDO4 发送频率计数 DIF1～DIF4（第 0～7 字节）。主机采用 RPDO1 的第 1 个字节配置为 DO1～DO8，采用 RPDO2 的第 0～3 个字节配置为 AO1～AO2。

表 4.28　PDO 数据字节分配

PDO	子指标							
TPDO1	DI1～DI8				DO1～DO8			
TPDO2	AI1 工程值		AI2 工程值		AI3 工程值		AI4 工程值	
TPDO3	AO1		AO2					
TPDO4	DIF1 频率计数值		DIF2 频率计数值		DIF3 频率计数值		DIF4 频率计数值	
RPDO1	DO1～DO8							
RPDO2	AO1		AO2					
Data	Data[0]	Data[1]	Data[2]	Data[3]	Data[4]	Data[5]	Data[6]	Data[7]

4.7.3　实验步骤

4.7.3.1　TPDO 异步方式发送模块采样数据实验

（1）运行通信参数与监控软件，连接后进入通用配置界面，按图4.52配置 CANopen TPDO 异步方式通信参数。在本实验中 TPDO 传输方式采用"异步+定时"方式。

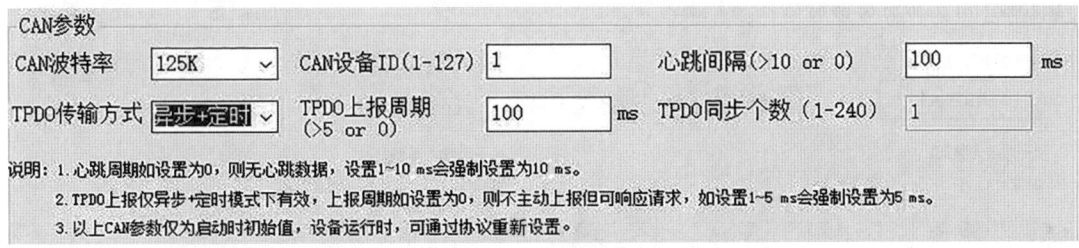

图4.52　CANopen TPDO 异步方式通信参数配置

（2）运行 CANPro 软件，启动设备。主机可以接收到模块定时 TPDO 传输上来的采样信息，如图4.53所示。框中部分从上到下分别表示"心跳数据、TPDO2、TPDO1、TPDO3"，根据说明书中的映射结果可知，当前 DI1 和 DI4 为 ON，其余 DI 为 OFF；AI1 采样值为 0x03E7（十进制为999）。

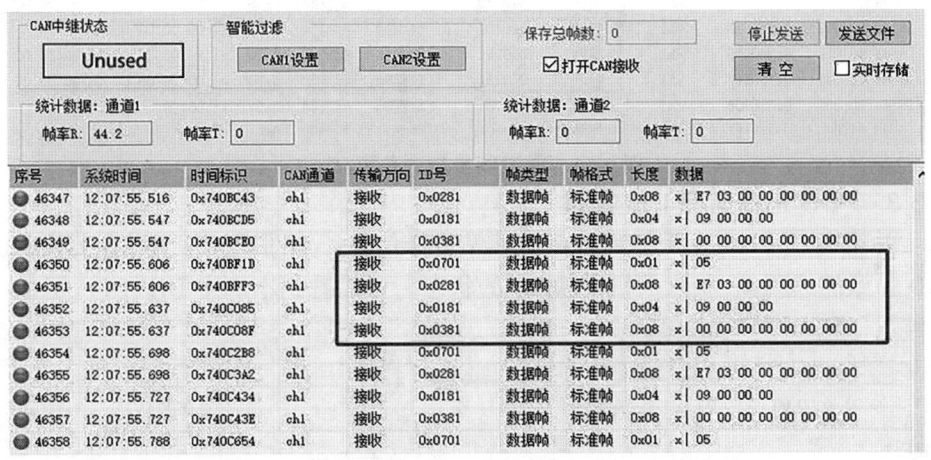

图4.53　CANopen TPDO 异步定时上报信息

4.7.3.2　TPDO 同步模式获取采样值实验

（1）运行通信参数与监控软件，连接后进入通用配置界面，按图4.54配置 CANopen TPDO 同步方式通信参数。在本实验中 TPDO 传输方式采用"同步"方式，同步个数为3个，表示模块每收到3个同步指令会返回1次 TPDO 数据。

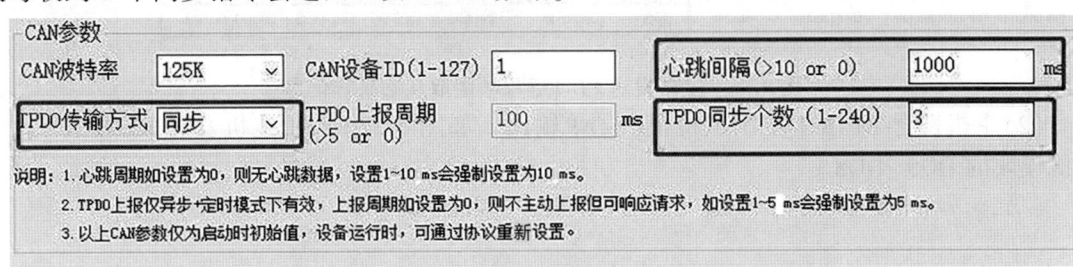

图4.54　CANopen TPDO 同步方式通信参数配置

（2）运行 CANPro 软件,启动设备。主机每发送 3 个同步报文,TPDO 传输上来的采样信息如图 4.55 所示。上面框中代表三个同步报文。下面框从上到下分别表示"TPDO1、TPDO2、TPDO3"。

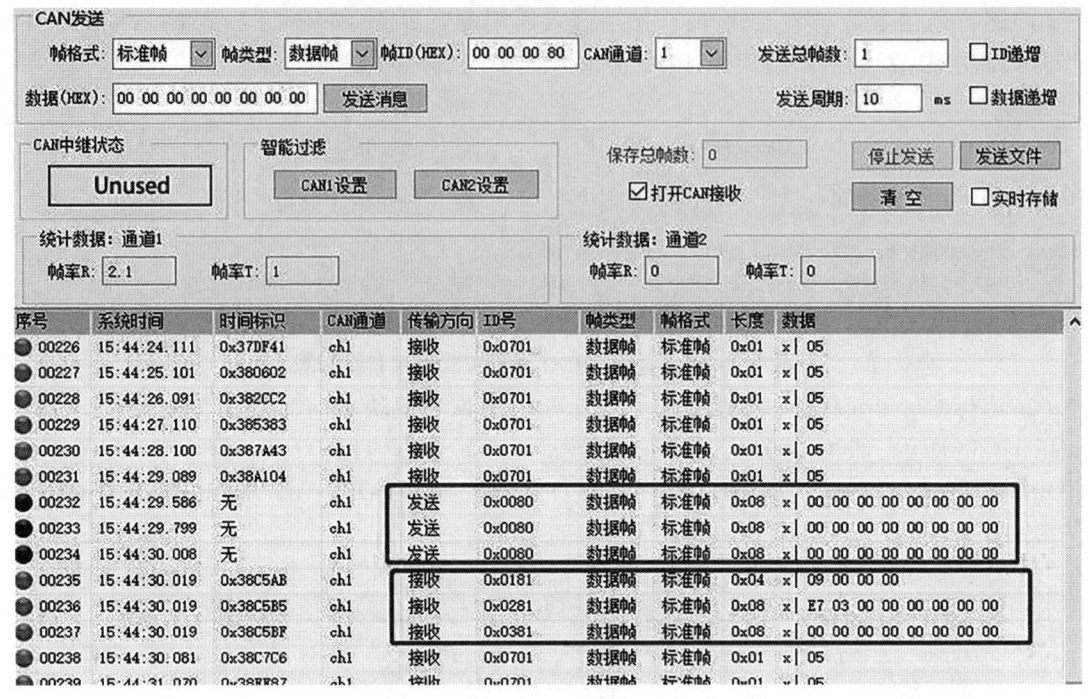

图 4.55　通过同步指令获取 TPDO

4.7.3.3　PDO 指令监控 I/O 实验

（1）主站可通过 PDO 发送远程帧读取从站采样信息。如图 4.56 所示,本实验通过发送与 TPDO1 ID 一致的远程帧,获取从机模块 DI 的状态。可以看到本例中 DI1、DI4 为 ON。

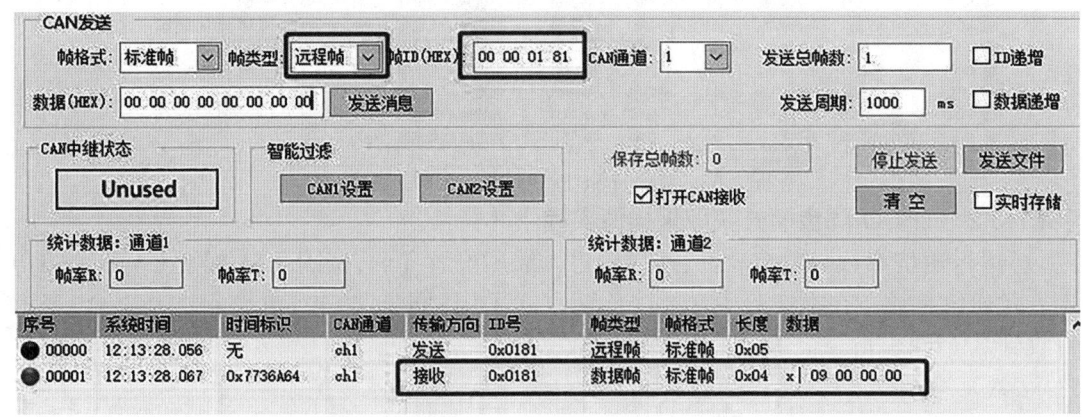

图 4.56　主站发送 PDO 远程帧读取从站采样信息

（2）主机发送 RPDO1 控制从机模块 DO 输出。如图 4.57 所示,主机发送 RPDO1 来闭合从机模块的 DO5~DO8。

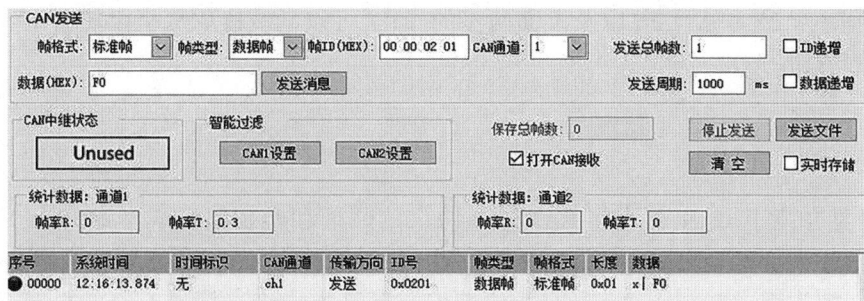

图 4.57　主机发送 RPDO1 控制从机模块 DO 输出

（3）根据表 4.27 和表 4.28 以及上面两步的操作,可以尝试读取从机模块 AI1～AI4、DIF1～
DIF4 和设置 AO1～AO2。

4.7.3.4　SDO 指令监控 I/O

主机通过 SDO 指令访问 I/O 对应数据字典,从机响应指令向主机返回响应数据帧。

（1）读取 DI 状态。如图 4.58 所示,主机向从机发送指令帧 0x0601-4F-00-20-00-00-
00-00,从机模块响应数据帧 0x0581-4F-00-20-00-09-00-00,表明 DI1、DI4 为 ON。

（2）控制 DO 输出。如图 4.59 所示,主机向从机发送指令帧 0x0601-2F-20-20-00-FF-
00-00-00,将 DO1～DO8 置为 ON,从机模块响应数据帧 0x0581-60-20-20-00-00-00-00,表
明执行成功。

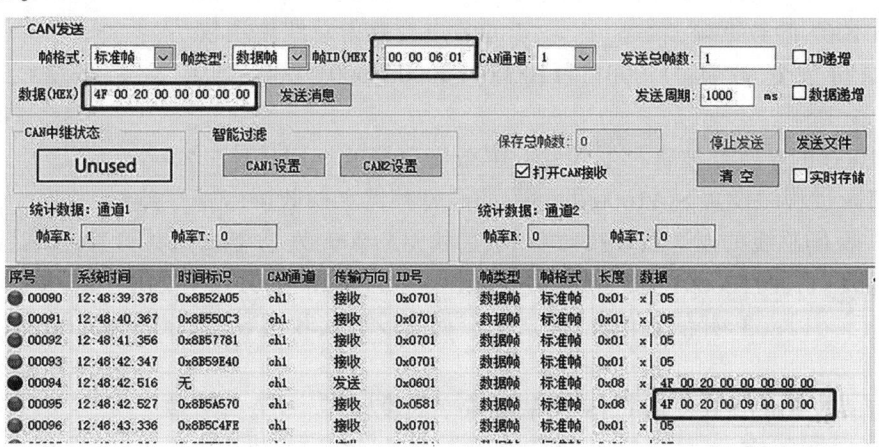

图 4.58　读取 DI 状态

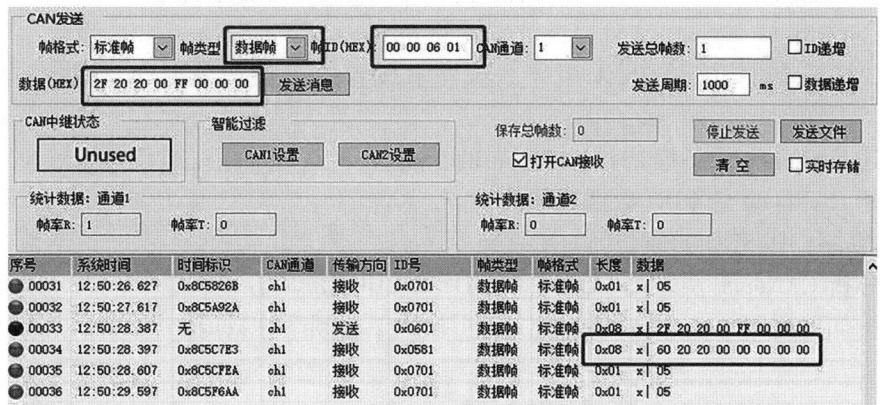

图 4.59　控制 DO 输出

105

（3）根据表4.25和表4.26以及上面两步的操作，可以尝试读取从机模块AI1～AI4、DIF1～DIF4和设置AO1～AO2。

小结

本章主要介绍了CAN总线和CANopen协议的原理和实现路径。本章分为7个小节：第4.1～4.2小节主要介绍了CAN总线的参考模型、特点以及技术规范，需要重点理解CAN总线的信号特征、帧类型、帧的ID、总线仲裁、位流编码等基本内容。第4.3～4.5小节介绍了CAN总线协议的硬件实现路径，重点介绍了CAN总线控制器SJA1000与51单片机的接口设计，SJA1000与TJA1050构建CAN通信模块的软硬件设计以及CAN总线程序设计。第4.6小节介绍了CANopen协议，需要重点理解CANopen中SDO和PDO的数据通信原理。第4.7小节介绍了CANopen通信实验，介绍了CANopen实验系统、FTK-HD8842远程I/O模块、实验介绍等内容。通过实验，学生能更容易地掌握CAN总线通信原理和CANopen协议的本质。

思考题

1.CAN总线上的两个节点，一个发送显性位，一个发送隐性位，则总线表现为_____。

2.某时刻，三个CAN节点同时向总线发送ID分别为ID1：1100101111、ID2：1100001011、ID3：1101001001的数据帧，发送_____的节点会赢得总线使用权。

3.已知待发送数据为00011111000011000000000011000，则其发送到总线上的数据为_____。

4.SJA1000的验收滤波寄存器和验收屏蔽寄存器的作用是什么？

5.如何通过程序设置SJA1000的验收滤波寄存器和验收屏蔽寄存器？

6.CAN现场总线的发送器和接收器均使用SJA1000，发送器发送的4个标准数据报文的ID分别为：（1）11001100001；（2）11001101001；（3）11001000001；（4）11001001001。欲使接收器只接收报文（1）、（3）并使用单滤波方式，应如何设置接收器SJA1000的ACR0、ACR1、AMR0和AMR1？

7.如何通过SJA1000实现CAN通信波特率的设置？

8.使用晶振频率为16 MHz的独立CAN控制器SJA1000，若BTR0 = 81Hex，BTR1 = FAHex，则由其所决定的CAN的系统时钟t_{scl}为_____ μs，采样次数为_____，位速率是_____ kbit/s？

9.在CANopen通信实验中，采用什么软件来设置两个模块的CAN参数？设置内容是什么？

10.简述CANopen设备模型和对象字典的作用。

11.简述CANopen中PDO数据传输的特点。

12.CANopen中，SDO如何访问对象字典？

13.试分析CANopen实验图4.53中TPDO1～TPDO3的内容。

14.分析如何利用CANopen SDO报文获得模块2的频率计数值。

5　工业以太网

目前,现场总线存在两个主要问题:协议标准繁多所带来的设备互联问题;实时能力受限问题。这导致传统的现场总线技术在许多应用场合已经难以满足用户不断增长的需求。以太网技术发展成熟,不但成为人们日常生活中不可缺少的资源,也是企业管理唯一采用的协议。基于这种发展现状,将以太网技术应用于现场控制层,不仅可以使企业的管理信息系统实现垂直方向的协议兼容,而且有利于将工业网络标准引向统一的方向。随着以太网的迅速发展,产生了 100 Mbit/s 的高速以太网,并在几年内发展到 1 Gbit/s 甚至 10 Gbit/s 的以太网产品和国际标准。以太网的高带宽弥补了协议效率低下的不足,通过一些实时通信增强措施及工业应用高可靠性网络的设计和实施,以太网可以满足工业数据通信的实时性及工业现场环境的要求。通过采用适当的系统设计和流量控制技术,以太网完全能用于工业控制网络。

5.1　工业以太网与计算机网络

工业以太网(Industrial EtherNet)虽源于以太网,但又不同于普通以太网。普通的商用以太网技术一般情况下并不适应控制网络和工业环境的应用需要。在继承或部分继承以太网原有核心技术的基础上,工业以太网根据工业应用的需要,针对环境适应性、通信确定性、通信实时性、抗干扰性和本质安全等因素进行了改造。为方便理解工业以太网,下面将具体分析计算机网络与工业以太网的不同点。

5.1.1　定义

计算机网络的一般定义是具有独立功能的多台计算机通过通信线路和网络互联设备连接在一起,在网络软件的支持下所形成的实现资源共享和协同工作的系统。而工业以太网技术是在继承或部分继承以太网原有核心技术的基础上,应对适应工业环境性、通信实时性、时间发布、各节点间的时间同步、网络的功能安全与信息安全等问题,提出相应的措施,并添加控制应用功能,还要针对某些特殊的工业应用场合提出的网络供电、本安防爆等要求给出解决方案。工业以太网是以太网,甚至是互联网系列技术延伸到工业应用环境的产物,涉及企业网络的各个层次。

5.1.2　作用范围

计算机网络作用范围分为:广域网(Wide Area Networks, WAN 大于几十千米)、局域网(Local Area Networks, LAN 小于 10 km)、城域网(Metropolitan Area Networks, MAN,介于 WAN 和 LAN 之间)。工业以太网工作在生产现场,一般在局域范围内(小于几千米)。

5.1.3　节点类型

计算机网络节点为 PC 机或其他类型的计算机。工业以太网节点为具有通信能力且功能较为单一的设备,包括各类开关、光电传感器、变送器、PID 控制器、数据采集器、调节阀、伺服马达、PLC、机器人、现场工控计算机等。

5.1.4 任务与工作环境

计算机网络的主要任务是传输大量数据,工作环境多为办公环境。工业以太网将传感器、执行器、测控仪表通过网络连接成开放式、节点间可相互通信、完成测量控制任务的网络。工作环境多为具有强电磁干扰的、振动的、温差范围大的各种工业环境,有时还会考虑本安防爆需求。

5.1.5 实时性要求

计算机网络主要传输文件和数据,对时间一般没有苛刻要求。工业以太网必须满足对控制的实时性要求,这是不同于普通计算机网络的最大特点。实时系统不仅要求测量控制作用满足要求,而且要求系统动作在顺序逻辑上的正确性,否则会对生产过程造成破坏,甚至酿成灾难。

5.2 TCP/IP 体系结构

为了使不同体系结构的计算机网络都能互联,在1983年,国际标准化组织 ISO 提出了一个试图使各种计算机在世界范围内互联成网的标准框架,即开放系统互联(Open Systems Interconnection,OSI)七层协议体系结构,如图 5.1(a)所示。只要遵循 OSI 标准,一个系统就可以和位于世界上任何地方的也遵循这同一标准的其他系统进行通信。

在 OSI 的七层协议体系结构制定过程中,TCP/IP 体系结构已经到了非常广泛的应用,并得到市场的认可。虽然 OSI 的七层协议体系结构概念清楚、理论完整,但它既复杂又不实用,没有网络商业产品的支撑,TCP/IP 的四层协议体系结构[见图 5.1(b)]却成为事实的互联网标准。在计算机网络的教学中往往综合 OSI 和 TCP/IP 的优点,采用五层协议体系结构[见图 5.1(c)],即物理层、数据链路层、网络层、传输层和应用层。

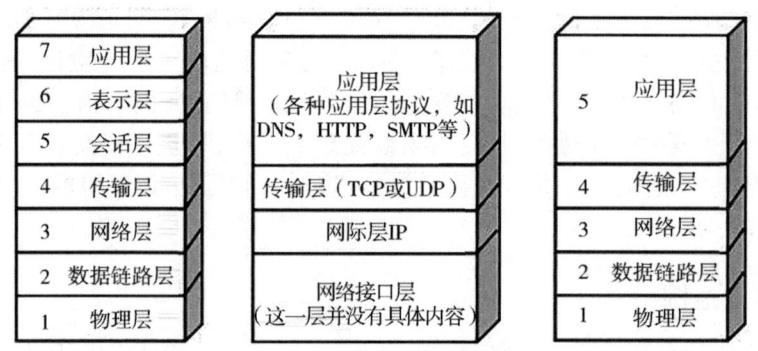

（a）OSI 的七层协议体系结构　（b）TCP/IP的四层协议体系结构　（c）五层协议体系结构

图 5.1　计算机网络体系结构

5.2.1 以太网物理层

具体的物理层协议种类较多,这是因为物理连接的方式很多(例如,可以采用点对点连接,也可以采用多点连接或广播连接),而传输媒体的种类也非常之多(如架空明线、双绞线、对称电缆、同轴电缆、光缆,以及各种波段的无线信道等)。物理层解决的是怎样才能在种类非常繁多的各种计算机网络中的硬件设备和传输媒体上实现数据比特流的可靠传输问题。物理层的基础通信原理在第 2 章中有较多的介绍。计算机网络的物理层的主要任务为确定与传输媒体的接口有关的包括机械、电气、功能以及过程等特性的描述。物理层本身纷繁复杂,这里从实用角度出发介绍三个常用到的知识点。

5.2.1.1　双绞线网线的制作

以太网物理连接计算机网络中,数据在通信线路上的传输方式一般都是串口传输。目前常用的传输线有同轴电缆、双绞线和光纤。其中,双绞线又是我们日常生活中最常用到的传输介质。

双绞线制作前先了解一下网卡和交换机上的网口定义,如图 5.2 所示。网卡和交换机双绞线网络接口有 8 个引脚,如图 5.2 所示,网卡上 Tx+(1 脚) 和 Tx-(2 脚) 对应交换机的 Rx+(1 脚) 和 Rx-(2 脚),网卡上 Rx+(3 脚) 和 Rx-(6 脚) 对应交换机的 Tx+(3 脚) 和 Tx-(6 脚),其余引脚未用到。因此,一般的网线用于网卡与交换机的连线,这需要做成两端一致的平行线。如果要直连两台计算机,则需要做成交叉线。

随着技术的进步,现代网络交换机和许多网络设备端口都支持自动翻转功能(Auto MDI/MDIX)。当自动翻转功能被启用时,设备端口会在连接时检测对端设备的连接类型,并自动调整自身的发送信号传输。这意味着无论是使用直通线还是交叉线,网络设备都能够正确地进行通信,有效地消除了线缆类型选择错误导致的连接问题,提高了网络的可靠性和易用性。目前在很多网络环境中,自动翻转功能被广泛地使用。

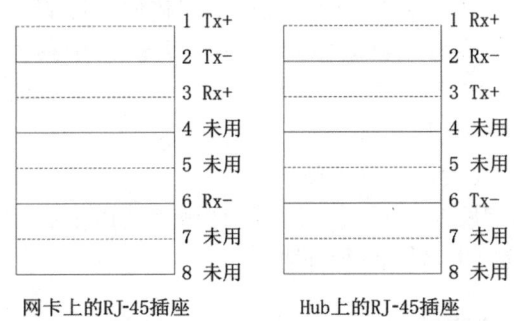

网卡上的RJ-45插座	Hub上的RJ-45插座
1 Tx+	1 Rx+
2 Tx-	2 Rx-
3 Rx+	3 Tx+
4 未用	4 未用
5 未用	5 未用
6 Rx-	6 Tx-
7 未用	7 未用
8 未用	8 未用

图 5.2　网卡和交换机上的网口定义

双绞线为达到性能指标和统一接线规范而制定的两种国际标准线序,即 T568A 和 T568B,将双绞线用专用工具接入 RJ45 水晶头插件,如图 5.3 所示。双绞线内有 8 根线,T568A 的线序(1~8)为:白绿,绿,白橙,蓝,白蓝,橙,白棕,棕;T568B 的线序(1~8)为:白橙,橙,白绿,蓝,白蓝,绿,白棕,棕。在通常情况下,业界都使用两端 T568B 标准制作平行线;如果制作交叉线,则一端使用 T568A 线序,另一端使用 T568B 线序。

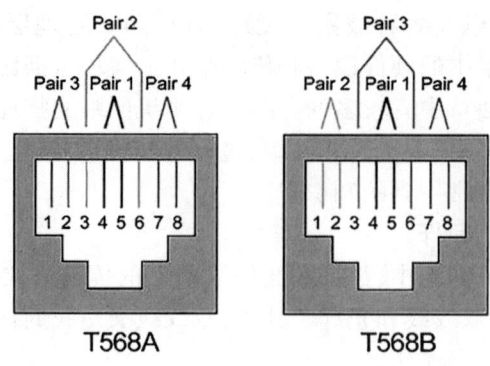

图 5.3 T568A 和 T568B RJ45 水晶头线序

5.2.1.2 以太网传输标准

在网上常见的 10BASE-T、100BASE-T4、100BASE-FX、1000BASE-X 等实际上指代以太网的传输标准。其中,10/100/1000 表示网线设计的频率,单位为 MHz。BASE 是英文 BASEband 的缩写,指的就是基带传输。T/F/C 等表示传输介质,T 代表承载信号的物理介质是双绞线缆 [Twisted Pair Cable,又分为非屏蔽双绞线(Unshielded Twisted Pair,UTP)和屏蔽双绞线 (Shielded Twicted Pair,STP)两种],在这里每一对传送信号的双绞线互相缠绕以减少电磁干扰和串扰;F 表示光纤。最后如果还有数字,则表示单段网线的最大长度是 100 m 的倍数。

5.2.1.3 中继器

由于存在损耗,在线路上传输的信号功率会逐渐衰减,衰减到一定程度时将造成信号失真,因此会导致接收错误。中继器就是为解决这一问题而设计的。它完成了物理线路的连接,对衰减的信号进行放大,保持与原数据相同。一般情况下,中继器的两端连接的是相同的媒体,但有的中继器也可以完成不同媒体的转接工作。中继器具有以下特性:

(1)中继器仅作用于物理层。

(2)只具有抑制噪声、放大信号的功能。

(3)由于中继器在物理层实现互联,所以它对物理层以上各层协议完全透明,也就是说,中继器支持数据链路及其以上各层的所有协议。

5.2.2 以太网数据链路层

数据链路层属于以太网的低层,由网卡、网桥、交换机等典型设备构成,用于数据链路的建立、维持和拆除,实现无差错传输。数据链路层使用点对点(单播)、一对多(多播)和一对全体(广播)三种信道类型。数据链路一般需要实现访问仲裁、数据成帧、流量控制、寻址、差错控制等功能。

5.2.2.1 MAC 帧的格式

常用的以太网 MAC 帧的格式有 DIX EtherNet V2 和 IEEE 802.3 两种标准,其中的以太网 V2 更为常用。以太网 V2 的 MAC 帧由五部分组成,如图 5.4 所示。前两个部分分别为 6 字节长的目的地址和源地址字段。第三个部分是 2 字节的类型字段,用来标志上一层所使用的协议,以便把收到的 MAC 帧的数据上交给上一层的协议。例如,当类型字段的值是 0x0800 时,就表示上层使用的是 IP 数据报。第四个部分是数据字段,其长度在 46~1 500 字节。当数据字段的长度小于 46 字节时,应在数据字段的后面加入整数字节的填充字段,以保证以太网的 MAC 帧长不小于 64 字节。最后一个部分是 4 字节的帧检验序列 FCS(使用 CRC 检验)。

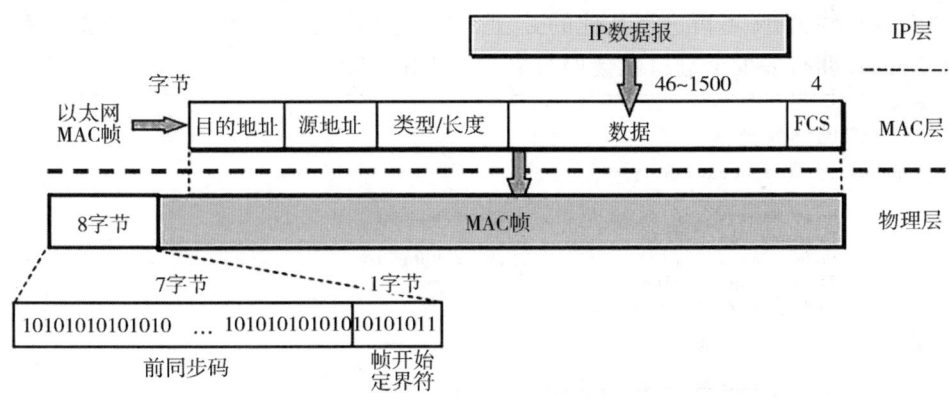

图 5.4　以太网 V2 帧格式

当传输媒体的误码率为 1×10^{-8} 时，MAC 子层可使未检测到的差错小于 1×10^{-14}。

无效的 MAC 帧有以下几种情况：

(1) 帧的长度不是整数个字节；

(2) 用收到的帧检验序列 FCS 查出有差错；

(3) 数据字段的长度不在 46~1 500 字节。

(4) 有效的 MAC 帧长度为 64~1 518 字节。

对于检查出的无效 MAC 帧则简单地丢弃。以太网不负责重传丢弃的帧。

5.2.2.2　MAC 层的硬件地址

在局域网中，硬件地址又称为物理地址，或 MAC(Medium Access Control) 地址，也就是以太网帧中源和目的地址。IEEE 802 标准规定 MAC 地址为 48 位，全球唯一，设备出厂时被固化在 ROM 中。IEEE 只向厂家分配地址前三个字节中的 23 位作为机构全球唯一的标识符，后面 3 个字节由厂家为产品自行分配。MAC 地址格式如图 5.5 所示。

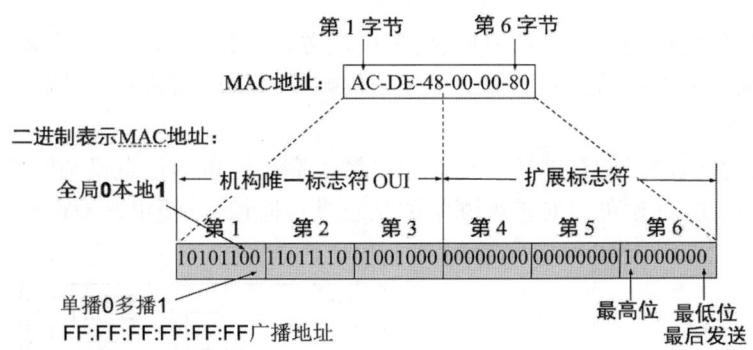

图 5.5　MAC 地址格式

IEEE 规定地址字段的第 1 字节的最低位为 I/G 位。I/G 表示 Individual/Group。当 I/G 位为 0 时，地址字段表示一个单个站地址；当 I/G 位为 1 时表示组地址，用来进行多播(以前曾译为组播)。IEEE 把地址字段第 1 字节的最低第 2 位规定为 G/L 位，表示 Global/Local。当 G/L 位为 1 时是全球管理，保证地址全球唯一。

一般的个人计算机都会配有一块网卡。要想知道本机网卡的 MAC 地址，就可以用 Cmd 进入 DOS 界面，如图 5.6 所示，输入"ipconfig /all"指令查看。网卡从网络上每收到一个 MAC 帧就首先用硬件检查 MAC 帧中的 MAC 地址。如果是发往本站的帧则收下，然后进行其他的处理;否则就将此帧丢弃,不再进行其他的处理。对于网桥、交换机和路由器等都具有存储转发功能的设备,其拥有多少个端口就会拥有多少个 MAC 地址。

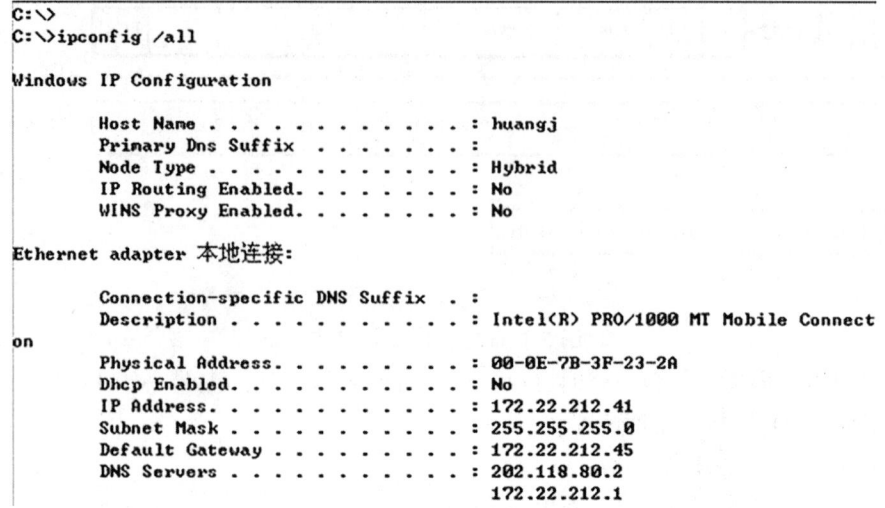

```
C:\>
C:\>ipconfig /all

Windows IP Configuration

        Host Name . . . . . . . . . . . . : huangj
        Primary Dns Suffix  . . . . . . . :
        Node Type . . . . . . . . . . . . : Hybrid
        IP Routing Enabled. . . . . . . . : No
        WINS Proxy Enabled. . . . . . . . : No

Ethernet adapter 本地连接:

        Connection-specific DNS Suffix  . :
        Description . . . . . . . . . . . : Intel(R) PRO/1000 MT Mobile Connect
on
        Physical Address. . . . . . . . . : 00-0E-7B-3F-23-2A
        Dhcp Enabled. . . . . . . . . . . : No
        IP Address. . . . . . . . . . . . : 172.22.212.41
        Subnet Mask . . . . . . . . . . . : 255.255.255.0
        Default Gateway . . . . . . . . . : 172.22.212.45
        DNS Servers . . . . . . . . . . . : 202.118.80.2
                                            172.22.212.1
```

图 5.6　计算机 MAC 地址查看

5.2.2.3　数据链路层互联设备

（1）网桥

网桥工作在数据链路层,它根据此帧的 MAC 目的地址对收到的帧进行转发和过滤,其工作原理如图 5.7 所示。当网桥收到一个帧时,先查看此帧的目的 MAC 地址,通过查询转发表确定将该帧通过哪一个接口转发出去。如果目的 MAC 地址来自其所在的端口,则丢弃该帧。网桥具有过滤通信量、增大吞吐量、提高可靠性等优点。网桥一般具有以下功能:

①帧转发和过滤功能:网桥的帧过滤特性可以最大限度地缓解网络通信的繁忙程度,提高通信效率。

②源地址跟踪:网桥接到一个帧以后,将帧中的源地址记录到它的转发表中。

③透明性:局域网上的站点并不知道所发送的帧经过哪些网桥,不会因为网桥的加入而改变其原有的工作方式。

④存储转发功能:网桥的存储转发功能用来解决穿越网桥的信息量临时超载的问题。

⑤管理监控功能:网桥可以对扩展网络的状态进行监控,以便更好地调整互联网络的逻辑结构。

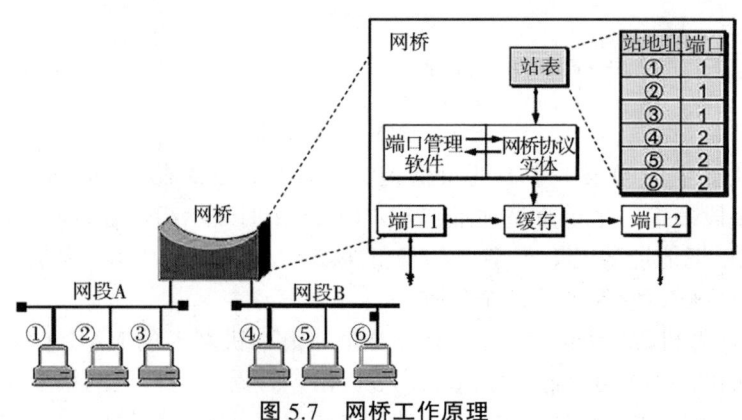

图 5.7　网桥工作原理

（2）交换机

早期的网桥端口数一般只有 2～4 个，而当把端口扩展到十几个时就构成了以太网交换机。以太网交换机实质上就是一个多接口的网桥。以太网交换机的每个端口都可以连接一个主机，主机间的信息帧在交换机中存储转发，主机间的通信互不影响。交换机工作在全双工方式，对于拥有 N 对端口的交换机，其总容量为每对端口通信带宽的 N 倍，这样就在很大程度上提高了以太网的通信效率。交换机间也可以互联以扩展网络范围。

5.2.3　网络层

网络层是 TCP/IP 参考模型中最复杂的一层，其主要任务是为网络上的不同主机提供通信。它通过路由选择算法，为分组通过通信子网选择最适当的路径，以实现网络的互联功能。具体地说，数据链路层的数据在这一层被转换为数据包，然后通过路径选择、分段组合、流量控制、拥塞控制等将信息从一台网络设备传送到另一台网络设备。

5.2.3.1　IP 地址

互联网可以被看作一个单一的、抽象的网络。IP 地址就是给每个连接在互联网上的主机（或路由器）分配一个在全世界范围是唯一的 32 bit 的标识符。IP 地址现在由互联网名字与号码指派公司 ICANN（Internet Corporation for Assigned Names and Numbers）进行分配。

IP 地址本身是 32 位的二进制代码。为了提高可读性，把 32 位的 IP 地址表示为点分十进制形式，即每 8 位用其等效的十进制数字表示，并且在这些数字之间加上一个点，例如：128.11.12.56。

（1）IP 地址分类

分类 IP 地址将 IP 地址分成五类，其中的 A、B 和 C 三类地址是单播地址（一对一通信），D 类地址为多播地址（一对多通信），E 类地址为保留地址。A、B 和 C 三类是最为常用的 IP 地址。A 类、B 类和 C 类地址的网络号 net-id 字段分别为 1 个、2 个和 3 个字节长，主机号 host-id 字段分别为 3 个、2 个和 1 个字节长，而在网络号字段的最前面有 1～3 位的类别位，其数值分别规定为 0、10 和 110。表 5.1 为 A、B、C 三类 IP 地址的指派范围。

表 5.1　IP 地址的指派范围

网络类别	最大可指派的网络数	第一个可指派的网络号	最后一个可指派的网络号	每个网络中的最大主机数
A	126（2^7-2）	1	126	16777214
B	16383（$2^{14}-1$）	128.1	191.255	65534
C	2097151（$2^{21}-1$）	192.0.1	223.255.255	254

对于分类的 IP 地址，路由器根据目的 IP 地址头 3 位就会很容易地将地址中的网络号 net-id 提取出来。路由器再按所要找的 IP 地址中的网络号把目的网络找到。当分组到达目的网络后，再利用主机号 host-id 将数据报直接交付给目的主机。

（2）私有地址

在网络中，IP 地址分为公网 IP 地址和私有 IP 地址。公网 IP 是在 Internet 使用的 IP 地址，而私有 IP 地址是在局域网中使用的 IP 地址。私有 IP 地址是一段保留的 IP 地址，只在局域网中使用，而不能在互联网上使用。在互联网中的所有路由器对目的地址是专用地址的数据报一律不进行转发。当私有网络内的主机要与位于公网上的主机进行通信时，必须经过网络地址转换（Network Address Translation，NAT），将其私有地址转换为合法公网地址才能对外访问。私有地址分配如下：

10.0.0.0 到 10.255.255.255（1 个 A 类地址）；

172.16.0.0 到 172.31.255.255（16 个 B 类地址）；

192.168.0.0 到 192.168.255.255（256 个 C 类地址）。

（3）链路本地地址

另外，还有一个 B 类网络：16.254.0.0~169.254.255.255 保留，是链路本地地址，只能在链路本地网络通信中使用。

（4）IP 地址的特点

①实际上，IP 地址是标志路由器和一条链路的接口。由于一个路由器至少应当连接到两个网络，因此一个路由器至少应当有两个不同的 IP 地址。

②用转发器或网桥连接起来的若干个局域网仍为一个网络，因此这些局域网都具有同样的网络号 net-id。

③所有分配到网络号 net-id 的网络，不论是范围很小的局域网，还是可能覆盖很大地理范围的广域网，地位都是平等的，都只代表一个网络。

5.2.3.2 网络层互联设备

路由器（Router）是在网络层连接两个或多个网络的硬件设备。路由器会分析每一个数据包中的目的 IP 地址，根据选定的路由算法，利用路由表为数据传输选择路径，把各数据包按最佳路由传送到指定的网络。路由器主要是解决路由选择、拥塞控制、差错处理与分段技术等问题，提供各种速率的链路或子网接口，参加网络管理。如图 5.8 所示，用 3 个路由器将具有不同 net-id 的局域网连接起来，形成一个更大的局域网互联的网络。

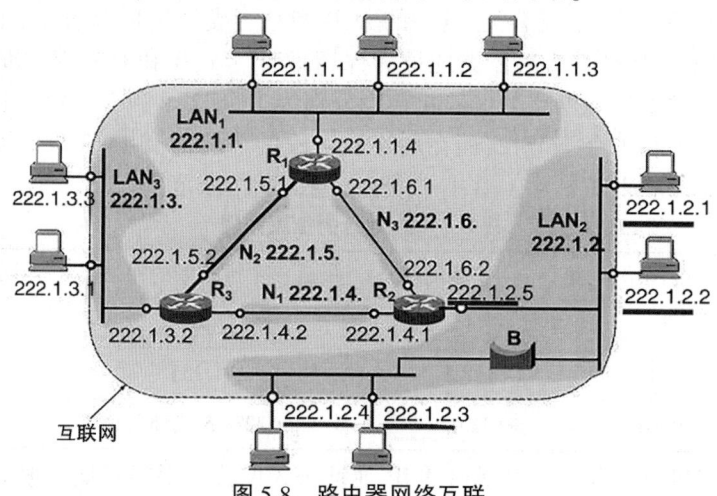

图 5.8 路由器网络互联

5.2.3.3 IP 地址与 MAC 地址

从层次的角度看，MAC 地址是数据链路层的地址，而 IP 地址是网络层的地址。在数据传输过程中，数据从高层下到低层，然后才到通信链路上传输。使用 IP 地址的 IP 数据报一旦交给了数据链路层，就被封装成 MAC 帧。MAC 帧在传输时使用的源地址和目的地址都是 MAC 地址。连接在通信链路上的设备（主机或路由器）在接收 MAC 帧时，只有在剥去 MAC 帧的首部和尾部并把 MAC 层的数据上交给网络层后，网络层才能在 IP 数据报的首部找到源 IP 地址和目的 IP 地址。

如图 5.9 所示，三个局域网用两个路由器 R_1 和 R_2 连接起来。在主机 H_1 发送 IP 数据报到主机 H_2 的过程中，数据链路层的源 MAC 地址和目的 MAC 地址发生了两次改变，而网络层的源 IP 地址和目的 IP 地址始终没有发生变化。所以，在网络通信中，数据每经过一次路由器就会经历一次从接收数据帧解封装提取 IP 数据报和把 IP 数据报重新封装成帧发送出去的过程。

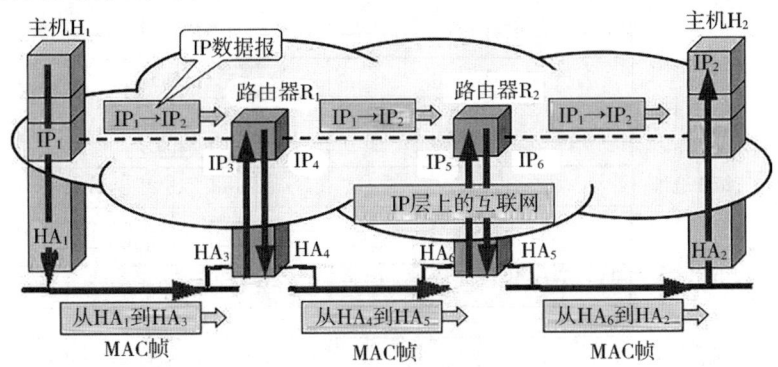

图 5.9　MAC 地址与 IP 地址

5.2.3.4　划分子网

（1）划分子网的必要性

分类 IP 地址，尤其是 A 类和 B 类 IP 地址空间的利用率有时会很低。如表 5.1 所列，对于给每一个 A 类或 B 类的网络号会包含大量的主机，这会使路由器的端口负担变得很重，从而影响到网络的性能。

两级的 IP 地址不够灵活。划分子网的基本思路是划分子网属于一个单位内部的事情。单位对外仍然表现为没有划分子网的网络。如图 5.10 所示，子网划分从主机号借用若干个比特作为子网号 subnet-id，而主机号 host-id 也就相应减少了若干个比特。如图 5.11 所示，是将一个 B 类网络 145.13.0.0 划分为三个子网，从而减轻了路由器端口的负担，提高了网络的性能。

IP地址定义为{<网络号>，<子网号>，<主机号>}

图 5.10　子网划分

划分为三个子网后其对外仍表现为一个网络。凡是从其他网络发送给本单位某个主机的 IP 数据报，仍然是根据 IP 数据报的目的网络号 net-id，先找到连接在本单位网络上的路由器，然后此路由器在收到 IP 数据报后，再按目的网络号 net-id 和子网号 subnet-id 找到目的子网，最后就将 IP 数据报直接交付给目的主机。

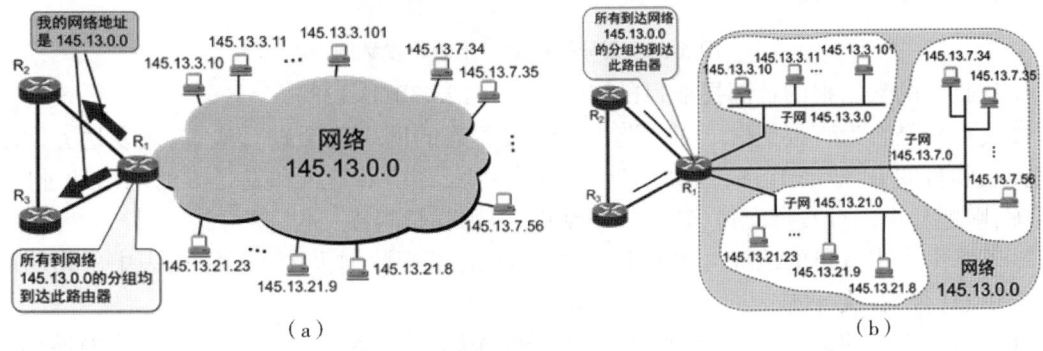

图 5.11　划分子网的必要性

（2）子网掩码

从一个 IP 数据报的首部无法判断源主机或目的主机所连接的网络是否进行了子网的划分。使用子网掩码（subnet mask）可以找出 IP 地址中的子网部分。如图 5.12 所示，用目的 IP 地址和子网掩码相"与"，得到网络号和子网号。

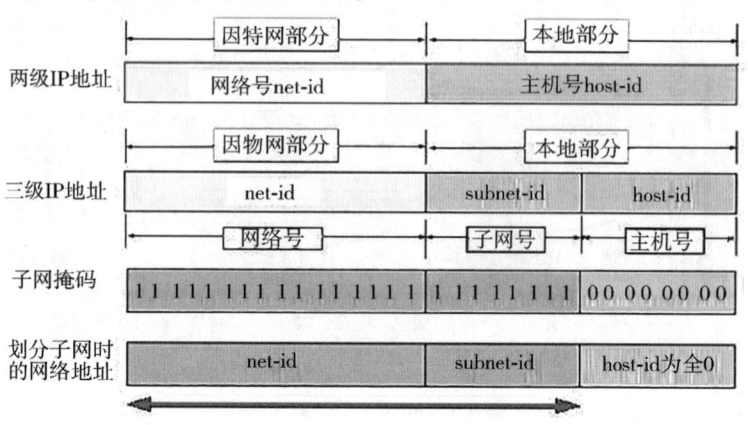

图 5.12　子网掩码划分子网

（3）使用子网掩码的分组转发过程

在划分子网的情况下，从 IP 地址并不能唯一地得出网络地址来，这是因为网络地址取决于那个网络所采用的子网掩码。在划分子网的情况下，路由表必须包含以下三项内容：目的网络地址、子网掩码和下一跳地址。下面以一个例子来说明路由器转发分组的算法实现途径。图 5.13 有三个子网、两个路由器，以及路由器 R_1 中的部分路由表。现在源主机 H_1 向目的主机 H_2 发送分组，R_1 收到 H_1 向 H_2 发送的分组后查找路由表的过程如下：

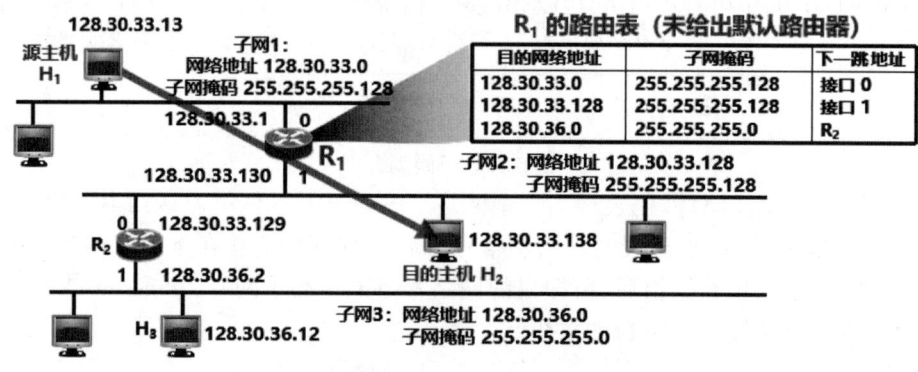

图 5.13　划分子网后分组的转发举例

①从收到的数据报的首部提取目的 IP 地址 D（128.30.33.138）。

②先判断是否为直接交付。对与路由器直接相连的网络逐个进行检查：用发送方网络的子网掩码和目的 IP 地址 D 逐位相"与"（AND 操作），看结果是否和发送方的网络地址匹配。若匹配，则把分组进行直接交付，转发任务结束；否则就是间接交付，执行③。

③若路由表中有目的地址为 D 的特定主机路由，则把数据报传送给路由表中所指明的下一跳路由器；否则，执行④。

④对路由表中的每一行（目的网络地址、子网掩码、下一跳地址），用其中的子网掩码和 D 逐位相"与"（AND 操作），其结果为 N。若 N 与该行的目的网络地址匹配，则把数据报传送给

该行指明的下一跳路由器;否则,执行⑤。本例经过计算与第 2 项匹配,分组从接口 1 转发出去找到目的主机。

⑤若路由表中有一个默认路由,则把数据报传送给路由表中所指明的默认路由器;否则,执行⑥。

⑥报告转发分组出错。

5.2.3.5　无分类域间路由选择 CIDR

划分子网在一定程度上缓解了互联网在发展中遇到的困难,但网络地址即将耗尽的问题仍然很严峻。1992 年,互联网工程任务组(IETF)提出了无分类域间路由选择 CIDR(Classless Inter-domain Routing)。

CIDR 消除了传统的 A 类、B 类和 C 类地址以及划分子网的概念,因而可以更加有效地分配 IPv4 的地址空间。CIDR 使用各种长度的"网络前缀"(network-prefix)来代替分类地址中的网络号和子网号。IP 地址从三级编址(使用子网掩码)又回到了两级编址{<网络前缀>,<主机号>}。

CIDR 使用"斜线记法"(slash notation),它又称为 CIDR 记法,即在 IP 地址后面加上一个斜线"/",然后写上网络前缀所占的位数(这个数值对应于三级编址中子网掩码中 1 的个数),如 220.78.168.0/24。CIDR 把网络前缀都相同的连续的 IP 地址组成"CIDR 地址块",方便路由器进行路由聚合和构成超网。

5.2.3.6　IP 数据报的格式

一个 IP 数据报由首部和数据两部分组成,如图 5.14 所示。首部的前一部分是固定长度,共 20 字节,是所有 IP 数据报必须有的。在首部的固定部分的后面是一些可选字段,其长度是可变的。

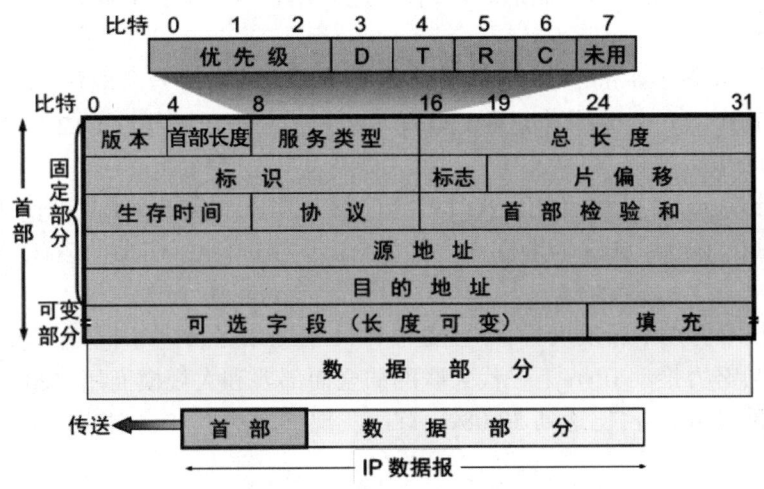

图 5.14　IP 数据报的格式

需要指出的是协议字段,表示该数据报文所携带的数据所使用的协议类型,如图 5.15 所示。目的主机的 IP 层通过该字段知道按照何协议来处理数据部分。不同的协议有不同的协议号。例如,TCP 的协议号为 6,UDP 的协议号为 17,ICMP 的协议号为 1。

5.2.3.7　下一代的网际协议 IPv6

从计算机本身发展以及互联网规模和网络传输速率来看,现在 IPv4 已很不适用。最主要的问题就是 32 bit 的 IP 地址不够用。为解决 IP 地址耗尽的问题相关人员采取了许多措施,

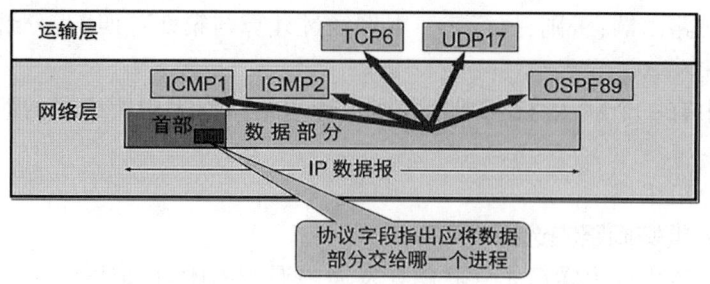

图 5.15　协议字段分析

例如采用无类别编址 CIDR,使 IP 地址的分配更加合理;采用网络地址转换 NAT 方法以节省全球 IP 地址。但是,以上方法虽暂时缓解了问题,但并非长久之计,最终都会遇到瓶颈。2003 年,互联网工程任务组(IETF)发布了 IPv6 测试性网络。IPv6 将地址从 IPv4 的 32 bit 增大到了 128 bit。

IPv6 数据报的目的地址可以是以下三种基本类型地址之一:

(1)单播(unicast):单播就是传统的点对点通信。

(2)多播(multicast):多播是一点对多点的通信。

(3)任播(anycast):这是 IPv6 增加的一种类型。任播的目的站是一组计算机,但数据报在交付时只交付给其中的一个,通常是距离最近的一个。

随着互联网的发展,IPv4 地址空间逐渐耗尽,IPv6 作为下一代互联网协议被提出,它提供了高达 128 位的地址空间。为了便于人类阅读和书写,需要一种简洁且易于理解的方式来表示这些长地址。冒号十六进制记法(colon hexadecimal notation)就是一种在计算机科学中广泛使用的表示数字或地址的方式。

每个 16 bit 的值都用十六进制值表示,各值之间用冒号分隔,如 68E6:8C64:FFFF:FFFF:0:1180:960A:FFFF。

零压缩(zero compression),即一连串连续的零可以为一对冒号所取代。FF05:0:0:0:0:0:0:B3 可以写作 FF05::B3。点分十进制记法的后缀 0:0:0:0:0:0:128.10.2.1,再使用零压缩即可写作::128.10.2.1。

CIDR 的斜线表示法仍然可用。60 bit 的前缀 12AB00000000CD3 可记为,12AB:0000:0000:CD30:0000:0000:0000:0000/60 或 12AB::CD30:0:0:0:0/60 或 12AB:0:0:CD30::/60。

全球 IPv6 技术仍在不断发展着,并且随着 IPv4 消耗殆尽,许多国家已经意识到了 IPv6 技术所带来的优势,努力推动 IPv6 下一代互联网的全面部署和大规模商用。2023 年 2 月的数据显示,中国移动网络 IPv6 占比达到 50.08%,首次实现移动网络 IPv6 流量,超过 IPv4 流量的历史性突破。

5.2.4　传输层

传输层主要为相互通信的应用进程提供了逻辑通信运输协议,在源到目的节点之间提供端到端的传输服务。传输层在数据报文头部加入与应用程序接口的端口地址,来将传输报文与目的节点上指定的程序入口关联起来。从通信和信息处理的角度看,传输层向上面的应用层提供通信服务,它是面向通信部分的最高层,同时也是用户功能中的最低层。TCP/IP 体系中的传输层协议如图 5.16 所示。

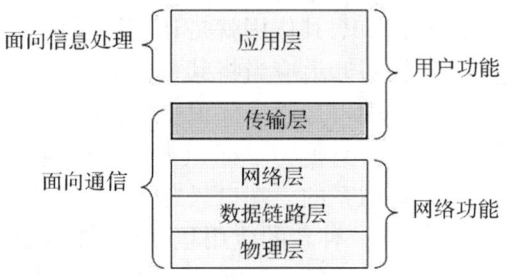

图 5.16　TCP/IP 体系中的传输层协议

如图 5.17 所示,传输层和网络层协议的主要区别在于网络层是为了寻找到主机,而传输层为主机中运行的应用进程之间提供端到端的逻辑通信。两个层的作用范围是不同的。除此之外,传输层还要对收到的报文进行差错检测。

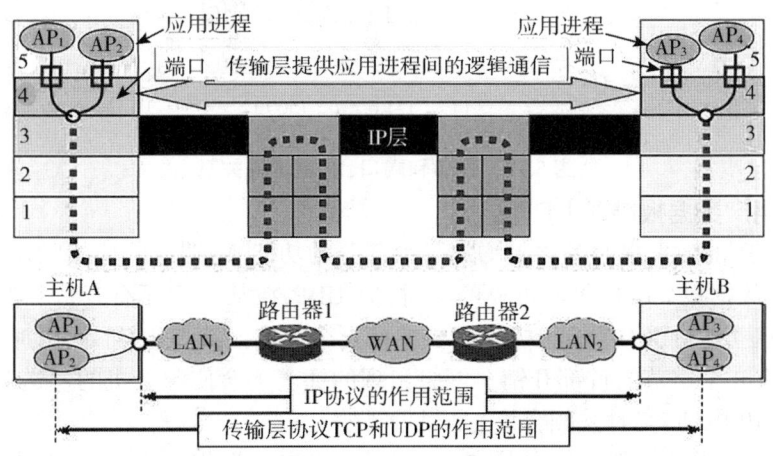

图 5.17　传输层的应用进程间的逻辑通信

传输层需要有两种不同的传输协议,即面向连接的 TCP(Transmission Control Protocol)和无连接的 UDP(User Datagram Protocol),如图 5.18 所示。传输层向上由 TCP 协议提供可靠的通信信道,由 UDP 协议提供不可靠的逻辑通信信道。

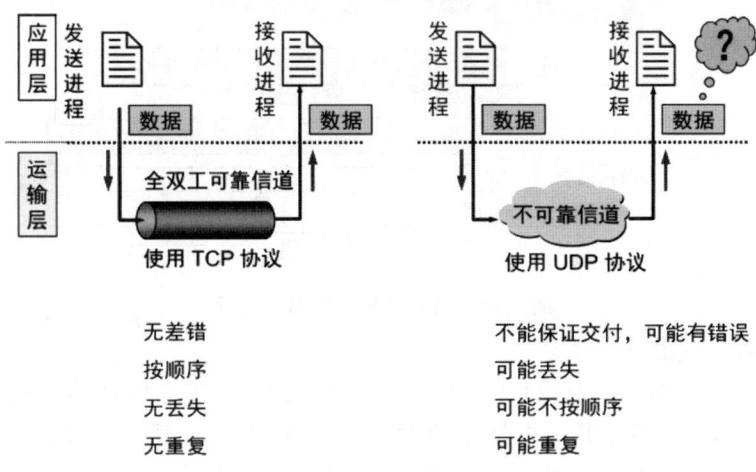

图 5.18　运输层的两种传输协议

5.2.4.1 端口和套接字

端口用一个 16 bit 端口号进行标识,其作用就是让应用层的各种应用进程能够通过端口将数据向下交付给传输层,并让传输层知道应当将其报文段中的数据向上通过端口交付给应用层相应的进程。从这个意义上讲,端口是用来标识应用层的进程。

端口号只具有本地意义,即端口号只是为了标识本计算机应用层中的各进程。在互联网中,不同计算机的相同端口号是没有联系的。端口只有两类。一类是熟知端口,其数值一般为 0~1023,例如 FTP21、HTTP80 等。当一种新的应用程序出现时,必须由互联网指派名字和号码公司 ICANN 为它指派一个熟知端口。另一类则是一般端口,用来随时分配给请求通信的客户进程。

TCP 使用"连接"(而不仅仅是"端口")作为最基本的抽象,同时将 TCP 连接的端点称为插口(socket),或套接字、套接口。插口和端口、IP 地址的关系如图 5.19 所示。

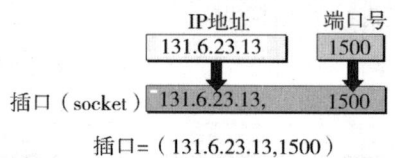

插口=(131.6.23.13,1500)

图 5.19 插口和端口、IP 地址的关系

5.2.4.2 用户数据报协议 UDP

UDP 只在 IP 的数据报服务之上增加了少部分的功能,即端口的功能和差错检测的功能。虽然 UDP 用户数据报只能提供不可靠的交付,但 UDP 在某些方面有其特殊的优点。发送数据之前不需要建立连接,UDP 的主机不需要维持复杂的连接状态表(不使用拥塞控制)。UDP 用户数据报只有 8 个字节的首部开销。网络出现的拥塞不会使源主机的发送速率降低。这对某些实时应用(IP 电话、实时视频会议)是很重要的。

UDP 用户数据报的首部格式如图 5.20 所示,用户数据报 UDP 包括数据字段和首部字段。首部字段有 8 个字节,由 4 个字段组成,每个字段都是 2 个字节。在计算检验和时,可临时把"伪首部"和 UDP 用户数据报连接在一起。伪首部仅仅是为了计算检验和。

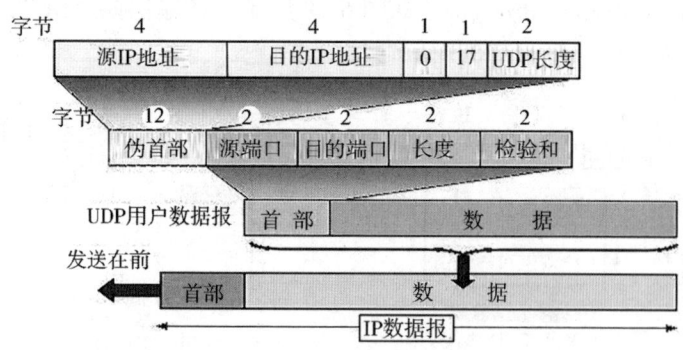

图 5.20 UDP 数据报的首部格式

5.2.4.3 传输控制协议 TCP

传输层中的 TCP 协议需要保证无差错、无丢失、无重复、按顺序到达的可靠交付服务,其比 UDP 协议复杂得多。应用程序在使用 TCP 协议之前,必须先建立 TCP 连接。在传送数据完毕后,必须释放已经建立的 TCP 连接。每一条 TCP 连接只能是点对点的全双工可靠通信。

如图 5.21 所示,TCP 报文段分为首部和数据两部分。保证 TCP 功能的控制参数都在它首部中各字段。TCP 报文段首部的前 20 字节是固定的,后面有 4N 字节是根据需要而增加的选项(N 是整数),因此 TCP 首部的最小长度是 20 字节。

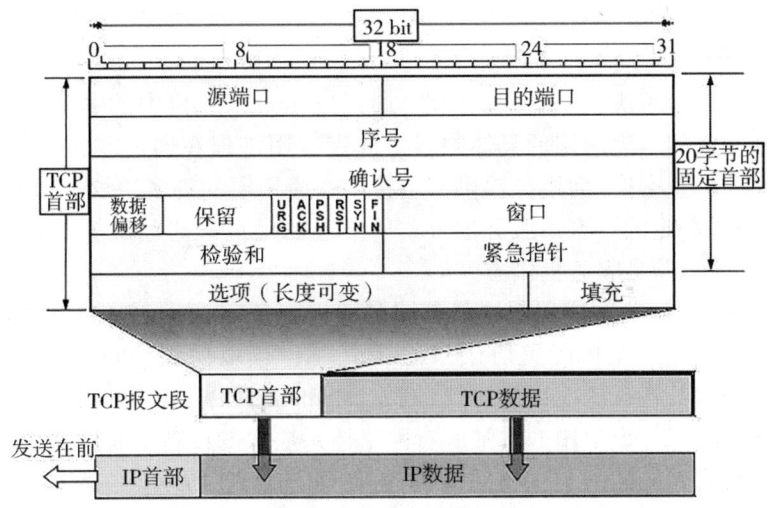

图 5.21　TCP 数据报文格式

下面以 Modbus TCP 传输层的通信过程为例,介绍 TCP 的连接管理过程。如图 5.22 所示,Modbus 主机为客户机,从机为服务器。服务器接受客户机的请求,将数据提交给客户机。这种客户/服务器通信过程是由客户向服务器发起连接请求,而服务器被动地等待来自客户机的请求。首先,客户机通过熟知端口号 502 向服务器发起连接,服务器响应,客户机反馈服务器,

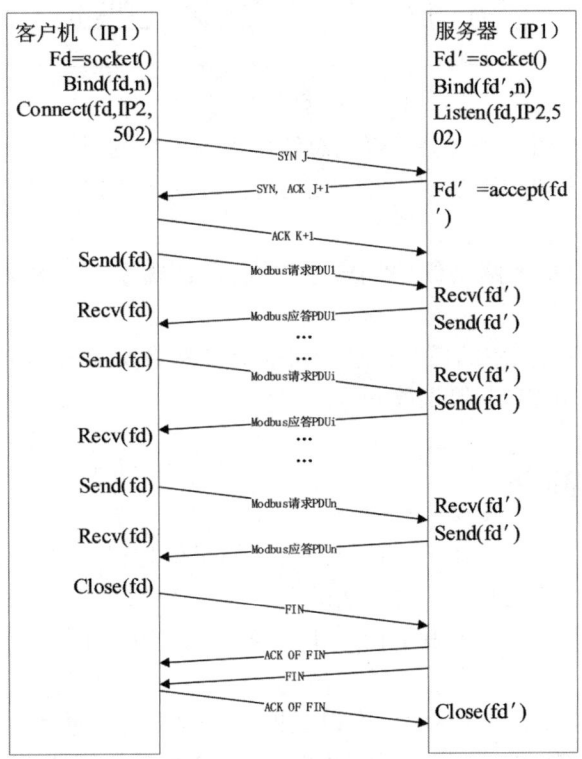

图 5.22　Modbus TCP 传输层的通信过程

这样经过 3 次交互就成功地建立了 TCP 连接。之后,就进入数据的通信过程,客户机提出请求,服务器应答。在数据通信完毕后,客户机向服务器提出通信终止,服务器响应,服务器向客户提出终止,客户响应,这样至少经过 4 次交互最终释放 TCP 连接。

5.2.5　应用层

应用层协议是为了解决某一类应用问题,通过位于不同主机中的多个应用进程之间的通信和协同工作来完成的。应用层的具体内容是规定应用进程在通信时所遵循的协议,实现各种应用进程之间的信息交换,为用户提供网络接口。应用层的许多协议都是基于客户(client)服务器(server)方式制定的。客户服务器方式所描述的是进程之间服务和被服务的关系。客户是服务请求方,服务器是服务提供方。

常用的 TCP/IP 的互联网应用层协议有域名解析服务(DNS)、文件传输协议(FTP)、超文本传输协议(HTTP)、动态主机配置协议(DHCP)、邮件读取协议(POP3)等,内容十分丰富。不同的工业以太网有其各自的应用层协议,例如,Modbus TCP、CIP、Profinet 等。

在工业网络中还有一个常用的贯穿所有网络体系层次的设备就是网关。网关主要用于不同体系结构的网络或者局域网与主机系统的连接,如图 5.23 所示。在互联设备中,它最为复杂,一般只能进行一对一的转换,或是少数几种特定应用协议的转换。

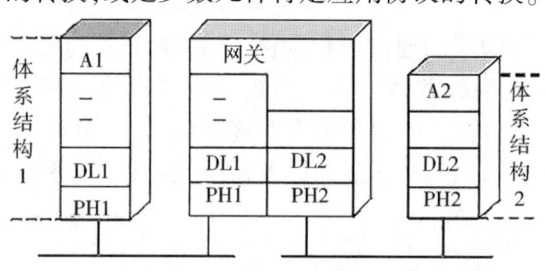

图 5.23　网关工作原理

在工业网络应用中,用户经常会将现场总线协议与上层的以太网协议数据间相互转化,主要包括:(1)格式变换,格式变换是将信息的最大长度、文字代码、数据的表现形式等变换成适用于对方网络的格式;

(2)地址变换,由于每个网络的地址构造不同,因而需要变换成对方网络所需要的地址格式;

(3)协议变换,把各层使用的控制信息变换成对方网络所需的控制信息,由此可以进行信息的分割/组合、数据流量控制、错误检测等。

5.3　工业以太网简介

目前,以太网已经统一了企业的管理层网络。如果能把以太网技术应用于现场控制层和设备层,将会便于实现企业的管理信息系统的垂直方向集成,而且会有利于实现不同厂家设备的横向兼容。因此,工业以太网企业架构将涉及企业网络的各个层次,既属于信息网络技术,也属于控制网络。

工业以太网是在继承或部分继承标准以太网(802.3 标准)原有核心技术的基础上,应对适应工业环境性、通信实时性、各节点间的同步性、特殊场合的信息安全和本安防爆性等要求给出的解决方案。如表 5.2 所列,目前比较有影响力的工业以太网标准有:Modbus TCP、EtherNet/IP、EtherNet Powerlink、PROFINet、SERCOS Ⅲ、EtherCAT 等。

如图 5.24 所示,工业以太网的数据封装严格遵循 TCP/IP 体系结构。在应用数据部分会有别于其他应用层的设计,会按照不同的工业网络协议标准制定,一般包括地址、功能码、数据、数据字典、校验码等内容。在运输层、网络层和数据链路层的封装与之前介绍的 TCP/IP 协议相一致。

表 5.2　各种工业以太网管理组织

序号	名称	管理组织	标志
1	Modbus TCP	Modbus-IDA（Modbus-Interface for Distributed Automation）	**Modbus-IDA**
2	EtherNet/IP	ODVA（Open Devicenet Vendors Association）	ODVA
3	EtherNet Powerlink	EPSG（EtherNet Powerlink Standardization Group）	ETHERNET POWERLINK
4	PROFINet	PI（Profibus International）	PROFIBUS
5	SERCOS Ⅲ	SI（SERCOS International）	SERCOS interface
6	EtherCAT	ETG（EtherCAT Technology Group）	EtherCAT.

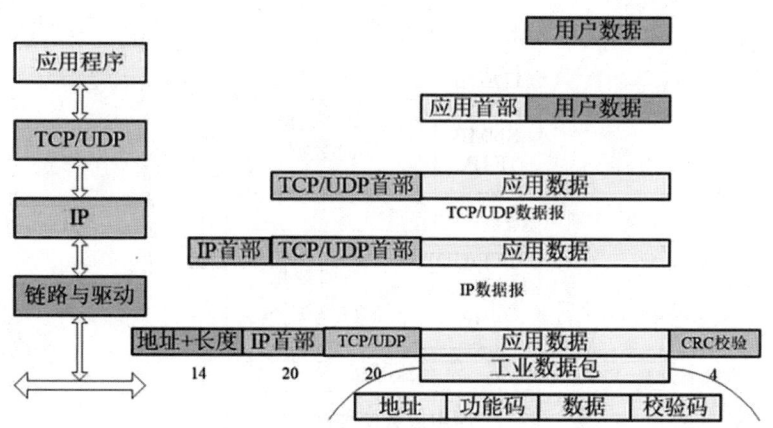

图 5.24　工业以太网的数据封装

5.3.1　工业以太网分类

工业以太网按硬件设计和实时设计分为 A、B、C 三种类型。

5.3.1.1 类型 A

类型 A 具有与标准以太网一致的通用以太网控制器硬件和标准 TCP/IP 协议,如图 5.25 所示。典型的类型 A 工业以太网协议有 Modbus TCP、EtherNet/IP、PROFINet/CbA(版本 1)等。

在类型 A 工业以太网协议中,所有的实时数据(如过程数据)和非实时数据(如参数配置数据)均通过 TCP/IP 协议传输。其优点是成本低廉,实现方便,完全兼容通用以太网;其缺点是实时性始终受到底层结构的限制。

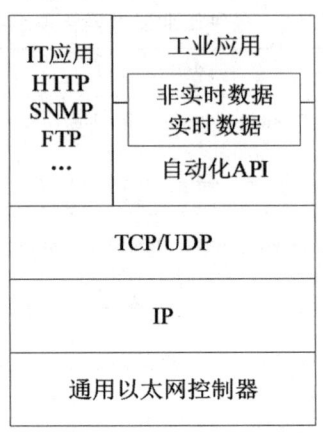

图 5.25　类型 A 工业以太网分类

5.3.1.2 类型 B

类型 B 工业以太网协议具有通用的以太网控制器硬件和自定义的实时数据传输协议。如图 5.26 所示,典型的类型 B 工业以太网协议有 EtherNet、Powerlink、PROFINet/RT(版本 2)等。

在类型 B 的工业以太网协议中,对于实时数据仍然采用通用的以太网控制器硬件,但不使用 TCP/IP 协议来传输,而是定义了一种专用的包含实时层的实时数据传输协议用来传输对实时性要求很高的数据。TCP/IP 协议栈用来传输非实时数据,但是其对以太网的读取受到实时层(Timing-layer)的限制,以提高实时性能。这种结构的优点是实时性较强,硬件与通用以太网兼容。

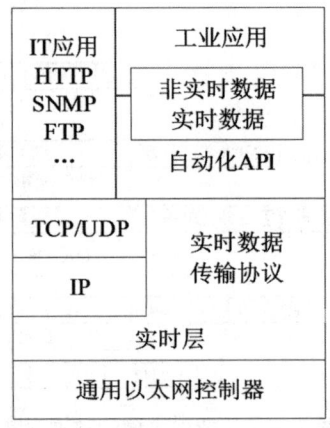

图 5.26　类型 B 工业以太网分类

5.3.1.3 类型 C

类型 C 工业以太网具有专用硬件、自定义实时数据传输协议。如图 5.27 所示,典型的类型 C 工业以太网协议有 EtherCAT、SERCOS Ⅲ、PROFINet/IRT(版本 3)等。

类型 C 工业以太网在类型 B 的基础上底层使用专有以太网控制器(至少在从站侧),以进一步优化性能。其优点是实时性强;缺点是成本较高,需使用专有协议芯片、交换机等。

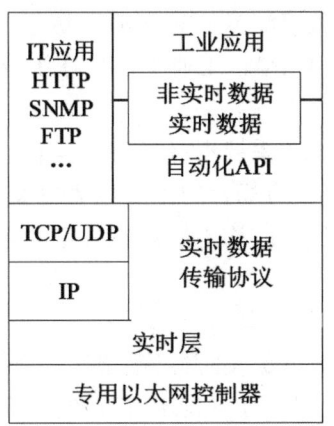

图 5.27　类型 C 工业以太网分类

5.3.2　工业以太网特色技术

5.3.2.1　应对环境适应的特色技术

工业以太网的硬件设计与普通的商业以太网设计有所不同,需要考虑到对工业现场环境的防水、防尘、防电磁干扰、耐温度变化等要求以及连接件带锁紧放脱机构设计等。图 5.28 是工业以太网的交换机和网线。

图 5.28　工业以太网的交换机和网线

5.3.2.2　通信非确定性的缓解措施

工业以太网对系统的工作确定性要求比较高,需要对通信速率和网络负荷有更高的要求。因此,工业以太网会尽可能地采用高通信速率以太网,以保证在相同的条件下缩短通信信号占用传输介质的时间。由于控制网络的通信量不大,随机性、突发性通信机会不多,其网络通信大多可以事先预计并做出相应安排。在网络负荷低于满负荷的 30% 时,可以基本满足一般控制系统的通信确定性要求。交换机以存储转发方式工作,可以看作具有多个端口的网桥,连接在同一个交换机上的设备不存在资源竞争问题。所以,工业以太网一般会尽可能使用交换机作为网络的连接和扩展设备。

5.3.2.3　实时以太网

工业以太网一般会对通信的实时性要求比较高,而传统的商业以太网对实时性的要求不高,这就需要在协议层次上对传统以太网进行丰富。工业以太网通过专门的设计可以使工业设备的同步精度达到毫秒,甚至微秒。

5.3.2.4　网络供电

网络传输介质在用于传输数字信号的同时,还为网络节点设备传递工作电源。利用5类双绞线的收发线将数字信号调制到直流或低频交流电源上;或利用5类双绞线剩余的线直接供电。目前的PoE(Power Over EtherNet)工业交换机在工业界得到广泛的应用。

5.3.2.5　本质安全

本质安全是指使生产设备或生产系统本身具有安全性,即使在误操作或发生故障的情况下也不会造成事故。例如,应用于危险场合的工业以太网交换机等网络设备的电路设计需要保障故障状态下产生的电火花和热效应均不能点燃规定的爆炸性混合物。

5.3.3　实时以太网

实时以太网是工业以太网针对通信实时性、确定性问题提出的解决方案,是工业以太网的特色与核心技术。目前,实时以太网还处于技术开发阶段,种类繁多,实时机制、性能、通信一致性存在较大差异。目前,实时以太网技术有:EtherNet/IP、PROFINet、P-NET、Interbus、VNET/IP、TCENT、ETHERCAT、POWERLINK、EPA、Modbus TCP、SERCOS Ⅲ等11个技术标准。

5.3.3.1　实时机制

实时以太网的实时机制分为硬件和软件两种方案。实时以太网的硬件实时机制需要有特殊的实时以太网通信控制器支持,例如PROFINet、EtherCAT、EtherNet PowerLink的通信参考模型在物理层或数据链路层就已经有别于普通以太网。实时以太网的软件实时机制通信参考模型在底层沿用普通以太网技术,借助上层的通信调度软件实现实时功能,例如EtherNet/IP、Modbus TCP就是采用了特殊的应用层协议实现实时功能,因而它们可以在普通以太网通信控制器的实时以太网的媒体访问控制的基础上实现。

5.3.3.2　实时以太网的介质访问控制

实时以太网一方面要满足工业控制对通信实时性的要求,另外还需要一定程度上兼容普通以太网的介质访问控制方式,以便有实时通信要求的节点与没有实时通信要求的节点可以共存于同一个网络。实时以太网的媒体访问控制有RT-CSMA/CD和确定性分时调度等多种方案。

（1）RT-CSMA/CD

RT-CSMA/CD协议是对标准CSMA/CD协议进行改造后形成的。在采用RT-CSMA/CD的实时以太网上,网络节点被划分为实时节点和非实时节点两类。非实时节点遵循标准的CSMA/CD协议,而实时节点遵循RT-CSMA/CD协议。

非实时节点在数据传输中如果检测到冲突,就停止发送,退出竞争。实时节点在数据传输中如果检测到冲突,则发送竞争信号。实时节点在竞争过程中按照优先级的高低决定是坚持继续发送数据,还是退出竞争而将介质访问控制权让给更高优先级的节点。RT-CSMA/CD协议可以保证优先级高的实时节点的实时性要求,提高了一部分节点的通信实时性。

（2）确定性分时调度

确定性分时调度是在标准以太网MAC层上增加实时调度层(Real-time Scheduler Layer)而实现的。实时调度层应一方面保证实时数据的按时发送和接收,另一方面安排时间处理非实时数据的通信。

确定性分时调度方案将通信过程划分为若干个固定时间片,如图5.29所示,每个时间片又分为起始段、周期性通信实时时段、非周期性通信实时时段和非周期性通信保留时段 4 个阶段。各阶段执行不同的任务,以保证实时和非实时数据分别在不同的阶段传输。

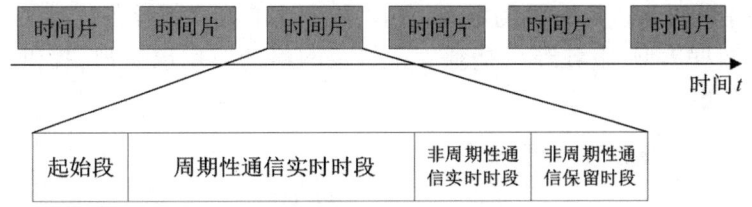

图 5.29　确定性分时调度

起始段:主要用于进行必要的准备和时钟同步。

周期性通信实时时段:主要用于保证周期性实时数据的传输,在整个周期性通信段内为各节点传输周期性实时数据,安排好各自的微时隙。有周期性实时数据通信需求的节点都有自己的微时隙,各节点只有在分配给自己的微时隙内才能进行数据通信,确定性分时调度方法从根本上防止了冲突的发生,为满足通信实时性创造了条件。

非周期性通信实时时段:主要用于传输非实时数据,为普通 TCP/IP 数据包提供通过竞争传输非实时数据的机会。

非周期性通信保留时段:用于发布时钟、控制时钟同步、实行网络维护等。

目前,实时以太网中节点之间的实时同步精度已经可以达到微秒级,实时性已经可以与实时性能较高的现场总线相媲美,但其仍然处于发展和完善之中。

5.4　几种典型的工业以太网简介

5.4.1　EtherNet/IP

EtherNet/IP 的"IP"是工业协议(Industrial Protocol)的缩写,是在 2000 年 3 月由 Control Net International 和 ODVA(Open DeviceNet Vendors Association)共同开发的工业以太网标准。EtherNet/IP 实现实时性的方法是在 TCP/IP 层之上增加了用于实时数据交换和运行实时应用的 CIP(Common Industrial Protocol)协议。

EtherNet/IP 在物理层和数据链路层采用标准的以太网技术,在网络层和传输层使用 IP 协议和 TCP、UDP 协议来传输数据。UDP 是一种非面向连接的协议,它能够工作在单播和多播的方式,只提供设备间发送数据报的能力。对于实时性很高的 I/O 数据、运动控制数据和功能性安全数据,使用 UDP/IP 协议来发送。而 TCP 是一种可靠的、面向连接的协议。对于实时性要求不是很高的数据(如参数设置、组态和诊断等)采用 TCP/IP 协议来发送。

5.4.2　通用工业协议 CIP

ODVA(Open DeviceNet Vendor Association)和 CI(ControlNet International)两大工业网络组织汇聚了全球范围内众多的、领先的工业自动化公司。2003 年,ODVA 和 CI 已经正式签署协议,共同推动基于通用工业协议 CIP 的工业网络应用层协议。

CIP 的架构如图 5.30 所示,为开放的现场总线 DeviceNet、ControlNet、CompoNet、EtherNet/IP 等网络提供了公共的应用层和设备描述。它建立在单一的、与介质无关的平台上,为从工业现场到企业管理层提供无缝通信,使用户可以整合跨越不同网络的有关安全、控制、同步、运动、报文和组态等方面的信息。作为设备间进行自动化数据传输的通信协议,CIP 把每一个网络设备看作一系列对象的集合,每个对象也只是一组设备相关数据的集合,称为属性,它通过设备描述对网络中的设备进行完整的定义。CIP 是设计工业控制设备的基于对象的一种方法(例如体系结构、数据类型、服务等),是独立于特定网络的应用层协议,提供了访问数据和控制设备操作的服务集。

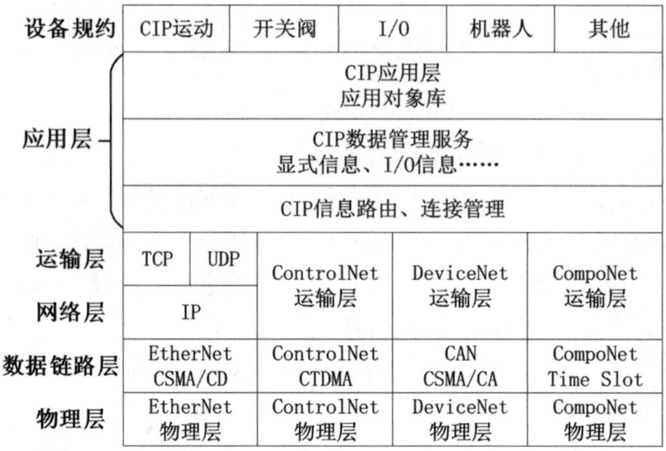

设备规约	CIP运动	开关阀	I/O	机器人	其他
应用层	CIP应用层 应用对象库				
	CIP数据管理服务 显式信息、I/O信息……				
	CIP信息路由、连接管理				
运输层	TCP	UDP	ControlNet 运输层	DeviceNet 运输层	CompoNet 运输层
网络层	IP				
数据链路层	EtherNet CSMA/CD	ControlNet CTDMA	CAN CSMA/CA	CompoNet Time Slot	
物理层	EtherNet 物理层	ControlNet 物理层	DeviceNet 物理层	CompoNet 物理层	

图 5.30　CIP 的架构

5.4.3　PROFINet

PROFINet 是由 PI(Profibus International)组织提出的工业以太网标准。从 2004 年 4 月开始,PI 与 Interbus 总线俱乐部(Interbus Club)联手,负责合作开发与制定 PROFINet 的相关标准。Profibus 技术和 Interbus 技术可以在整个控制系统中无缝集成。PROFINet 技术是适用于不同需求的完整解决方案,其功能包括 8 个主要的模块,依次为实时通信、分布式现场设备、运动控制、分布式自动化、网络安装、IT 标准和信息安全、故障安全和过程自动化。

现在 PROFINet 有三个版本,能够实现包括 TCP/IP 标准通信和实时通信,其中实时通信又包括:SRT 和 IRT。在这些版本中,PROFINet 提出了对 IEEE 802.1 D 和 IEEE 1588 进行实时性扩展的技术方案;同时,根据不同的实时性要求采用不同的实时通道技术。

5.4.4　EPA

EPA 是在国家高技术研究发展计划的支持下,由浙江大学、清华大学、浙江中控技术股份有限公司、大连理工大学、中科院自动化研究所等单位联合制定的,用于工业测量和控制系统的实时以太网标准。

EPA 实现实时性的方法是在 ISO/IEC 8802.3 协议所规定的数据链路层之上增加了一个 EPA-CSME(Communication Scheduling Management Entity,通信管理实体)。用于对数据报文的调度管理,它支持两种通信调度方式:一是非实时的通信使用 CSMA/CD 通信机制,用来传输非实时数据,不进行任何缓冲和处理;二是实时性使用确定性调度方式,可以避免网络中报文的碰撞,用来传输实时数据。

目前,一些公司,比如浙江浙大中控信息技术有限公司,已经开发了多种 EPA 产品,包括基于 EPA 的控制系统,基于 EPA 的变送器、执行器、远程分散控制站、数据采集器、现场控制器、无纸记录仪。基于 EPA 的分布式网络控制系统已在工厂中得到成功应用。

5.4.5 EtherNet Powerlink

EtherNet Powerlink(EPL)是由奥地利贝加莱(B&R)工业自动化公司于 2001 年开发出来的实时以太网解决方案。2003 年,全球自动化和驱动行业的领军公司成立了 EPSGC EtherNet Powerlink 标准化组织来标准化和强化 Powerlink 技术。

EPL 实现实时性的方法是对 TCP/IP 协议栈进行了实时扩展,引入了时间槽通信网络管理(Slot Communication Network Management,SCNM)机制来保证实时数据的传输,并消除了 CSMA/CD 的不确定性。

5.4.6 SERCOS Ⅲ

串口实时通信系统(Serial Real Time Communication System,SERCOS)在 1989 年诞生,并在 1995 年成为国际标准 IEC 61491—26。到目前为止,SERCOS 已历经三代的发展:SERCOS Ⅰ,SERCOS Ⅱ, SERCOS Ⅲ。SERCOS Ⅲ是 SERCOS 成熟的通信机制和工业以太网相结合的产物,它既具有 SERCOS 的实时特性,又具有以太网的特性。

SERCOS Ⅲ具有的优点有:基于工业以太网,数据传输速率高达 100 Mbit/s;能够实现标准的 TCP/IP 通信;能够使用双绞线和光纤通信;具有线型和环型的拓扑结构;支持从站与从站之间的交叉通信;支持从站的热插拔;支持与安全相关的数据传输;向下兼容以前的 SERCOS 总线协议。SERCOS Ⅲ采用 TDMA(时分多路复用)的通信机制实现以太网的实时性和确定性。它能够使用线型或环型的拓扑结构与驱动器、I/O 设备、传感器相连接,但是不支持星型结构。

5.4.7 EtherCAT

EtherCAT 是由德国倍福(Beckhoff)公司于 2003 年提出的实时工业以太网技术。到目前为止,该组织是全球最大的工业以太网组织,已拥有近 3 000 个会员,由此可以看出 EtherCAT 技术在工控领域中的地位和作用将越来越重要。经过几年的发展,EtherCAT 已获得广泛的认可,进入多种相关的国际标准中:IEC 61158 中的 Type12;IEC 61784 的 CPF12;在 IEC 61800 中,EtherCAT 支持 CANopen DS402 和 SERCOS 规范;在 ISO15745 中,EtherCAT 支持 DS301。

EtherCAT 完全符合以太网标准,普通的以太网卡、交换机、路由器等标准组件都可以在 EtherCAT 中使用,也可以使用普通以太网使用的电缆或光缆。EtherCAT 支持总线型、星型、树型等多种拓扑结构。由于采用以太网帧数据格式,EtherCAT 能够封装大量的设备数据。EtherCAT 拥有多种应用层协议接口来支持多种工业设备行规,这使得用户和设备制造商很容易从现场总线向 EtherCAT 转换。

5.5 Modbus TCP 协议

5.5.1 Modbus TCP 协议简介

为了满足用户和市场对将 TCP/IP 以太网应用于工业系统的要求,1998 年施耐德电气公司推出了 Modbus TCP 协议。Modbus TCP 协议是第一个采用 TCP/IP 以太网用于工业自动化领域的标准协议,是至今唯一获得互联网编号分配管理机构(Internet Assigned Numbers Authority,IANA)赋予 TCP 端口的自动化通信协议。

Modbus TCP 是运行在 TCP/IP 协议应用层上的 Modbus 报文传输协议,如图 5.31 所示。通过此协议,控制器相互之间通过网络(例如以太网)可以和其他设备通信。Modbus TCP 是开放的协议,IANA 给 Modbus 协议赋予 TCP 端口号为 502,这是目前在仪表与自动化行业中唯一分配到的端口号。

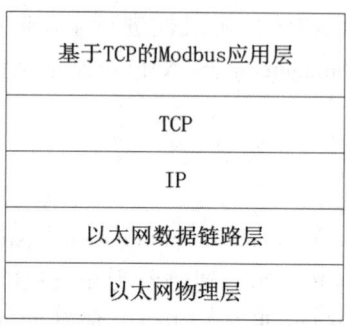

图 5.31　Modbus TCP 体系结构

Modbus TCP 具有以下特点:

(1)用户可免费获得协议及样板程序;

(2)网络实施价格低廉,可全部使用通用网络部件;

(3)易于集成不同的设备,几乎可以找到任何现场总线连接到 Modbus TCP 的网关;

(4)网络的传输能力,100 M 以太网可以实现每秒 4 000 个左右 Modbus TCP 报文的传输。

TCP/IP 已成为信息行业的事实标准。世界上 93% 的网络使用 TCP/IP,只要在应用层使用 Modbus TCP,就可实现工业以太网数据交换。目前,中国已把 Modbus TCP 作为工业网络标准之一。在国外,Modbus TCP 被国际半导体业 SEMI 定为网络标准,国际水处理、电力系统也把它作为应用的事实标准,还有越来越多的行业把 Modbus TCP 作为标准来使用。

5.5.2　Modbus TCP 通信结构

Modbus TCP 通信设备的工作环境一般是通用的以太网系统,一般包括在 TCP/IP 网络和串行链路子网之间互联的网桥、路由器或网关等互联设备,还有连接至 TCP/IP 网络的 Modbus TCP/IP 客户机和服务器设备。需要强调的是,Modbus 的串行链路协议与 Modbus TCP 协议不兼容,如果联合使用需要网关设备进行协议间的相互转换。

5.5.3　Modbus TCP 数据帧

Modbus TCP 数据帧与串行链路数据帧虽然有一定的联系,但整体的区别还是比较大的。如图 5.32 所示,Modbus TCP 的功能码和数据部分与 Modbus 串行链路数据帧一致,取消了附加地址和差错校验部分,增加了 Modbus 应用层协议 MBAP 报文头。MBAP 报文头包括事务处理标识符、协议标识符、长度、单元标识符等,其解析如表 5.3 所列。

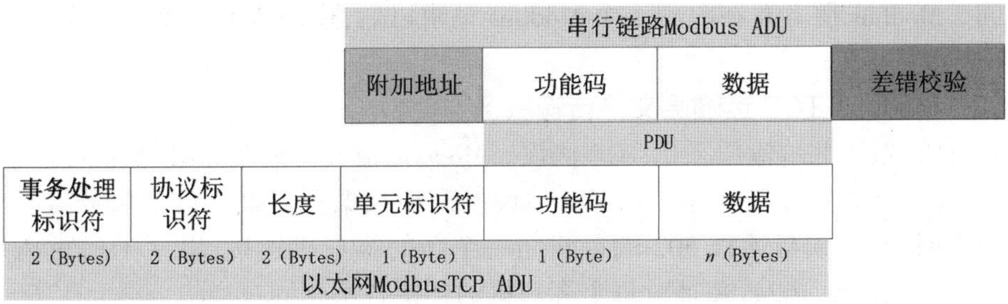

	串行链路Modbus ADU			
附加地址	功能码	数据		差错校验
		PDU		

事务处理标识符	协议标识符	长度	单元标识符	功能码	数据
2（Bytes）	2（Bytes）	2（Bytes）	1（Byte）	1（Byte）	n（Bytes）
			以太网ModbusTCP ADU		

图 5.32　Modbus TCP 与 Modbus 串口协议比较

表 5.3　MBAP 报文头解析

域	长度（字节）	描述	客户机	服务器
事务处理标识符	2	Modbus 请求/响应事务处理的识别	客户机启动	服务器从接收的请求中重新复制
协议标识符	2	0＝Modbus 协议	客户机启动	服务器从接收的请求中重新复制
长度	2	随后字节的数量	客户机启动（请求）	服务器（响应）启动
单元标识符	1	串行链路或其他总线上连接的远程从站的识别	客户机启动	服务器从接收的请求中重新复制

　　下面举一个具体的例子。主机向从机发送报文 00010000000904 1000000001020001，以实现向从机的某保持寄存器写入值的功能。报文的具体解析如表 5.4 所列。

表 5.4　Modbus TCP 应用举例

Modbus 控制命令为:00010000000904 1000000001020001		
分段	码值	解释
MBAP	0001	事务处理标识符
	0000	协议标识符
	0009	后续字节数
	04	设备标识符,即从站地址
PDU	10	功能码,写多个保持寄存器值
	0000	第一个地址,即地址 1
	0001	写寄存器的个数,1 个
	02	后续所写数据的长度
	0001	具体写的数据

5.5.4　Modbus TCP 报文传输服务

5.5.4.1　Modbus TCP 的主从机制

　　与串行 Modbus 类似,Modbus TCP 系统一般也包含一个主机和多个从机。所有的工作请求都由主机发起,从机响应主机的请求。主机由 Modbus 客户机担任,从机由 Modbus 服务器担任。Modbus 客户机允许用户应用控制与远程设备的信息交换。Modbus 客户机根据用户应用向 Modbus 客户机接口的发送要求中所包含的参数来建立一个 Modbus 请求。Modbus 客户接口提供一个接口,使得用户应用能够生成各类 Modbus 服务的请求,该服务包括对 Modbus 应用对象的访问。Modbus 服务器在收到一个 Modbus 请求以后,模块激活一个本地操作进行读、写或完成其他操作。

5.5.4.2 Modbus TCP 运输层文件传输服务

Modbus TCP 系统的传输层采用 TCP 协议。Modbus 报文传输服务必须在 502 端口上提供一个监听套接字,允许接收新的连接和与其他设备交换数据。当报文传输服务需要与远程服务器交换数据时,它必须与远程 502 端口建立一个新的客户机连接,以便于远距离地交换数据。本地端口必须高于 1024,并且对每个客户机的连接各不相同。

如图 5.22 所示,Modbus TCP 的通信过程如下:

(1)用 Connect 命令建立与目标设备的连接。

(2)准备 Modbus 报文包括 7 个字节的 MBAP 在内的请求。

(3)使用 Send 命令发送报文。

(4)在同一连接下等待应答。

(5)用 Recv 命令读取报文,完成一次数据交换过程。当通信任务结束时,关闭 TCP 连接,使 Modbus TCP 服务器可为其他客户机服务。

5.6 基于以太网的 Modbus TCP 通信实验

基于 485 的以太网的 Modbus TCP 通信实验是为本课程工业以太网和 Modbus TCP 协议课程内容配套的实验环节。实验目的是加深对以太网通信的理解,掌握 Modbus TCP 主从原理、IP 地址设置等;掌握 ModbusPoll 软件的使用;加深对 Modbus TCP 协议的理解,掌握 Modbus TCP 协议的基本应用。

5.6.1 基于以太网的 Modbus TCP 通信实验结构及实验环境要求

如图 5.33 所示,本实验包括两个 I/O 模块作为从设备和一个主设备。主设备为一个 PC 机,通过网线与交换机相连,两个 I/O 模块从设备也通过网线与交换机相连,这样就构成了基于以太网的 Modbus TCP 通信实验系统。在 3.4 小节中已经介绍过实验系统部分,一些重复的内容在这里不做赘述。本实验的 PC 机安装了 Win7 操作系统,并安装了 ModbusPoll 软件和 I/O 模块自带的参数配置与监控软件。

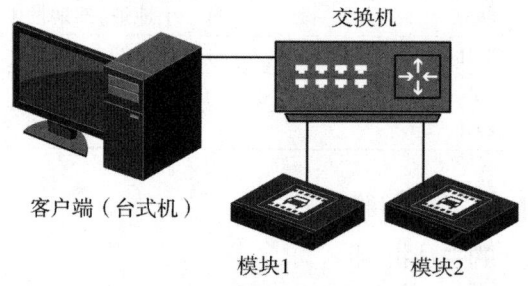

图 5.33 基于以太网的 Modbus TCP 通信实验结构

5.6.2 Modbus 协议说明

Modbus TCP 通信实验会用到 FTK-AC09260 模块中的 Modbus 协议部分。表 5.5 和表 5.6

介绍此模块 Modbus 协议相关的功能码、寄存器地址和 I/O 硬件资源分配。

5.6.2.1 Modbus 寄存器说明(见表 5.5)

表 5.5 Modbus 寄存器说明

功能操作	指令码	寄存器名称	地址范围
读光耦输入电平状态	2	离散寄存器	20000~20003
读光耦脉冲计数	4	输入寄存器	40000~40007
读写继电器开关状态	01、05、15	线圈寄存器	10000~10001
读模拟输入值(μA)	4	输入寄存器	40032
写模拟输出值(mV)	3	保持寄存器	30180

5.6.2.2 I/O 对应 Modbus 寄存器(见表 5.6)

表 5.6 I/O 寄存器地址

I/O	寄存器名称	地址/计算方式
DI1 状态(0:OFF,1:ON)	离散寄存器	20000
DI2 状态(0:OFF,1:ON)	离散寄存器	20001
DI3 状态(0:OFF,1:ON)	离散寄存器	20002
DI4 状态(0:OFF,1:ON)	离散寄存器	20003
DI1 脉冲计数值	输入寄存器	40000~40001
DI2 脉冲计数值	输入寄存器	40002~40003
DI3 脉冲计数值	输入寄存器	40004~40005
DI4 脉冲计数值	输入寄存器	40006~40007
DO1 状态(0:OFF,1:ON)	线圈寄存器	10000
DO2 状态(0:OFF,1:ON)	线圈寄存器	10001
AI 采样值(μA)	输入寄存器	40032
AO 输出值(mV)	保持寄存器	30180

5.6.2.3 Modbus TCP 报文示例

本例实现主机读取从机 1 的第 1 路 AI 状态的功能。主机(客户端)发送:00 85 00 00 00 06 01 04 9C 60 00 01,从机(服务器端)返回 00 85 00 00 00 05 01 04 02 33 F3。表 5.7 和表 5.8 是对发送和接收报文的解析。

表 5.7 主机发送读取从机 1 第 1 路 AI 值的报文帧

Tx:0085		0000	0006	01	04	9C 60	0001
MBAP 报文头(固定 7 字节)				PDU 协议数据单元			
0085	0000	0006	01	04	9C60		0001
事务处理标识符	协议标识符	长度,后面有 6 个字节	单元标识符,即设备 1	功能码,读输入寄存器,即读取实验箱上的电流输入值	起始地址,表示为 40032		数量,表示读输入寄存器的数量为 1

表 5.8　从机 1 设备返回第 1 路 AI 值

Rx:0085		0000	0005	01	04	02	33F3
MAP 报文头（固定 7 字节）					PDU 协议数据单元		
0085	0000		0005	01	04	02	33F3
事务处理标识符	协议标识符		长度，后面有 5 个字节	单元标识符，即设备 1	功能码，读输入寄存器，即读取实验箱上电流输入值	返回数据的字节长度	数值，即输入寄存器中的数值，十进制为 13299

5.6.3　实验相关软件安装和配置

本实验需要用到 FTK-AC09260 远程 I/O 模块配套的参数配置与监控软件 V1.6 和 ModBusPoll 两款软件。参数配置与监控软件用来实现 FTK-AC09260 的参数配置和功能测试；ModBusPoll 用来仿真 Modbus 主机，实现与 Modbus 从机 FTK-AC09260 远程 I/O 模块间的通信。由于实验中会用到以太网，进入实验前首先要对其进行配置。

5.6.3.1　参数配置与监控软件

参数配置与监控软件用来实现 FTK-AC09260 的参数配置和功能测试，功能包括：设备连接、设备配置、实时监控、AI 校准和地址信息等。其中设备连接、设备配置和实时监控为本实验常用功能。使用时，直接运行参数配置与监控软件 V1.6.exe 文件即可。

（1）设备连接

设备连接界面如图 5.34 所示，是让目标 FTK-AC09260 模块与 PC 机建立连接。FTK-AC09260 可以在 485 模式或以太网模式连接 PC 机，连接后才能进行设备配置和实时监控。在连接前需要已知当前的工作模式。在当前工作模式处于 485 模式时，需要将实验系统配置为以太网模式；在当前工作模式处于以太网模式时，则可以直接进行 Modbus TCP 实验。

如果配置工作完成，只有保证 PC 机和从机的 IP 地址、子网掩码、网关等网络通信参数相匹配，才能将目标模块连入 PC 机。

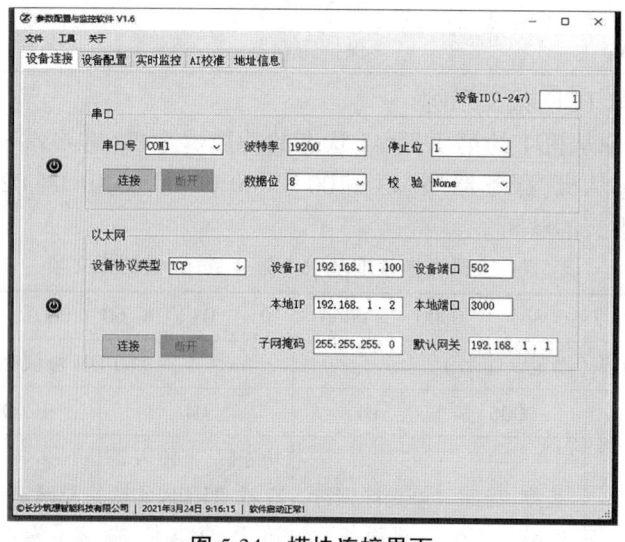

图 5.34　模块连接界面

（2）设备配置

将目标模块设备连入 PC 机后就可以进入设备配置界面，如图 5.35 所示。在进入该界面后,首先要点击"读取配置"按钮,将连接模块的配置读入。学生可以按实验要求设置参数,点击"写入配置",将修改后的参数写入连接模块。

在 Modbus TCP 通信实验中需要按图 5.35 配置好从机模块,将 Modbus 通信接口下拉列表选为 ETH,其他的以太网参数如设备协议类型、IP 地址、子网掩码、默认网关、DNS、端口号等参数参考图示配置。配置好后,重新启动程序就可以在设备连接界面按设置好的 IP 地址将模块连入 PC 机。需要注意的是,PC 机和两个模块的 IP 地址应保证在一个网段,且不能够重复。

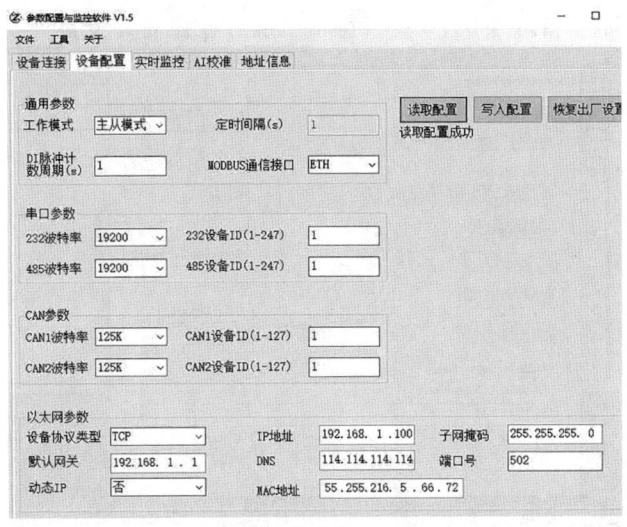

图 5.35 设备配置界面

（3）实时监控

将目标模块设备连入 PC 机后就可以进入实时监控界面,如图 5.36 所示。在进入该界面后点击"启动"按钮,就可以显示数字输入、数字输出、脉冲计数、模拟输入信息,也可以点击数字输出的红点来控制开关输出。这个界面也可以用于对目标模块设备进行测试。

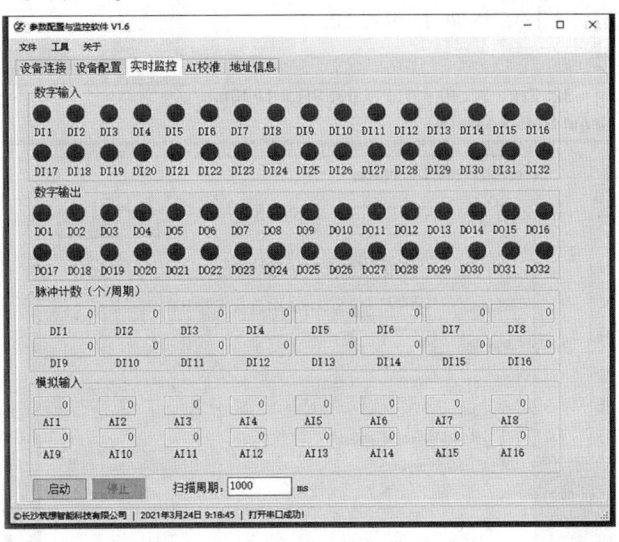

图 5.36 实时监控界面

5.6.3.2 ModbusPoll 软件

ModbusPoll 是一个模拟 Modbus 协议主机的上位机软件,主要用于模拟主机测试从机设备通信的过程。目前,该软件支持 01、02、03、04、05、06、15、16 功能码,异常报文检测,原始报文查看,数据记录等功能,是调试 Modbus 协议栈的好帮手。

(1)主机连接

点击菜单栏"Connection"→"Connect..."弹出连接配置窗口,如图 5.37 所示。在"Connection"选项下选择"Modbus TCP/IP",IP 地址与模块 IP 地址相一致,其他参数参照图 5.37 所示。

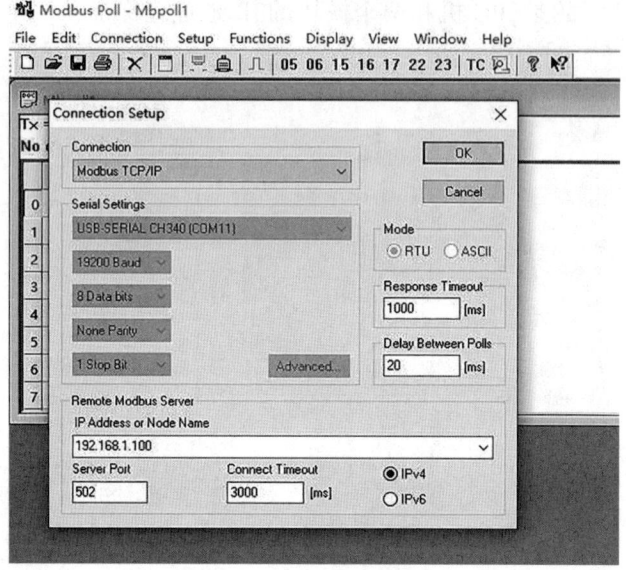

图 5.37　连接配置窗口

(2)主机请求执行

主机连入以太网后就可以向目标从机发送各种请求帧。点击菜单栏"Setup"→"Read/Write Definition"弹出命令发送窗口,如图 5.38 所示。在这个界面中选择好目标从机的 ID(Slave ID)、执行功能(Function)、访问的地址(Address)、访问数据的数量(Quantity)等参数,点击"OK"执行请求,进入图 5.39 所示的界面。

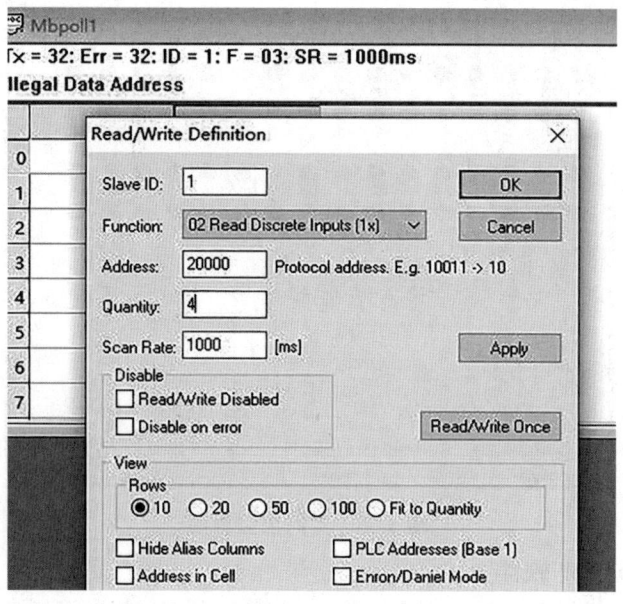

图 5.38　命令发送窗口

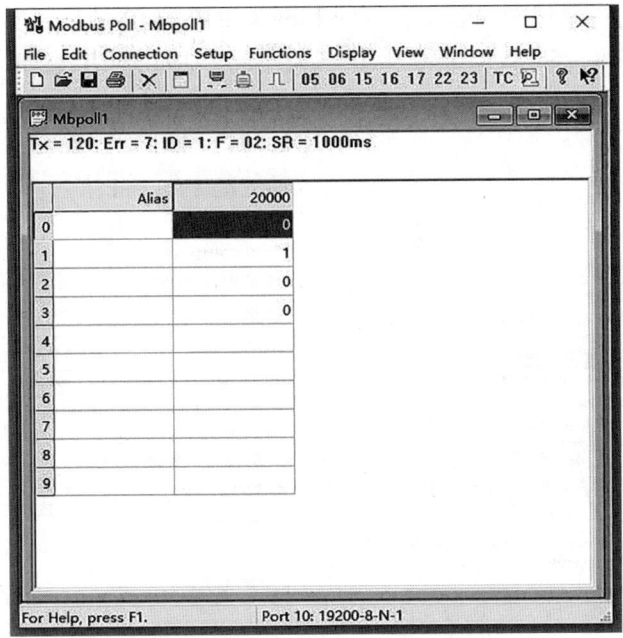

图 5.39   输入开关状态观察界面

（3）帧的观测

点击菜单栏"Display"→"Communication Traffic"弹出帧观察窗口，如图 5.40 所示。在这个界面里可以显示主机发送的请求帧和从机返回的响应帧，也可以进行存储、拷贝、清空等数据操作。这个界面可以作为实验中的数据记录。

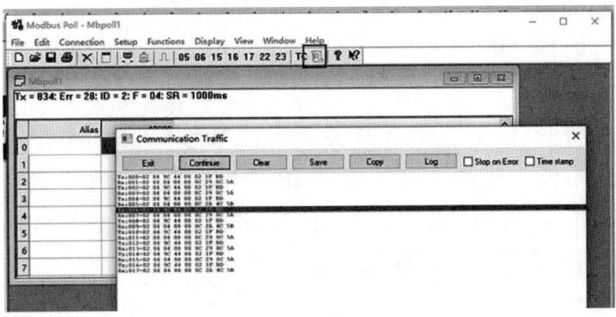

图 5.40   帧观察窗口

5.6.4   实验步骤介绍

5.6.4.1   ModbusPoll 软件安装

以管理员身份运行，或双击 ModbusPoll Setup 64Bit；单击 Connection→Connect，弹出注册窗口，输入注册码，点击"OK"按钮，注册成功。

5.6.4.2   主机 IP 地址的设置

如果实验模块配置为以太网模式，需要按此步骤来将模块以以太网方式与 PC 机的参数配置与监控软件连接。这时需要对 PC 机的网络配置进行修改。如图 5.41 所示，PC 机选择控制面板→网络和 Internet→以太网连接；然后点击鼠标右键以太网→选属性→按左下图选择→属性→按右下图设置。由于模块的复位默认配置为以太网模式，所以需要将 PC 机的 IP 地址设置为与模块 IP 在同一局域网段且不与模块和网关重复的 IP 地址。实验中可以设置为 192. 168.1.2,子网掩码设置为 255.255.255.0,默认网关设置为 192.168.1.1,如图 5.41 所示。

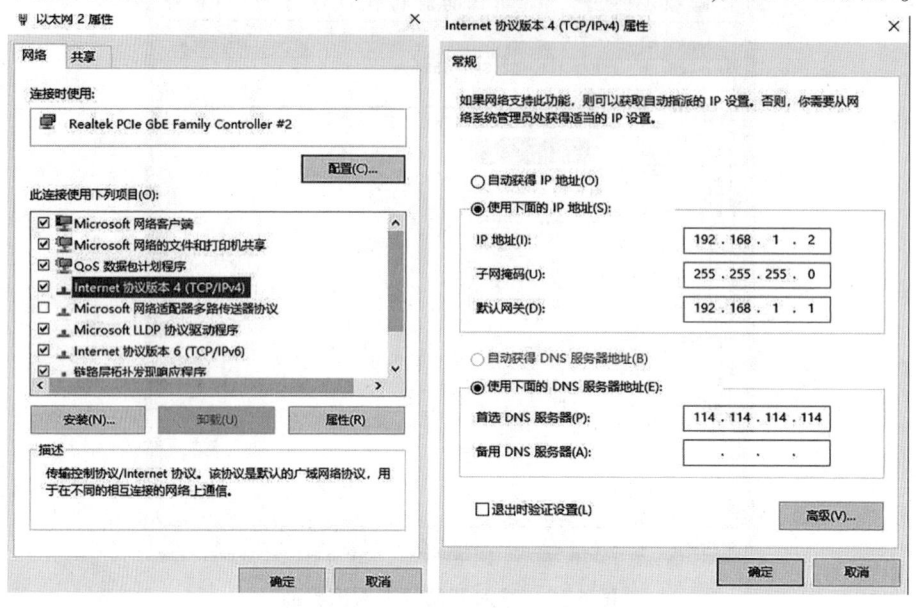

图 5.41　PC 机网络配置界面

5.6.4.3　设备复位

设备使用前如果无法确知设备的工作状态,可以将设备复位到出厂状态。用曲别针或牙签等压按设备复位按钮(在以太网口旁边)3~5 s,直至状态灯有快闪出现。设备复位状态为以太网模式,默认 IP 地址为 192.168.1.100。

5.6.4.4　模块 IP 地址配置

(1)模块 1 IP 地址配置

将模块 1 电源开关打开,模块 2 电源开关关闭。参考 5.6.3.1 中参数配置与监控软件配置网络参数,注意 IP 地址不能与模块 2 和主机的 IP 地址重复。运行“参数配置与监控软件”,点“连接”;进入设备配置页,点击“读取配置”;将“Modbus 通信接口”选择为“ETH”,“IP 地址”设置为“192.168.0.100”;点击“写入配置”。

(2)模块 2 IP 地址配置

与模块 1IP 地址配置类似,将模块 2 电源开关打开,模块 1 电源开关关闭。运行“参数配置与监控软件”,点击“连接”;进入设备配置页,点击“读取配置”;将“Modbus 通信接口”选择为“ETH”,“IP 地址”设置为“192.168.0.200”;点击“写入配置”。

(3)设备测试

模块 1 和模块 2 同时上电;通过以太网连接设备;设置 IP 地址为 192.168.1.100;连接设备;再启动一个“参数配置与监控软件”进程;通过以太网连接设备;设置 IP 地址为 192.168.1.200;连接设备。进入实时监控页,点击“启动”按钮;操作输入开关观察界面数字输入的变化;点击界面数字输出观察设备输出灯的变化;分别观察两个进程的运行状况。模块测试界面如图 5.42 所示。

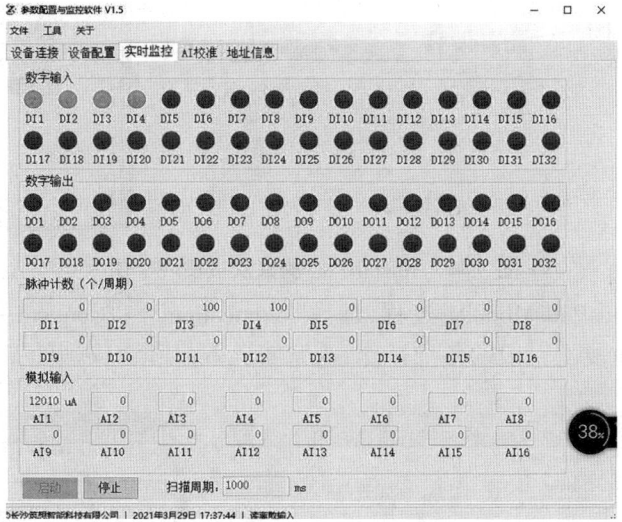

图 5.42 模块测试界面

5.6.4.5 ModbusPoll 连接到模块

如图 5.43 所示,运行 ModbusPoll-Mbpoll1 软件,点击菜单栏"Connection"→"Connect…"弹出连接配置窗口。这个界面设置 PC 机端的 Modbus TCP/IP 各项参数,IP 地址设为 192.168.1.100,这些参数要与模块设置串口通信参数相一致;Server Port 填写 502;其他点"OK"按钮,将主机连入以太网。选择"Connection"→"Connect";点击"OK"按钮。

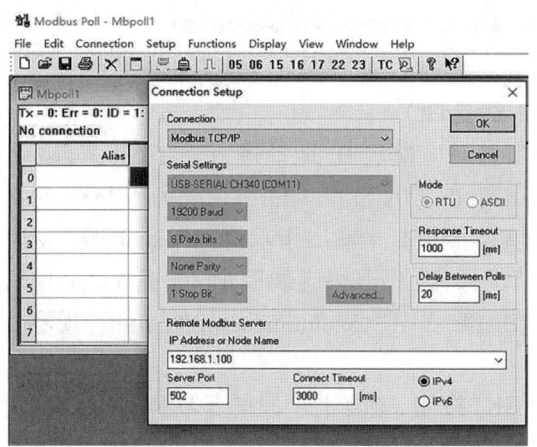

图 5.43 TCP/IP 连接配置

5.6.4.6 ModbusPoll 测试 DI

如图 5.44 所示,点击菜单栏"Setup"→"Read/Write Definition"或图标,弹出命令发送窗口;设置访问目标模块的 ID 号;选择"Function"功能码 02,读离散输入(02 Read Discrete Inputs〔1x〕);"Address"设为 20000,对应实验面板输入开关地址;"Quantity"设为 4,对应实验面板 4 个输入开关;"Scan Rate"设为 1000,扫描间隔 1000 ms;点击"OK"按钮,执行主机请求操作;调整模块 1 对应输入开关,观察执行结果;调出"Display"→"Communication Traffic",观察主机的请求帧和从机模块响应帧的内容。调整开关并观察变化。

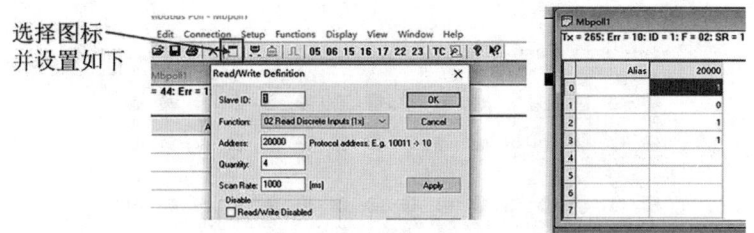

选择图标
并设置如下

图 5.44　ModbusPoll 测试从机模块 1 DI

再运行一个 ModbusPoll-Mbpoll1 进程,选择"Connection"→"Connect…";注意 IP 地址项设置为 192.168.1.200;重复上一段的各项操作,观察实验效果和协议帧的变化,如图 5.45 所示。

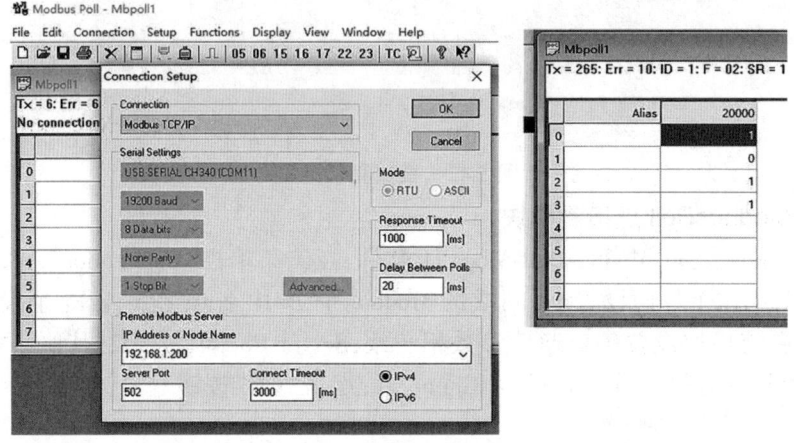

图 5.45　ModbusPoll 测试从机模块 2 DI

5.6.4.7　ModBusPoll 测试 DO

如图 5.46 所示,选择实验对应模块 IP 地址进行连接(参考步骤 5.6.4.6);选择"Function"功能码 01,读线圈(01 Read Coils〔0x〕);"Address"设为 10000,对应实验面板输出指示灯地址;"Quantity"设为 2,对应实验面板 2 个输出指示灯;"Scan Rate"设为 1000,扫描间隔 1000 ms;点击"OK"按钮执行主机请求操作;双击相应线圈值,设置 Value 值,点击"Send"按钮,观察实验效果;实验过程中调出"Display"→"Communication Traffic",观察主机的请求帧和从机模块响应帧的内容。

选择另一模块,点击"OK"按钮,重复上一段的各项操作,观察实验效果和协议帧的变化。

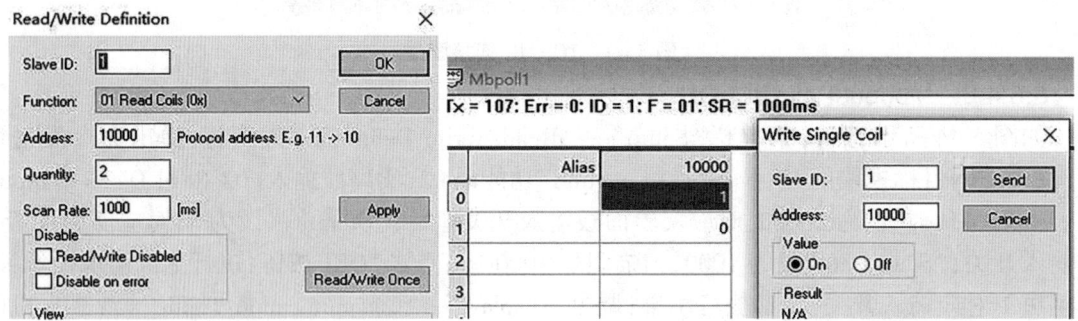

图 5.46　DO 实验

5.6.4.8 ModbusPoll 测试 AI

如图 5.47 所示,选择实验对应模块 IP 地址进行连接(参考步骤 5.6.4.6);选择"Function"功能码 04,读输入寄存器(04 Read Input Registers〔3x〕);"Address"设为 40032,对应实验面板输入电流信号源;"Quantity"设为 1,对应实验面板 1 个输入电流信号源;"Scan Rate"设为 1000,扫描间隔 1000 ms;点击"OK"按钮执行主机请求操作;调整面板电流输入值,观察界面数据变化;实验过程中调出"Display"→"Communication Traffic",观察主机的请求帧和从机模块响应帧的内容。

选择另一模块,点击"OK"按钮,重复上一段的各项操作,观察实验效果和协议帧的变化。按图 5.47 中右图的设置,点击"OK"按钮观察实验结果。

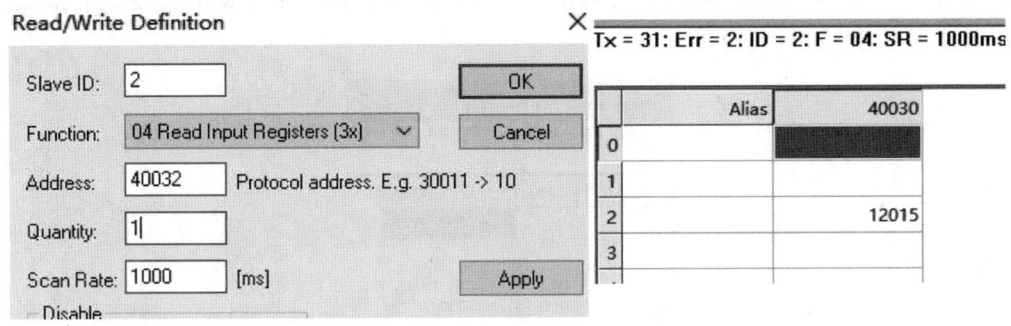

图 5.47　AI 读取配置界面

5.6.4.9 ModbusPoll 测试 AO

如图 5.48 所示,选择实验对应模块 IP 地址进行连接(参考步骤 5.6.4.6);选择"Function"功能码 03,读保持寄存器(03 Read Holding Registers〔4x〕);"Address"设为 30180,对应实验面板输出电压数据地址;"Quantity"设为 1,对应实验面板 1 个输出电压信号源;"Scan Rate"设为 1000,扫描间隔 1000 ms;点击"OK"按钮执行主机请求操作;双击相应项目,设置 Value 值,点击"Send"按钮,观察电压表读值;实验过程中调出"Display"→"Communication Traffic",观察主机的请求帧和从机模块响应帧的内容。

选择另一模块,点击"OK"按钮,重复上一段的各项操作,观察实验效果和协议帧的变化。按右图设置,点击"OK"按钮观察实验结果。双击相应项目,设置 Value 值,点击"Send"按钮,观察电压表读值。

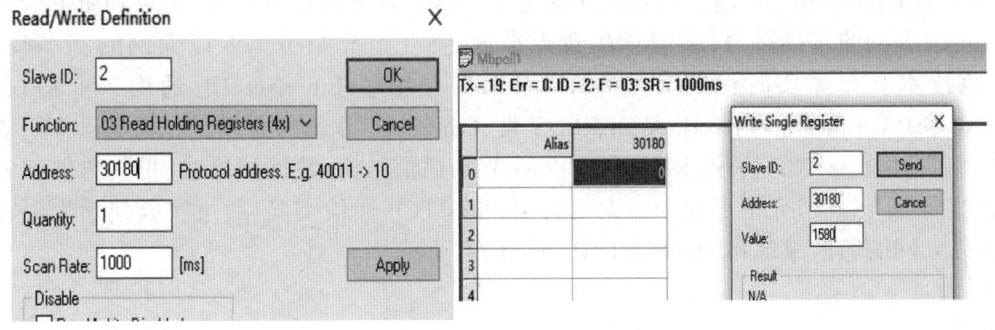

图 5.48　AO 写入操作

5.6.4.10 ModbusPoll 测试脉冲计数

这个实验是一个开放的实验,与步骤 5.6.4.8 比较相似。实验面板设置一个 PWM 方波发生器,作为模块高速计数的方波信号输入源。在这个实验中不给出具体的实验过程,以考验学生对 Modbus TCP 协议掌握的程度。这个实验中已知:模块 2 的脉冲计数的输入寄存器地址,如表 5.9 所示。

表 5.9 模块 2 的脉冲计数的输入寄存器地址

DI3 脉冲计数值	输入寄存器	40004～40005
DI4 脉冲计数值	输入寄存器	40006～40007

参考步骤 5.6.4.8,尝试读取脉冲计数值。学生调整实验面板上 PWM 脉冲发生器,观察计数结果及实验效果,如图 5.49 所示。

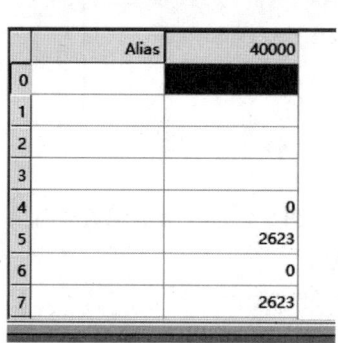

图 5.49 脉冲计数结果显示界面

小结

本章主要介绍了工业以太网和 Modbus TCP 协议的原理和实验。本章分为 6 个小节:5.1 节主要介绍了工业以太网与计算网络的关系,从定义、作用范围、节点类型、任务与工作环境、实时性要求等几个方面讨论了它们之间的异同点。5.2 节介绍了 TCP/IP 体系结构,按照物理层、数据链路层、网络层、运输层以及应用层五个层次叙述了各层的功能、地址和协议。这一小节是工业以太网的基础部分,需要学生重点掌握。5.3 节介绍了工业以太网的基本概念、分类、特色技术和保障实时性的方法。5.4 节简要介绍了 EtherNet/IP、通用工业协议 CIP、PROFINet、EPA、EtherNet Powerlink、SERCOS Ⅲ、EtherCAT 等几种典型的工业以太网。5.5 节重点介绍了 Modbus TCP 协议,讲述了 Modbus TCP 通信结构、数据帧格式、报文传输服务等几个方面的内容。5.6 节介绍了基于以太网的 Modbus TCP 通信实验,通过实验使学生更容易掌握工业以太网的通信原理和 Modbus TCP 协议的本质。

思考题

1.工业网络与普通的计算机网络有何异同?

2.TCP/IP 协议分几层? 每一层的功能是什么? 每一层有哪些典型设备?

3.对于一个正常的 MAC 帧一般有哪些要求?

4.对于分类 IP 地址,分类原则是什么?

5.什么是私有 IP 地址? 这种地址是如何应用的?

6.计算机网络中的 MAC 地址、IP 地址和端口号形式是什么? 在网络中的用处是什么?

7.图 5.8 中存在几个网络?

8.对于带有子网划分功能的网络,子网掩码的作用是什么?

9.工业以太网如何分类?

10.工业以太网有何特点?

11.简单介绍三种典型的工业以太网。

12.简述 Modbus TCP 的主从机与计算机网络的客户机和服务器的关系。

13.在 Modbus TCP 的实验中,两个从机模块和主机的 IP 地址设定过程有哪些需要注意的事项?

14.Modbus TCP 与 ModbusRTU 的报文格式有何区别?

15.在 Modbus TCP 的实验中,分析实验步骤 5.6.4.10 中 ModbusPoll 测试脉冲计数中的主机发送帧和从机响应帧。

6 工业无线网络

6.1 工业无线网络概述

无线网络（Wireless Network）是指利用无线电射频（Radio Frequency, RF）或红外线（Infrared Ray, IR）等无线传输媒体与技术构成的通信网络系统。无线网络技术涵盖的范围很广，根据网络覆盖范围的不同，可以将无线网络划分为无线广域网（Wireless Wide Area Network, WWAN）、无线局域网（Wireless Local Area Network, WLAN）和无线个域网（Wireless Personal Area Network, WPAN）。无线广域网是基于移动通信基础设施，由网络运营商（例如中国移动、中国联通、Softbank 等运营商）所经营，负责一个城市甚至一个国家所有区域的通信服务。无线局域网则是一个负责在短距离范围之内无线通信接入功能的网络，其网络连接能力非常强大。无线个域网则是用户个人通过通信设备将所拥有的便携式设备进行短距离无线连接的无线网络。无线局域网和无线个域网一般采用近距离无线连接进行优化的红外线技术及射频技术，是目前发展最迅速的领域之一。其很多应用已经扩展到工业领域，成为满足某些工业应用需求的必然选择，并逐渐形成了各种工业无线网络标准。

工业自动化无线网技术（Wireless Networks for Industrial Automation, WIA）作为无线网络的重要分支，是 2000 年前后逐渐发展起来的一项面向工业现场设备间信息交互的无线通信网络技术。目前，工业自动化无线网技术的标准比较多，一般针对不同的应用采用不同的频段和网络协议，有各自立足的特点，或基于传输速度、距离、耗电量的特殊要求，但没有一种技术完美到可以满足所有的要求。例如，工业 Wi-Fi 一般用于近距离的大数据传输；工业 Bluetooth 主要用于设备外设间的个人网络数据交换；ZigBee 用于近距离、小范围的物联网；LoRa 和 NB-IoT 用于长距离的物联网。工业无线控制网络 WirelessHART、ISA100.11a 和 WIA-PA 等主要面向过程自动化；WISA、WSAN-FA、WIA-FA 等工业无线网络主要面向工厂自动化。工业无线网技术能够为各种传感器、控制器和各种现场数据采集设备等建立无线网络通信，不但成为有线工业网络有益的补充，也成为未来工业网络的发展趋势。

目前，在各种工业无线网技术中，物联网技术应用最为广泛，发展最为迅猛。物联网技术，作为新一代信息技术的重要组成部分，顾名思义，就是物物相连的互联网。这其中有两层含义：第一，物联网的核心和基础仍然是互联网，是在互联网基础上延伸和扩展的网络；第二，其用户端延伸和扩展到了物品与物品之间，进行信息交换和通信，也就是万物相连。下面将简单介绍物联网典型体系架构和典型网络协议。

物联网应用中无线技术主要分为两种，一种是近距离无线技术，比如蓝牙、Wi-Fi，另外一种则是组成广域网的技术，如 2G/3G/4G。在低功率广域网络（Low-Power Wide-Area Network）LPWAN 技术产生前，通常远距离和低功耗两者只能取其一。LPWAN 技术产生后，远距离和低功耗问题得到平衡，除可以实现更长距离通信和超低功耗外，还可以节省额外的中继器成本。不同无线网络技术的对比如图 6.1 所示。

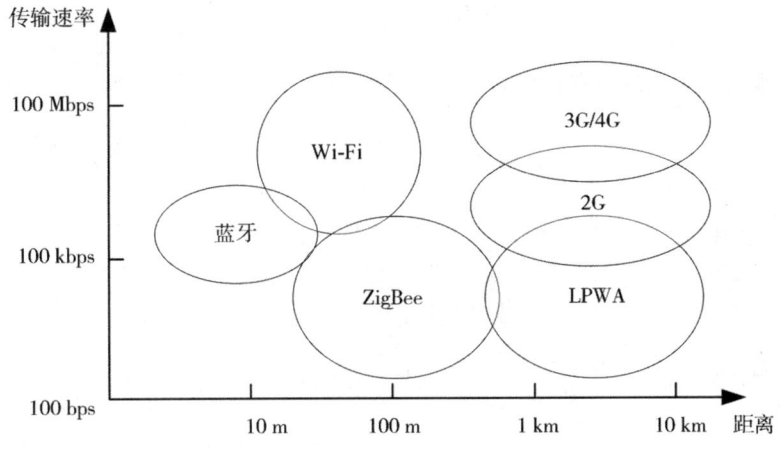

图 6.1　不同无线网络技术的对比

6.1.1　物联网典型体系架构

物联网是在互联网和移动通信网等网络通信的基础上,针对不同领域的需求,利用具有感知、通信和计算的智能物体自动获取现实世界的信息,将这些对象互联,实现全面感知、可靠传输、智能处理,构建人与物、物与物互联的智能信息服务系统。物联网体系结构主要由三个层次组成:感知层(感知控制层)、网络层和应用层组成,如图 6.2 所示。

(1)感知层

感知层主要分为两类:自动感知设备,能够自动感知外部物理信息,包括传感器、RFID 及读写设备、智能监控设备等;人工生成信息设备,包括智能手机、个人数字助理(PDA)、计算机等。

(2)网络层

网络层,包括接入层、汇聚层和核心交换层。接入层相当于计算机网络的物理层和数据链路层,RFID 标签、传感器与接入层设备构成了物联网感知网络的基本单元。汇聚层位于接入层和核心交换层之间,进行数据分组汇聚、转发和交换,本地路由、过滤、流量均衡等。核心交换层为物联网提供高速、安全和具有服务质量保障能力的数据传输。

(3)应用层

应用层分为管理服务层和行业应用层。管理服务层通过中间件软件实现感知硬件和应用软件之间的物理隔离和无缝连接,提供海量数据的高效汇聚、存储,通过数据挖掘、智能数据处理计算等,为行业应用层提供安全的网络管理和智能服务。行业应用层为不同行业提供物联网服务,涵盖智能医疗、智能交通、智能家居、智能物流等。行业应用层主要由各种应用层协议组成,不同的行业需要制定不同的应用层协议。

在物联网整个体系结构中,信息安全、网络管理、对象名字服务和服务质量保证是用到的共性技术。下面将分别介绍 ZigBee、LoRa 和 NB-IoT 三个比较有代表性的无线物联网协议。

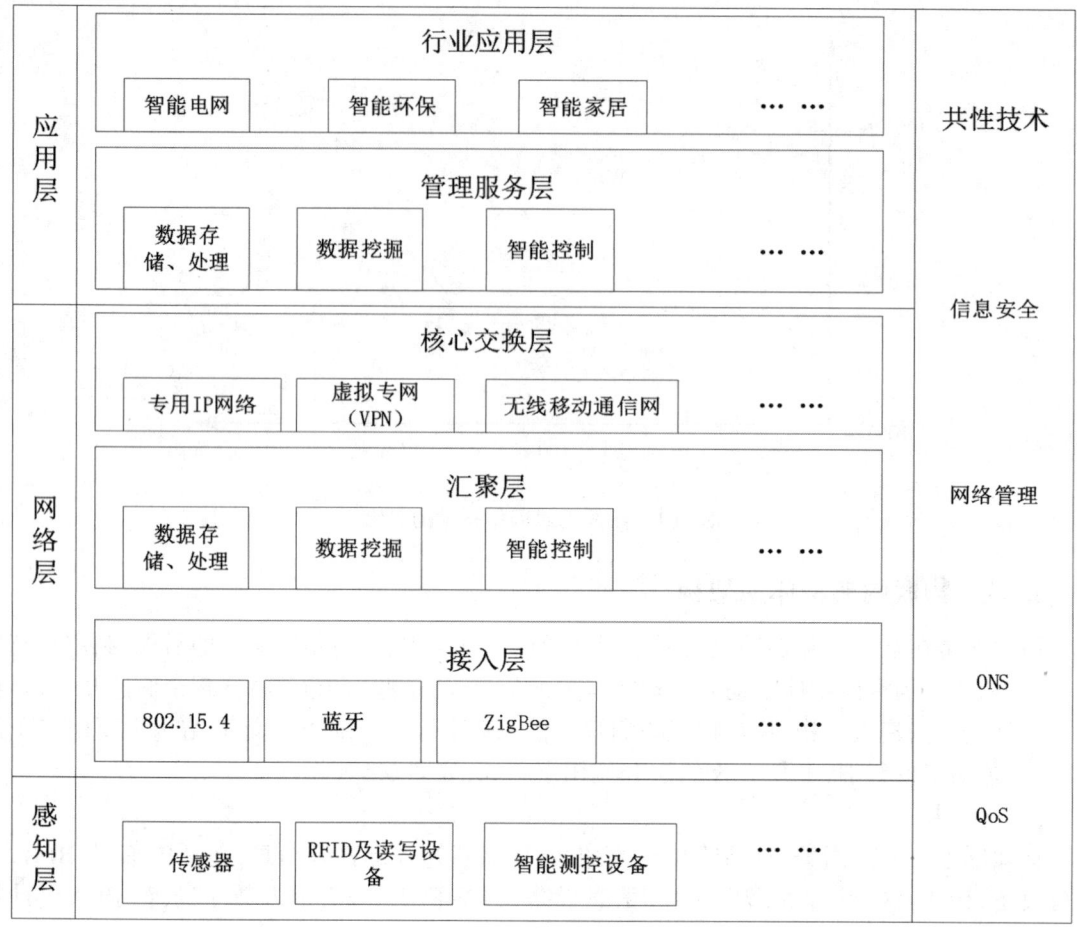

图 6.2　物联网典型体系架构

6.1.2　ZigBee

ZigBee 名字起源于蜜蜂之间传递信息的方式。蜜蜂通过一种特殊的肢体语言告知同伴新发现的事物源的位置信息,这种肢体语言是 ZigZag 型舞蹈,借此意义来为新一代无线通信技术命名。ZigBee 技术是一种短距离、低复杂度、低功耗、低数据速率、低成本的无线网络技术,在工业控制、消费性电子设备生产、汽车自动化、家庭和楼宇自动化、医用设备控制等领域得到越来越广泛的应用。

6.1.2.1　ZigBee 的发展

2000 年 12 月,IEEE 成立了 IEEE 802.15.4 工作组,致力于定义一种供固定、便携或移动设备使用的极低复杂度、低成本、低功耗、低速率的无线连接技术,主要负责制定物理层和 MAC 层的协议。ZigBee 联盟成立于 2002 年 8 月,由英国 Invensys 公司、日本三菱电机公司、美国摩托罗拉公司以及荷兰飞利浦半导体公司组成,如今已吸引了上百家芯片公司、无线设备公司和开发商的加入。ZigBee 联盟负责制定网络层及以上层协议。2003 年 12 月,Chipcon 公司推出第一款符合2.4 GHz IEEE 802.15.4 标准的射频收发器 CC2420。2004 年 12 月,Chipcon 公司推出全球第一个 IEEE 802.15.4 片上系统解决方案——CC2430 无线单片机,该芯片内部集成了一款增强型的 8051 内核以及当时业内性能卓越的射频收发器 CC2420。2005 年 12 月,

Chipcon 公司推出内嵌定位引擎的 IEEE 802.15.4 解决方案——CC2431。2006 年 2 月,TI 公司收购 Chipcon 公司,又相继推出一系列芯片,比较有代表性的片上系统如 CC2530。TI 公司在软件方面发展的速度比较快,2007 年 1 月,TI 公司宣布推出 Z-Stack 协议栈,目前已为全球众多开发商广泛使用。

TI 公司开发的 Z-Stack 协议栈是一个半开源的协议栈,是一款免费的协议栈,其功能强大、易于使用,适用于各种 ZigBee 应用的开发。Z-Stack 内嵌了 OSAL 操作系统,采用标准的 C 语言代码,使用 IAR 开发平台,比较易于学习,是一款适合工业级应用的协议栈。

6.1.2.2　ZigBee 的特点

(1)数据传输速率低:10~250 kbit/s,专注于低传输应用;

(2)功耗低:在低功耗待机模式下,两节普通 5 号电池可使用 6~24 个月;

(3)成本低:数据传输速率低,协议简单,所以大大降低了成本;

(4)网络容量大:网络可容纳 65 000 个设备;

(5)时延短:典型搜索设备时延为 30 ms,休眠激活时延为 15 ms,活动设备信道接入时延为 15ms;

(6)通信可靠:网络的自组织、自愈能力强;

(7)数据安全:提供了数据完整性检查和鉴权功能,采用 AES-128 加密算法(美国新加密算法,是目前最好的文本加密算法之一)。

6.1.2.3　ZigBee 的应用举例

ZigBee 的应用领域广泛,应用场景也十分丰富。下面以无线智能家居和无线三表远程抄表系统、传感器网络应用、电子医疗监护为例简要介绍其应用。

(1)无线智能家居

无线智能家居是利用 ZigBee 技术实现的智能家居系统。在智能家居系统中,无线通信可以用于家居设备之间的互联互通,实现智能家居的自动化和远程控制功能。通过无线智能家居系统,用户可以通过手机等移动终端随时随地远程操控家居设备,实现智能化的家居生活。

(2)无线三表远程抄表系统

基于 ZigBee 技术的无线三表远程抄表系统是一种利用无线通信技术实现的远程抄表系统。该系统包括数据收集模块和数据通信模块。每幢单元楼设置一个远端节点,一个小区设置一个中心节点,中心节点数据通过 GPRS/CDMA 或 ADSL 上传到集抄中心。数据收集模块可以周期性地或根据监控中心的指令,以无线方式与电能仪表通信,获取电力信息(功耗、电流等信息)。数据通信模块可以周期性地或通过监控中心的指令与本地用户负载控制器进行无线通信,获取负载控制器的状态,并进行开/关操作等。通过 ZigBee 技术的无线通信,远程抄表系统的无线化和智能化得以实现,提高了抄表的效率和准确性。

(3)传感器网络应用

传感器网络也是最近的一个研究热点,在货物跟踪、建筑物监测、环境保护等方面都有很好的应用前景。传感器网络要求节点低成本、低功耗,并且能够自动组网、易于维护、可靠性高。在组网和低功耗方面的优势使得它成为传感器网络应用时一个很好的技术选择。

(4)电子医疗监护

电子医疗监护是现阶段的研究热点。医生在人体身上安装传感器,如测量脉搏、血压,监测健康状况,或者在人体周围环境(如在病房环境)放置一些监视器和报警器,可以随时对人的身体状况进行监测,一旦发生问题,及时通知医院的值班人员做出反应。这些传感器、监视器和报警器可以通过 ZigBee 技术组成一个无线监测网络,这样可以保障被监护的人自由地行动,同时还能享受在线监测服务。

6.1.3 LoRa(Long Range Radio)

LoRa 是一种长距离低功耗的无线通信网络,是最早由法国几位年轻人创立的一家创业公司 Cycleo 推出的基于 LoRa 技术的一整套 LoRa 通信芯片解决方案。该方案在 2016 年得到 400 多家企业和组织的支持,形成的产品应用到各个领域。2012 年 Semtech 收购了这家公司。

6.1.3.1 LoRa 网络架构

LoRa 网络构架由节点/端点、网关、网络服务器和应用服务器四部分组成(见图 6.3),应用数据可双向传输。LoRa 技术不需要建设基站,一个网关便可控制较多设备,并且布网方式较为灵活,可大幅度降低建设成本。

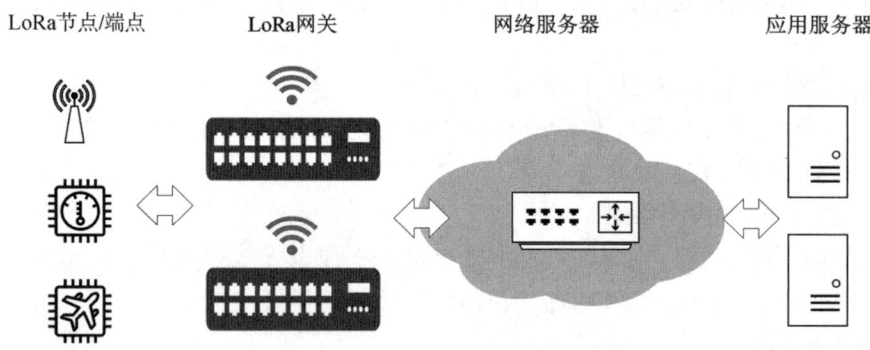

图 6.3 LoRa 架构

(1)LoRa 节点/端点:LoRa 的终端节点可能是各种设备,如水表、气表、烟雾报警器、宠物跟踪器等。这些节点内置 LoRa 模块,通过 LoRa 无线通信与 LoRa 网关连接。

(2)LoRa 网关:LoRa 网关是一个透明传输的中继,负责连接终端设备和后端中央服务器。网关与每个节点进行通信,采用星型拓扑结构。网关可以通过以太网或 3G/4G 等网络与后端服务器连接。

(3)网络服务器:网络服务器管理 LoRa 网络中的所有节点,处理来自网关的数据,并将其转发到相应的应用服务器。网络服务器还负责处理节点的加入、退出以及数据传输等请求。

(4)应用服务器:应用服务器是最终处理和应用数据的部分。它可以接收来自网络服务器的数据,并根据业务需求进行处理和分析。

6.1.3.2 LoRa 的特点

(1)传输距离:城镇可达 2~5 km,郊区可达 15 km;

(2)低成本:免费频段、基础建设成本低、节点终端成本低;

(3)容量:一个 LoRa 网关可以连接成千上万个 LoRa 节点;

(4)电池寿命:接收电流 10 mA,休眠电流<200 nA,电池寿命长达 10 年;

(5)安全:AES128 加密;

(6)传输速率:通常在 300 bit/s 至 50 kbit/s 之间,速率越低,传输距离越长。

6.1.3.3　LoRa 应用举例

LoRa 技术因为其低功耗、深度覆盖、容易部署等优势非常适用于要求功耗低、距离远、大量连接以及定位跟踪等的物联网应用,如智慧油田、智慧农业、智慧水务、物流追踪、智能建筑等应用领域。

(1)智慧油田

利用各种在线的、实时测量的感知设备,诸如安装在油气水井、管道、油气处理、加工、储运设备上的各种仪表等信息传感设备,将传感器采集到的数据传输到企业服务中心和云平台,以实现智能化管理。

(2)智慧农业

对农业来说,低功耗、低成本的传感器是迫切需要的。温湿度、二氧化碳、盐碱度等传感器的应用对于农业提高产量、减少水资源的消耗等有重要的意义,这些传感器需要定期地上传数据,而且很多偏远的农场或者耕地并没有覆盖蜂窝网络,而 LoRa 就十分适用于这样的场景。

(3)智慧水务

通过数采仪、无线网络等在线监测设备实时感知城市供排水系统的运行状态,并采用可视化的方式有机整合水务管理部门与供排水设施,以更加精细和动态的方式管理水务系统的整个生产、管理和服务流程。

(4)物流追踪

追踪或者定位市场的一个重要的需求就是终端的电池使用寿命。物流追踪可以作为混合型部署的实际案例。物流企业可以根据定位的需要部网,LoRa 可以提供这样的便捷部署方案。

(5)智能建筑

对于建筑的改造,加入温湿度、安全、有害气体、水流监测等传感器,并且定时地将监测的信息上传,方便了管理者的监管和运维。

6.1.4　NB-IoT(Narrow Band Internet of Things)

NB-IoT 是物联网领域一个新兴的技术,支持低功耗设备在广域网的蜂窝数据连接,也被叫作低功耗广域网(LPWAN),于 2015 年由华为、高通、沃达丰、德国电信等公司联合提出。相比蓝牙等短距离通信技术,LPWAN 具备广覆盖、可移动以及大连接数等特性,能够带来更加丰富的市场前景。2016 年,NB-IoT 的标准、芯片、网络等技术发展到比较成熟的阶段,商业应用也形成规模。

6.1.4.1　NB-IoT 系统架构

NB-IoT 系统架构如图 6.4 所示,包括 NB-IoT 终端、无线网侧、核心网侧(EPC)、物联网支撑平台及应用服务器五个部分。

(1)NB-IoT 终端:主要是通过无线接口连接到基站。NB-IoT 终端主要包含行业终端与NB-IoT 模块。行业终端包括芯片、模组、传感器接口、终端等;NB-IoT 模块包括无线传输接口、软 SIM 装置、传感器接口等。

(2)无线网侧:包括两种组网方式,一种是整体式无线接入网 (Single Radio Access Network ,Single RAN),其中包括 2G/3G/4G 以及 NB-IoT 无线网;另一种是 NB-IoT 新建,主要承担天线接口接入处理、小区管理等相关功能,并通过 S1-lite 接口与 IoT 核心网进行连接,将非接入层数据转发给高层网元处理。

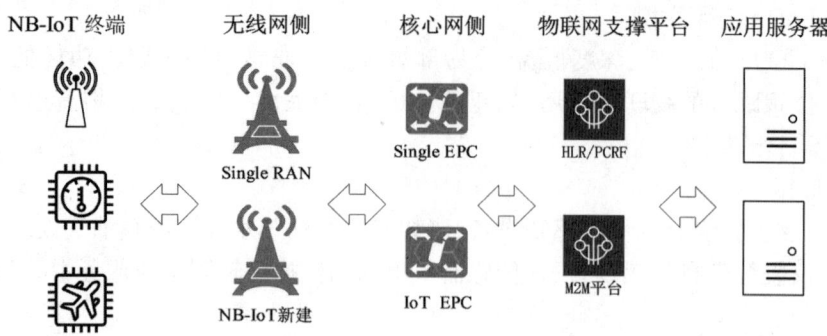

图 6.4　NB-IoT 系统架构

（3）核心网侧：网元包括两种组网方式，一种是整体式的演进分组核心网（Evolved Packet Core，EPC）网元，包括 2G/3G/4G 核心网；另外一种是物联网核心网（IoT EPC）。核心网侧通过 IoT EPC 网元，以及 GSM、UITRAN、LTE 共用的 EPC，来支持 NB-IoT 和 eMTC 用户的接入。

（4）物联网支撑平台：包括归属位置寄存器（Home Location Register，HLR）、策略控制和计费规则功能单元（Policy Control and Charging Rules Function，PCRF）、物联网（Machine to Machine，M2M）平台等。这些平台为用户开放网络能力，使得各种终端设备能够接入网络，进行数据存储、数据路由以及转发，为上层应用提供数据推送、设备管理、数据查询、下发命令等功能。

（5）应用服务器：是 IoT 数据的最终汇聚点，根据客户的需求进行数据处理等操作。

6.1.4.2　NB-IoT 特点

（1）海量连接：每小区可达 10 万连接；NB-IoT 比 2G/3G/4G 有 50～100 倍的上行容量提升。这也就意味着，在同一基站的情况下，NB-IoT 可以比现有无线技术提供 50～100 倍的接入数。

（2）超低功耗：电池寿命长达 10 年。NB-IoT 聚焦小数据量、小速率应用，因此 NB-IoT 设备功耗可以做到非常小，可以保障电池 5 年以上的使用寿命。

（3）深度覆盖：能实现信号覆盖到难以到达的地方。

（4）稳定可靠：能提供电信级的可靠性接入，不占用现有网络的语音和数据带宽，保证传统业务和未来物联网业务可同时、稳定、可靠地进行。

（5）安全性：继承 4G 网络安全能力，支持双向鉴权以及无线接口严格加密，确保用户数据的安全性。

6.1.4.3　NB-IoT 应用举例

NB-IoT 以其低功耗、容量大、成本低、可靠性高、覆盖能力强等特点，被广泛应用于智能抄表、消防系统、智能停车、车辆跟踪、物流监控、智慧农林牧渔业以及智能穿戴、智慧家庭、智慧社区、智慧城市等应用领域。

（1）烟感器：NB-IoT 支持海量连接，传感器实时检测烟雾，一旦烟雾浓度超标就会通过 NB-IoT 直接发送信息到后台。NB-IoT 低功耗，待机时间长，可降低安装和维护成本。另外，NB-IoT 信号穿透力强，可覆盖楼宇偏僻角落。

（2）水气表：NB-IoT 抄表在功能上继承了 GPRS 功能的同时，接入数是 2G/3G/4G 的 50～100 倍。这对于装表量比较密集的小区无疑是一个更好的选择。

（3）家居智能锁：用 NB-IoT 方案，无须网关或路由，智能锁终端仅需一跳直连运营商的基站,从而使联网智能锁在网络稳定性及安全性上更加有保障。NB-IoT 信号穿墙性远远超过现有网络,即便是传统网络信号不好的地方,NB-IoT 网络仍可以保证数据可靠传输。

(4)冷链运输:冷链运输的冷柜处于恶劣的通信环境,NB-IoT 可使在低温环境下的通信保持畅通。在冷柜中投放小体积的物联网传感器,其就位之后就会自动监测冷柜中的温度变化、设备可用性以及冷藏环境的健康度,并定时进行数据信息报告。除此之外,这些传感器能监控销售货品的纯度和摆放位置,还能够感知消费者集中在哪些区域并进行记录,为管理人员制定营销策略提供必要的信息。NB-IoT 设有定位系统,能够实时为管理人员提供位置信息,在诸如食品加工、长途运输生物制品等需要冷藏设施的行业中也能带来效益。

(5)智慧停车:随着汽车保有量的不断增加,城市停车难问题日益加剧,停车位不足、停车位利用率低、停车难和停车智能化不足等问题亟待解决。在车检器中集成 NB-IoT 模组,可实现停车位信息的采集与查询。该模组一般是针对封闭停车场的完整解决方案,由出入口道闸、抬杆控制终端、车牌识别摄像机、车位相机、NB-IoT 地锁、车位引导牌、反向查询机、自助缴费终端和服务器等设备组成。而该系统中最关键的两个部分是车牌识别探测器技术和反向寻车终端。

6.2　ZigBee 技术基础

ZigBee 是一种低速率无线个人区域网(LR-WPAN),是基于开放源代码的无线通信协议,它在低功耗的基础上,提供了高效率和可靠的数据传输。ZigBee 的协议比较复杂,涉及的细节比较多,对于普通的开发者来说很难面面俱到、全部掌握。下面将从协议架构、节点类型、拓扑结构、网络的组建和加入、网络的地址类型、帧结构等几个方面简要介绍 ZigBee 技术的基础内容。

6.2.1　协议架构

ZigBee 协议架构如图 6.5 所示,包括物理层(PHY)、介质访问控制层(MAC)、网络层(NWK)、应用层(APL)和安全服务层五层。

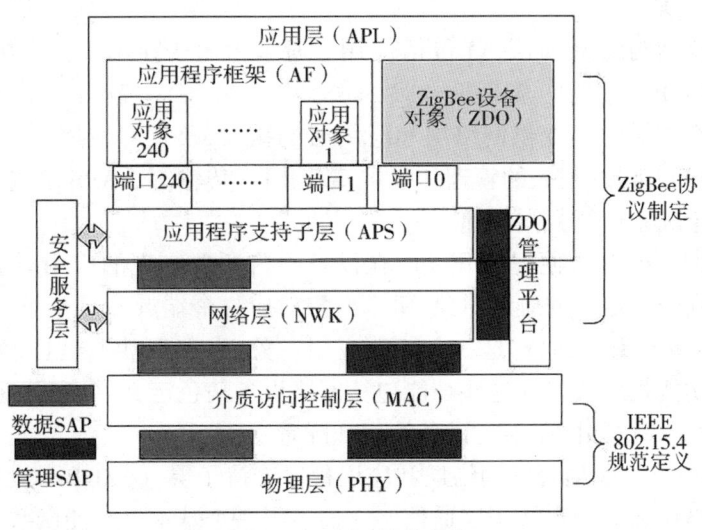

图 6.5　ZigBee 协议架构

6.2.1.1 物理层

物理层定义了物理无线信道和 MAC 层之间的接口,提供物理层数据服务和物理层管理服务。物理层数据服务在无线物理信道上收发数据。物理层管理服务维护一个由物理层相关数据组成的数据库。物理层主要实现无线收发机的激活与关闭、接收包链路质量值的检测、空闲信道评估、信道能量检测、信道选择、基本物理层数据单元收发、向 MAC 层提供管理服务接口等功能。

EEE802.15.4—2003 为物理层定义了两种频率范围,即 868/915 MHz 和 2.4 GHz。868 MHz 是欧洲的 ISM 频段,支持 1 个数据速率为 20 kbit/s 的信道。915 MHz 是美国的 ISM 频段,支持 10 个数据速率为 40 kbit/s 的信道。2.4 GHz 是全球统一的一个无须申请的 ISM 频段,提供 16 个数据速率为 250 kbit/s 的信道。

6.2.1.2 介质访问控制层

介质访问控制层提供网络层和物理层之间的接口,用以实现从物理层提取 MAC 数据帧的数据处理,控制信标帧的发送,实现 CSMA-CA 的信道访问机制,PAN 网络的建立和运行,与父节点建立关联和解关联,PAN 网络同步,MAC 事物处理,MAC 实体间的可靠链路保证等。MAC 的数据服务包括:提供调用 MAC 公共部分子层(MCPS)的数据服务接口,为网络层数据添加协议头,从而实现 MAC 层帧数据;MAC 的管理服务包括:提供调用 MAC 层管理功能的服务接口,同时还负责维护 MAC PAN 信息库。

MAC 层主要实现网络协调器产生信标、与信标同步、PAN(个域网)链路的建立和断开、为设备的安全性提供支持、信道接入方式采用免冲突载波检测多址接入(CSMA-CA)机制、处理和维护保护时隙(GTS)机制、在两个对等的 MAC 实体之间提供一个可靠的通信链路等功能。

6.2.1.3 网络层

网络层是协议结构的核心层,它为应用层提供服务接口。网络层主要负责网络层协议数据单元的收发、网络管理和路由管理。

网络管理主要包括网络启动、设备请求加入/离开网络、网络发现、网络地址分配等。路由管理主要包括邻居节点发现,路由发现,路由维护,消息单播、多播、广播实现等。

6.2.1.4 应用层

应用层是协议结构的最高层,其包括应用程序支持子层(APS)、应用程序框架(AF)、ZigBee 设备对象(ZDO)及 ZDO 管理平台。

(1)应用程序支持子层:提供网络层和应用层的接口,负责对应用层协议传输数据单元、设备绑定表的创建和维护、组表的管理和维护、数据可靠传输等。APS 绑定机制允许绑定在一起的设备利用绑定关系进行数据传递。

(2)应用程序框架:为方便程序开发而在设备中为所要实现的应用对象提供的模板。一个设备可以有 240 个自定义的应用对象,每个对象对应一个端点。

(3)ZigBee 设备对象(ZDO):是一个特殊应用对象,在端点 0 上运行,为程序开发提供的一个可供调用的功能程序接口。这些功能包括网络设备角色定义、绑定管理、网络设备间安全管理等,并实现对应用层和网络层的设备管理和配置。

(4)ZDO 管理平台:包括管理网络层和应用程序支持子层,在 ZigBee 设备对象执行内部工作时允许其与网络层和应用支持子层通信。它描述了一个基本的功能函数类,在应用对象、配置文件和应用支持子层之间提供了一个接口,满足了 ZigBee 协议所有操作的一般要求。ZDO

管理平台的主要功能是为相关的设备分配在 ZigBee 网络中的角色;发起或应答绑定和发现请求,并在网络设备间建立一个安全关系;提供一套丰富的定义 ZigBee 设备规范的管理指令。初始化应用程序支持子层、网络层、安全服务文档。

6.2.1.5 安全服务层

安全服务层向网络层和应用层提供安全服务,主要完成一些加密工作。

6.2.2 节点类型

一个 ZigBee 网络中的节点类型包括:协调器(Coordinator)、路由器(Router)和终端节点(End-device)。

(1)协调器:协调器负责建立网络,系统上电后,协调器会自动选择一个信道,然后选择一个网络号,建立网络。协调器主要是在网络建立、网络配置方面起作用,一旦网络建立了,协调器就与路由器的功能一致。一个网络中必须有且仅有一个协调器。

(2)路由器:允许节点加入网络;进行数据的路由;辅助其子节点通信。如果一个节点通过路由器加入网络,则该节点就称为该路由器的子节点。一个网络中可以有多个路由器。

(3)终端节点:只需要加入已建立的网络即可,终端节点不具有网络维护功能。一个网络中一般会有多个终端节点。

6.2.3 拓扑结构

ZigBee 网络拓扑结构主要有星型、树型和网状三种形式。星型结构适合简单的设备连接,如一个中心设备连接多个传感器。树型结构适合具有层级关系的设备连接,例如,智能家居中,控制中心与多个子设备的连接。而网状结构由于其灵活性和可靠性,适用于需要设备间互相通信和路径优化的复杂网络。

(1)星型拓扑结构:所有的终端设备只和协调器之间进行通信,协调器作为发起设备,一旦被激活,就建立了一个自己的网络,并作为 PAN 协调器。路由设备和终端设备可以选择 PAN 标识符加入网络。星型拓扑结构如图 6.6 所示。

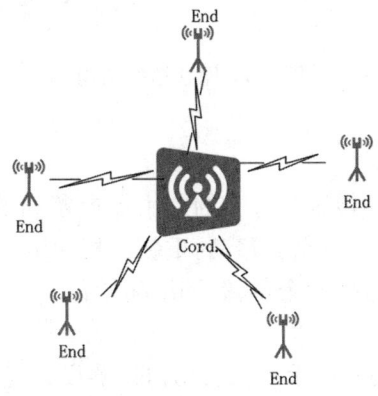

图 6.6 星型拓扑结构

(2)树型拓扑结构:如图 6.7 所示树型网络由一个协调器和多个星型结构连接而成,设备除了能与自己的父节点或子节点互相通信外,其他只能通过网络中的树型路由完成通信;在树型网络中,协调器负责发起网络,路由器和终端设备负责加入网络。树型拓扑结构如图 6.7 所示。

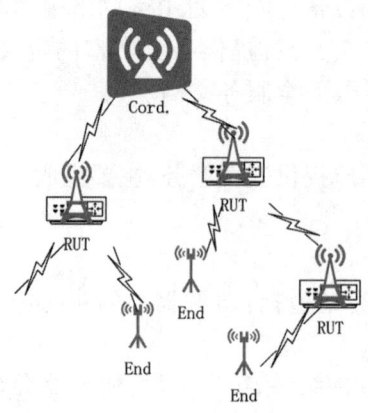

图 6.7　树型拓扑结构

（3）网状拓扑结构：网状网络是在树型网络的基础上实现的。与树型网络不同的是，它允许网络中所有具有路由功能的节点互相通信，由路由器中的路由表完成路由查询过程。在网状型网络中，每个设备都可以与在无线通信范围内的其他设备进行通信。网状拓扑结构如图6.8所示。

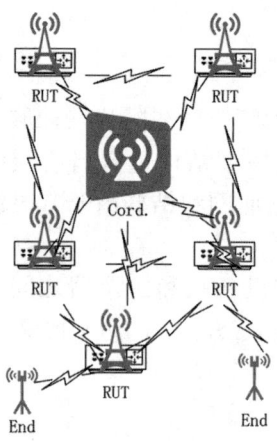

图 6.8　网状拓扑结构

6.2.4　网络的组建和加入

ZigBee网络是一种在不借助传统意义上的路由器或基站的情况下，就可自动地组成一个结构化的自组织网络，它可以随着节点的移动，重新寻找网络并进行更新。一个简单的网络是如何形成的呢？网络组建主要包括两个步骤：网络初始化和加入网络节点。

6.2.4.1　网络初始化

ZigBee网络形成过程如图6.9所示，首先，由协调器设备建立一个网络。协调器节点进行能量和物理信道扫描，从信道列表中选择一个较好的信道。协调器会为新网络确定一个唯一的PAN标识符（PAN ID）来标记自己的网络属主关系。一旦网络建立成功，协调器就等待路由器与终端设备加入网络。

一个网络只能有一个PAN协调器，而一个信道上可以有多个网络，只要这几个网络的PAN ID不同即可。当出现网络PAN ID冲突，协调器可以调用PAN ID冲突解决程序，改变其中一个协调器的 PAN ID 和信道,同时相应修改其所属的子设备。

6.2.4.2　加入网络节点

终端设备入网过程如图 6.10 所示,路由器和终端设备上电后,首先重复发送信标帧请求,要求加入网络。协调器发现设备发出的信标请求,则响应一个超帧来实现与请求设备的同步,一旦同步成功,则允许设备与协调器进行关联。接着,设备发送要求加入网络的关联请求命令。协调器为请求节点分配一个 16 位的短地址并允许其加入网络。此时,节点将成功与协调器建立连接,并可以发送和接收数据。

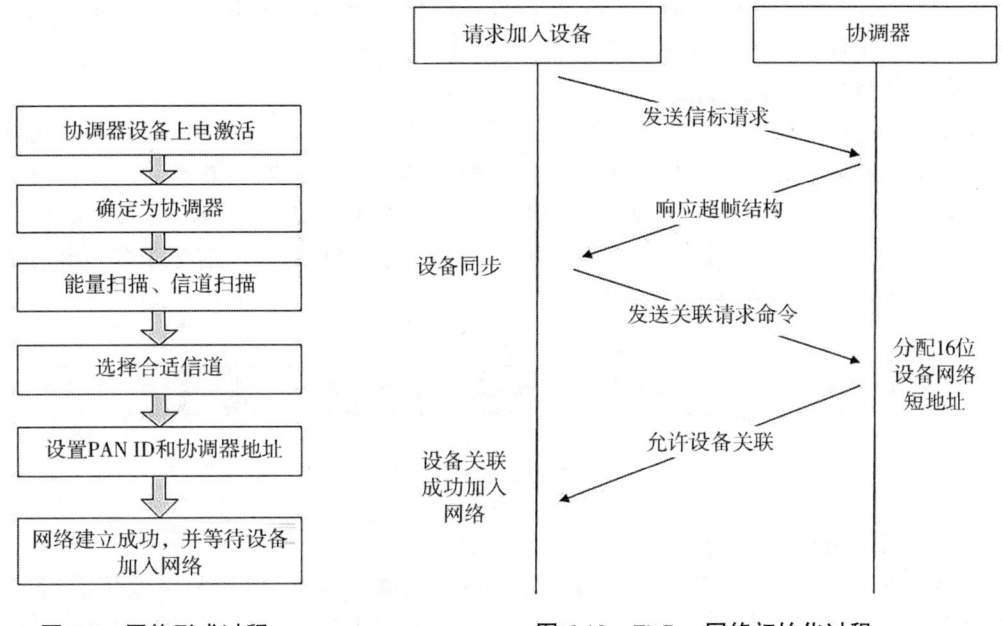

图 6.9　网络形成过程　　　图 6.10　ZigBee 网络初始化过程

6.2.5　网络的地址类型

在设备加入网络后,网络需要为每个设备分配一个唯一的地址。也就是说,需要保证设备分配的地址不能与网络中其他设备的地址产生冲突,才能够保证数据包发送一个指定的设备。ZigBee 2007/Pro 协议栈采用随机地址分配方案,对新加入的设备采用随机地址分配方案。ZigBee 网络主要有四种类型的地址:网络标识、扩展地址、网络地址、终端地址。

(1)网络标识:网络标识就是上面讲的 PAN ID,16 位,是用于区分和标志一个网络的标识,在所覆盖的范围内该标识不允许与其他网络的 PAN ID 重复。

(2)扩展地址:又称 IEEE 地址或 MAC 地址,64 位,由设备厂商固化在设备中,为每个设备提供一个全球唯一的地址。

(3)网络地址:又称短地址,16 位,在本地网络中标识节点,地址范围为 0X0000～0XFFFF。父节点为子节点分配网络地址。特殊地址包括:0X0000 协调器网络地址、0XFFFF 网络广播地址、0XFFFE 读取绑定目标网络地址、0XFFFD 活跃点网络广播地址、0XFFFC 协调器和路由器网络广播地址。

(4)终端地址:为终端分配特定号码来标定应用对象(例如各种类型的传感器、开关等),地址范围为 0～255。其中:0 分配给设备对象(ZDO)使用(用于设备管理)、1～240 分配给用户开发的应用对象、255 分配给广播地址、241～254 保留。

（5）簇 ID：ZigBee 簇是一组具有共同功能或属性的命令和属性的集合。它为数据的最终接收者提供了一个框架，使得数据能够在 ZigBee 网络中按照特定的逻辑和功能进行传输和处理。每个簇都有一个唯一的 ID，用于在 ZigBee 网络中标识该簇。簇 ID 的范围通常为 0x0000 到 0xFFFF。

6.2.6　帧结构

帧结构的设计遵循协议架构，每一层都为本层设计了帧头结构来完成本层的功能。根据不同的目的，设计有信标帧、数据帧、确认帧和命令帧四种帧结构。

6.2.6.1　信标帧

信标帧由 MAC 子层产生，如图 6.11 所示，用于确保网络中各节点的时间同步，优化路由选择，减少能耗和网络延迟，实现节点的快速发现和唤醒，以及有效的能量管理。信标帧包含 MAC 服务数据单元（MSDU）、MAC 头部（MHR）和 MAC 尾部（MFR）三部分。MSDU 包含超帧域、GTS 域、未处理事务地址域、信标荷域等信息；MHR 包含帧控制域、信标序列号和寻址信息域；MFR 包含帧校验序列 FCS。

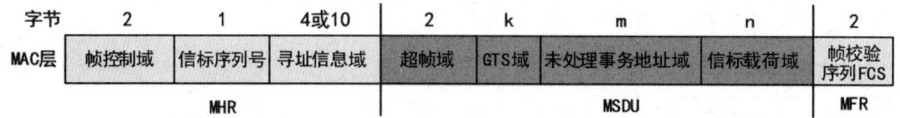

图 6.11　信标帧结构

6.2.6.2　数据帧

数据帧由应用层产生，如图 6.12 所示，用于确保数据的准确、可靠和高效传输，是 ZigBee 网络实现各种功能和应用的基础。数据帧包含 MAC 服务数据单元（MSDU）、MAC 头部（MHR）和 MAC 尾部（MFR）三部分。MSDU 是主要的数据载荷；MHR 包含帧控制域、信标序列号和寻址信息域；MFR 包含帧校验序列 FCS。

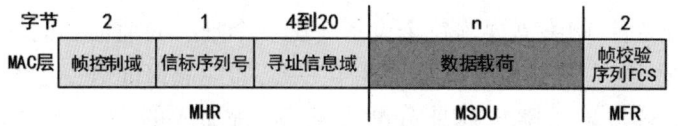

图 6.12　数据帧结构

6.2.6.3　确认帧

确认帧由 MAC 子层发起，如图 6.13 所示。发送设备通常要求接收设备在接收到正确的帧信息后返回一个确认帧，以确保数据的准确、可靠和高效传输。确认帧由 MHR 和 MFR 组成。MHR 包括 MAC 帧控制域和数据序列号；MFR 包含帧校验序列 FCS。

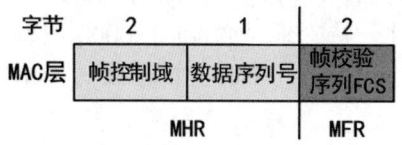

图 6.13　确认帧结构

6.2.6.4　命令帧

命令帧由 MAC 子层发起,如图 6.14 所示,用于 ZigBee 网络中设备控制、网络管理、同步和协调、路由管理、诊断和调试以及能量管理等,以实现 ZigBee 网络的高效、稳定运行。命令帧包含 MAC 服务数据单元(MSDU)、MAC 头部(MHR)和 MAC 尾部(MFR)三部分。MSDU 由命令类型和命令载荷构成;MHR 包含帧控制域、数据序列号和寻址信息域;MFR 包含帧校验序列 FCS。

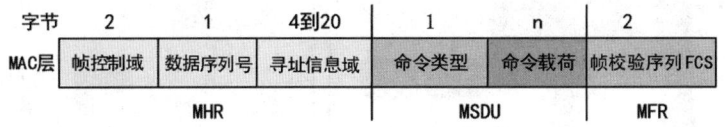

图 6.14　命令帧结构

6.3　CC2530 介绍

CC2530 是 TI 公司设计生产的系统芯片(SoC)解决方案。它面向 2.4 GHz ISM 波段和 DSSS(直接序列扩频)射频收发器应用,能够满足低成本和低功耗为基础的工业级 8051 控制器。CC2530 是目前国内 ZigBee 网络开发中最为常用的芯片。

6.3.1　CC2530 芯片特征

CC2530 结构框图如图 6.15 所示,其具有以下特征:高性能、低功耗的 8051 微控制器内核;适应 2.4 GHz IEEE 802.15.4 的 RF 收发器;极高的接收灵敏度和抗干扰性;32 kB/64 kB/128 kB/256 kB 闪存;8 kB SRAM,具备各种供电方式下的数据保持能力;强大的 DMA 功能;只需极少的外接元件,即可形成一个简单应用系统;只需一个晶振,即可满足网状型网络系统的需要;低功耗,主动模式 RX(CPU 空闲):24 mA;主动模式 TX 在 1 dB(CPU 空闲):29 mA;供电模式 1(4 μs 唤醒):0.2 mA;供电模式 2(睡眠定时器运行):1 μA;供电模式 3(外部中断):0.4 μA;宽电源电压范围(2~3.6 V);硬件支持 CSMA/CA;支持数字化的接收信号强度指示器/链路质量指示(RSSI/LQI);具有 8 路输入 8~14 位 ADC;高级加密标准 AES 协处理器;具有看门狗和 2 个支持多种串行通信协议的 USART;1 个通用的 16 位定时器和 2 个 8 位定时器,1 个 IEEE 802.15.4 MAC 定时器;21 个通用 I/O 引脚等。

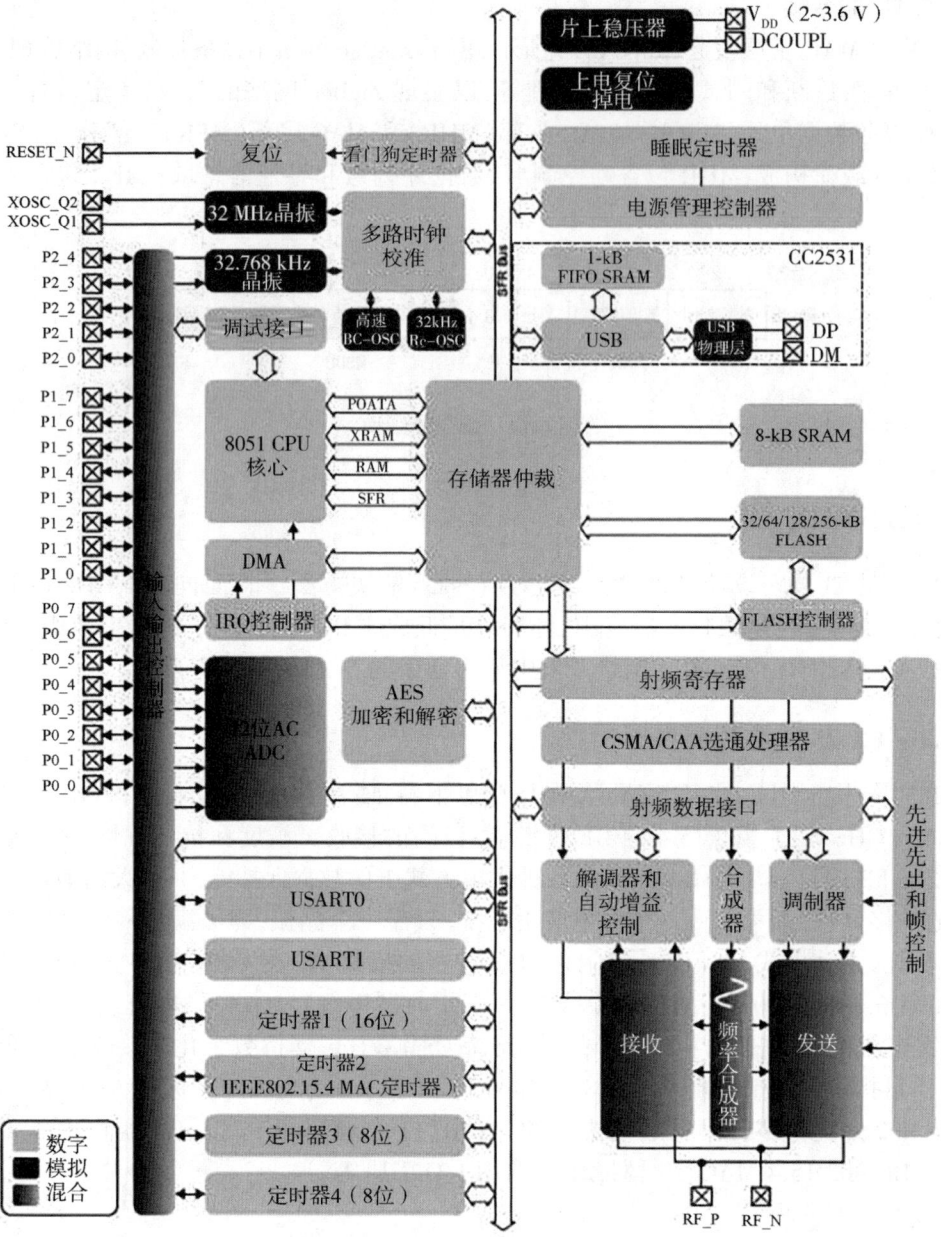

图 6.15　CC2530 结构框图

6.3.2　CC2530 芯片引脚

CC2530 芯片封装如图 6.16 所示。CC2530 各引脚定义如表 6.1 所列。

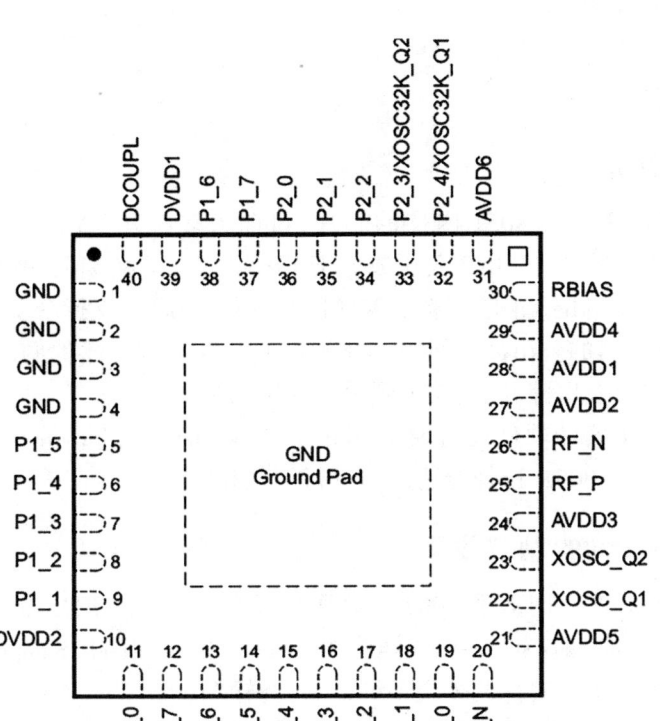

图 6.16　CC2530 芯片封装

表 6.1　CC2530 各引脚定义

引脚名称	引脚类型	描述
AVDD1~6	电源(模拟)	2.0~3.6 V 模拟电源供电
DCOUPL	电源(数字)	1.8 V 数字电源供电退耦。提供外部电路未使用
DVDD1~2	电源(数字)	2.0~3.6 V 数字电源供电
GND	地	芯片底部焊盘必须连接到 PCB 的接地层
P0_0~0_7	数字 I/O 口	端口 P0_0~P0_7
P2_0~2_7	数字 I/O 口	端口 P2_0~P2_7
P23/XOSC32K_Q2	数字模拟 I/O 口	端口 P23/32.768 kHz XOSC
P24/XOSC32K_Q1	数字模拟 I/O 口	端口 P24/32.768 kHz XOSC
RESET_N	数字输入	复位,低有效
RF_N	射频 I/O 口	RF 接收期间负 RF 输入信号到 LNA 发送期间负 RF 从 PA 输出信号
RF_P	射频 I/O 口	RF 接收期间负 RF 输入信号到 LNA 发送期间负 RF 从 PA 输出信号
XOSC_Q1	模拟 I/O 口	32 MHz 晶体振荡器引脚 1 或外部时钟输入
XOSC_Q2	模拟 I/O 口	32 MHz 晶体振荡器引脚 2

6.4 程序开发

6.4.1 IAR 简介

TI CC2530 芯片是基于 8051 内核的芯片,目前大多选用 IAR Embedded Workbench for 8051 作为其开发的主要工具。IAR 公司成立于 1983 年,总部在瑞典,并在世界各地设有分公司。IAR Embedded Workbench 是一款 C 编译器开发平台软件,支持众多知名半导体公司的微处理器。许多全球著名的公司都在使用 IAR 提供的开发工具开发他们的前沿产品,从消费电子、工业控制、汽车应用、医疗、航空航天到手机应用系统。

IAR EW for 8051 安装软件通过网址:https://www.iar.com/products/architectures/iar-embedded-workbench-for-8051/选择合适版本进行下载和安装。

6.4.2 Z-Stack 2007 协议栈

程序开发需要从 TI 官网下载 2007 协议栈的版本 Z-Stack-CC2530-2.5.1a 安装。安装目录为 C:\Texas Instruments\ZStack-CC2530 -2.5.1a\Projects\zstack\Samples。TI 提供了三个例程。其中,GenericApp 示例实现两个设备绑定后,传输"Hello World";Sample App 示例实现节点加入协调器建立的工作组,在组内节点使用"up"按键控制工作组内的协调器、路由器的 LED 灯的闪烁时间,使用"right"按键进行设备加入/退出工作组的切换;Simple App 示例实现开关控制实验和无线传感器实验。项目的开发初期都需要在这三个例子中选择一个示例作为基础程序,并为具体应用进行后续的修改和开发。

Z-Stack 协议栈为协议的具体实现形式,如图 6.17 所示,是用代码实现的函数库,以便于开发人员调用。协议栈就是将各个层定义的协议都集合在一起,以函数的形式实现,并给用户提供一些应用层 API,供用户调用。下面以 Sample.eww 工程为例介绍协议栈的结构。

App 应用层目录包含应用层的内容和项目实现的内容。App 层对于一般项目,只要在用户应用层添加不同的任务及事件处理函数就可以完成一个项目。因此一般情况下,用户只需在主文件、头文件、操作系统接口文件编写自己的任务处理函数,就可以实现自己的功能。

HAL 硬件层目录包含与硬件相关的配置和驱动及操作函数。hal 层下的 Common 目录下内容为与硬件无关的公用文件;hal_assert.c 文件是用于调试的断言文件;hal_drivers.c 包含有与硬件相关的配置和驱动及操作函数;Include 目录包含各个硬件模块的头文件;Target 目录包含跟硬件平台 CC2530EB 相关的文件。

MAC 层目录:包含 MAC 层参数配置文件及其 LIB 库的函数接口文件。

MT 监控调试层:实现 PC 机通过串口调试各层。

NWK 网络层目录:含网络层配置参数文件及网络层库的函数接口文件,APS 层库的函数接口。

OSAL:协议栈的操作系统。

Profile AF 层目录:含 AF 层处理函数文件。

Security 安全层目录:安全层处理函数接口文件,比如加密函数等。

Services 地址处理函数目录:包括地址模式的定义及地址处理函数。

Tools 工程配置目录:包括空间划分及 Z-Stack 相关配置信息。

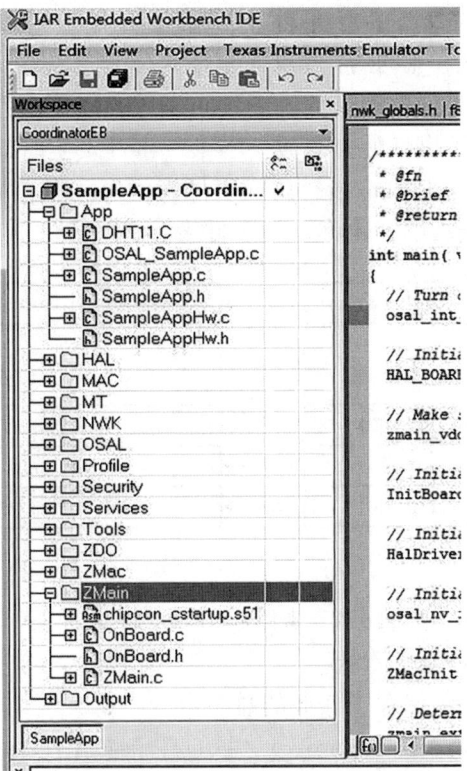

图 6.17　ZigBee 协议栈具体形式

ZDO 目录:用户利用 ZDO 调用 APS 子层和 NWK 层的服务。

ZMac 层目录:包括 MAC 层参数配置及 MAC 层 LIB 库函数回调处理函数。

ZMain 主函数目录:包括入口函数 main( )及硬件配置文件。main( )函数在 ZMain.c 中执行两个主要任务,其一是系统初始化,其二是开始执行轮转查询式操作系统。OnBoard.c 中包含了对硬件开发平台各类外设进行控制的接口函数。

Output 输出文件目录:EW8051 IDE 自动生成。

Include 目录下包含了 MAC 层的参数配置文件及 LIB 库的函数接口文件。

6.4.3　ZigBee 设备对象

TI 公司的协议栈是半开源的,应用层的端点可以通过 ZigBee 设备对象(ZigBee Device Object, ZDO)提供的功能来访问 TI 未开源的部分,从而获取网络或者是其他节点的信息,包括网络的拓扑结构、其他节点的网络地址和状态以及其他节点的类型和提供的服务等信息。ZDO 单独占用端口 0,负责应用层用户程序和网络层之间的通信。网络中的协调器的创建网络、终端节点和路由器的加入网络都是通过 ZDO 来实现的。

6.4.4　节点工作机理

6.4.4.1　OSAL 操作系统抽象层

OSAL(Operating System Abstraction Layer)为操作系统抽象层,是基于轮询的一种操作系统。在协议栈中,OSAL 负责调度 Z-Stack 协议栈中各个任务的运行,如果有事件发生,则会调用相应的事件处理函数进行处理。

如图 6.18 所示,OSAL 建立了一个事件表,事件表使用数组来实现,数组的每一项对应一个任务的事件,事件变量(SYS_EVENT_MSG)的每一位表示一个事件。每个事件对应一个函数表,其中保存各个任务的事件处理函数的地址。函数表使用函数指针数组来实现,数组的每一项是一个函数指针,指向了事件处理函数。当某一事件发生时,则查找函数表找到对应的事件处理函数。OSAL 通过 tasksEvents 指针访问事件表的每一项;事件发生,则查找对应的事件处理函数处理事件;处理完成,继续轮询访问事件表;无限循环。

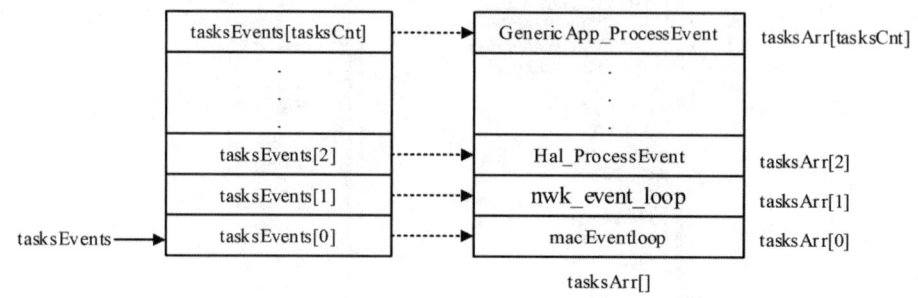

图 6.18　事件表和函数表的关系

在协议栈中,有三个变量至关重要。

(1)Uint8 tasksCnt:该变量保存了任务的总个数。

const uint8 tasksCnt = sizeof(tasksArr) / sizeof(tasksArr[0]);//事件数量

(2)Uint16 * tasksEvent:这是一个指针,指向了事件表的首地址。

uint16 * tasksEvents;

tasksEvents = (uint16 *) osal_mem_alloc(sizeof(uint16) * tasksCnt);

(3)pTaskEventHandlerFn tasksArr[]:这是一个数组,数组的每一项都是一个函数指针,指向了事件处理函数。

const pTaskEventHandlerFn tasksArr[ ] = {

macEventLoop,

nwk_event_loop,

Hal_ProcessEvent,

GenericApp_ProcessEvent

};//任务数组中每一项都指向事件处理函数

Typedef unsigned short (* pTaskEventHandlerFn) (unsigned char task_id, unsigned short event):事件处理函数指针;

6.4.4.2　节点的工作过程

一个节点的工作过程如图 6.19 所示,系统上电后各层进行初始化后,系统进入低功耗模式;有事件发生时,系统唤醒,进入中断处理,结束后重新进入低功耗模式;几个事件同时发生时,按优先级顺序逐一处理事件。

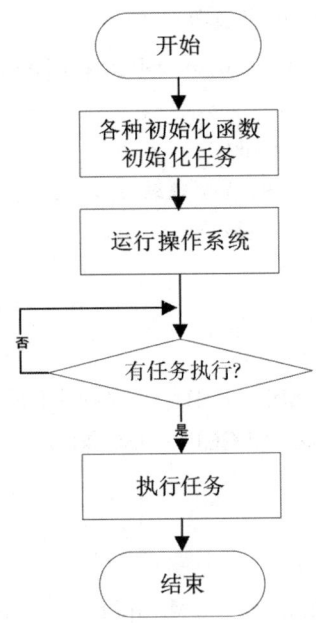

图 6.19　ZigBee 节点的工作过程

直到 main( )调用 osal_start_system( )函数,整个协议栈才真正运行起来。

```
void osal_start_system( void )
{
for( ;; )   // Forever Loop
  {uint8 idx = 0;//事件表索引
    osalTimeUpdate( );//更新时钟
    Hal_ProcessPoll( );   // 查看硬件事件
    do {//查看是否有事件发生

      if (tasksEvents[idx])   // Task is highest priority that is ready.
      {break;}
    } while (++idx < tasksCnt)
    if (idx < tasksCnt)
    { uint16 events;
     events = tasksEvents[idx];//读取事件
      tasksEvents[idx] = 0;   // 清零
      events = (tasksArr[idx])(idx, events);//调用事件处理函数
      tasksEvents[idx] |= events;   // 将未处理事件保存回事件列表
//使用二进制位表示事件,例如:串口接收新数据 0x01,接收到无线数据 0x02
//读取温度 0x04 等等。
    }
}
```

6.4.4.3　事件处理函数

GenericApp_ProcessEvent( )函数使用 osal_msg_receive( )函数从消息队列中接收消息,然

后判断事件类型,再调用相应事件处理函数。

```
UINT16 GenericApp_ProcessEvent( byte task_id, UINT16 events )
{
    afIncomingMSGPacket_t  * MSGpkt;
    if ( events & SYS_EVENT_MSG )//系统定义的事件集合
    {MSGpkt = ( afIncomingMSGPacket_t * ) osal_msg_receive( GenericApp_TaskID );//从
消息队列中得到消息
        while ( MSGpkt )
        { switch ( MSGpkt→hdr.event )
            {case AF_INCOMING_MSG_CMD://收到新的无线数据
                GenericApp_MessageMSGCB( MSGpkt );
                break;
                default:
                break;}
            osal_msg_deallocate( ( uint8 * ) MSGpkt ); // Release the memory
            MSGpkt = ( afIncomingMSGPacket_t * ) osal_msg_receive( GenericApp_TaskID );}
        return ( events ^ SYS_EVENT_MSG); // 异或运算返回未处理事件}
        return 0;
}
```

SYS_EVENT_MSG(0x8000)是预先定义好的事件,其中包含有以下事件集合:

AF_INCOMING_MSG_CMD:收到新的无线数据

ZDO_STATE_CHANGE:网络状态变化

ZDO_CB_MSG:指示每一个注册的 ZDO 响应消息

AF_DATA_CONFIRM_CMD:确认 AF_DataRequest( )发送数据

6.4.4.4 OSAL 添加新任务

在 taskArr[ ]添加新任务的函数指针;

在 osalInitTasks 函数中添加新任务的初始化函数。

两个注意点:

(1)在 taskArr[ ]数组里各事件处理函数顺序与 osalInitTasks 函数各任务的初始化函数顺序保持一致;

(2)给每个任务定义一个全局变量来保存 osalInitTasks 所分配的 ID。例如:GenericApp_TaskID,在 GenericApp_Init 函数中赋值。

6.4.5 ZigBee 的通信方式

ZigBee 的通信方式,如图 6.20 所示,包括单播、广播和组播三种方式,它们各自具有不同的特点和应用场景。单播适用于特定设备之间的直接通信;广播适用于向所有设备发送通知或命令;组播则适用于将信息发送给一组相关设备。这些通信方式共同构成了 ZigBee 技术丰富的通信机制,为各种物联网应用提供了灵活的选择。

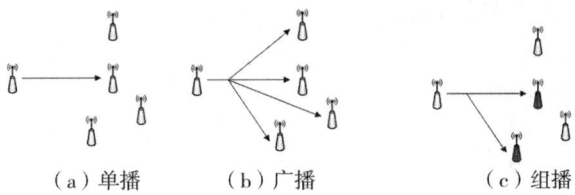

（a）单播　　　　　（b）广播　　　　　（c）组播

图 6.20　ZigBee 的单播、广播和组播

6.4.5.1　单播(Unicast)

单播通信是指网络中两个特定的设备之间进行数据包的收发过程。这种通信方式类似于两个人之间的私人对话,只有特定的接收者才能收到发送者发送的信息。单播通信适用于需要特定设备之间直接通信的场景,如智能家居系统中某个传感器向特定控制器发送数据。

在 ZigBee 网络中,单播通信要求发射模块明确知道接收模块的网络地址。每个 ZigBee 模块在加入网络时,父节点会随机分配一个网络地址给子节点,但协调器模块在网络中的地址始终是 0x00。单播发送数据需要明确的信息包括目标地址、目标端点与簇。

6.4.5.2　广播(Broadcast)

广播通信是指一个节点发送的数据包,网络中的所有节点都可以收到。这种通信方式类似于一个人向所有人发表讲话,在场的所有人都能听到。广播通信适用于需要向所有设备发送通知或命令的场景,如智能家居系统中的全局控制命令。

广播通信不需要指定特定的接收者,所有节点都会接收到广播信息。在 ZigBee 网络中,协调器可以周期性地以广播的形式向终端节点发送数据。

6.4.5.3　组播(Multicast)

组播通信又称多播,是指一个节点发送的数据包,只有和该节点属于同一组的节点才能收到该数据包。这种通信方式类似于一个团队内部的讨论,只有团队成员才能听到相关信息。组播通信适用于需要将信息发送给一组相关设备的场景,如智能家居系统中将某个控制命令发送给同一房间内的所有设备。

组播通信需要预先定义好哪些节点属于同一个组。只有属于同一组的节点才能接收到组播信息,其他节点则不会收到。

6.4.6　数据接收

GenericApp_MessageMSGCB( )在 GenericApp_ProcessEvent( )中调用,用于接收数据。

```
void GenericApp_MessageMSGCB( afIncomingMSGPacket_t * pkt )
{unsigned char buffer[10];
  switch ( pkt→clusterId )
  {case GENERICAPP_CLUSTERID:
        osal_memcpy( buffer,(char *)pkt→cmd.Data, 10);
        printf(buffer);
  break;}
}
```

Cmd 数据类型

```
typedef struct
{byte    TransSeqNumber;//发送序列号
```

```
uint16 DataLength；// 数据长度
byte    * Data;//数据
} afMSGCommandFormat_t；
```

6.4.7　数据发送

协议栈发送数据函数：

```
afStatus_t AF_DataRequest( afAddrType_t * dstAddr, endPointDesc_t * srcEP,uint16 cID,
uint16 len, //字节数
uint8 * buf, //字节数组头
uint8 * transID,uint8 options, uint8 radius )


typedef struct
{union
  {uint16        shortAddr；
   ZLongAddr_t extAddr；
  } addr；
  afAddrMode_t addrMode；//决定通信方式,单播 Addr16Bit、组播 AddrGroup、广播 Ad-
drBroadcast
  byte endPoint；
  uint16 panId；  // used for the INTER_PAN feature
} afAddrType_t；
typedef enum
{
afAddrNotPresent = AddrNotPresent,
afAddr16Bit        =Addr16Bit,
afAddr64Bit        = Addr64bit,
afAddrGroup       =AddrGroup,
afAddrBroadcast =AddrBroadcast
} afAddrMode_t；
```

当 addrMode= Addr16Bit 时,对应点播方式；

当 addrMode= AddrGroup 时,对应组播方式；

当 addrMode= AddrBroadcast 时,对应广播方式；

```
afAddrType_t Point_To_Point_DstAddr；//点对点通信定义
Point_To_Point_DstAddr.addrMode = ( afAddrMode_t)Addr16Bit；//点播
Point_To_Point_DstAddr.endPoint = SAMPLEAPP_ENDPOINT；
Point_To_Point_DstAddr.addr.shortAddr = 0x0000；//发给协调器
afAddrType_t SampleApp_Flash_DstAddr；//组播
aps_Group_t SampleApp_Group；//分组内容
SampleApp_Group.ID = SAMPLEAPP_FLASH_GROUP；//0x0001；
osal_memcpy( SampleApp_Group.name, "Group 1", 7 )；
aps_AddGroup( SAMPLEAPP_ENDPOINT, &SampleApp_Group )；
```

SampleApp_Periodic_DstAddr.addrMode = (afAddrMode_t) AddrBroadcast；//广播
SampleApp_Periodic_DstAddr.endPoint = SAMPLEAPP_ENDPOINT；
SampleApp_Periodic_DstAddr.addr.shortAddr = 0xFFFF；// 0xFFFF 是广播地址
广播地址主要有 3 种类型：
0xFFFF——数据包将被传送到网络上的所有设备，包括睡眠中的设备。
0xFFFD——数据包将被传送到网络上除了睡眠中的所有设备。
0xFFFC——数据包发送给所有的路由器，包括协调器。

6.4.8 获取节点的地址信息

6.4.8.1 各种地址的获取
（1）获取设备自身 IEEE 地址
extern byte ＊ NLME_GetExtAddr(void)；//
（2）获取设备自身网络地址
extern uint16 NLME_GetShortAddr(void)；
（3）获取父设备网络地址
extern uint16 NLME_GetCoordShortAddr(void)；
（4）获取父设备 IEEE 地址
extern void NLME_GetCoordExtAddr(byte ＊)；

6.4.8.2 编程举例
```
if( GenericApp_NwkState = = DEV_END_DEVICE )
  {
    osal_memcpy( rftx.type , "END" , 4 )；
  }
  if( GenericApp_NwkState = = DEV_ROUTER )
  {
    osal_memcpy( rftx.type , "RUT" , 4 )；
  }
  nwk = NLME_GetShortAddr( )；
  To_string( ( char ＊ )rftx.myNWK , ( uint8 ＊ )&nwk , 2 )；
  To_string( ( char ＊ )rftx.myMAC , NLME_GetExtAddr( ) , 8 )；
  nwk = NLME_GetCoordShortAddr( )；
  To_string( ( char ＊ )rftx.pNWK , ( uint8 ＊ )&nwk , 2 )；
  NLME_GetCoordExtAddr( ( unsigned char ＊ )buf )；
  To_string( ( char ＊ )rftx.pMAC , ( unsigned char ＊ )buf , 8 )；
```

6.4.8.3 获取网络的拓扑结构
前文讲解了终端节点获取自身与其父节点的长地址和短地址的方法。下面分析一下如何获取网络的拓扑结构。在一个网络中，如果每个节点的网络地址和父节点的网络地址都可以获取，那么网络拓扑将很容易得到。所以获得网络拓扑的方法是：协调器主动获得每个节点的网络地址和 IEEE 地址以及其父节点的网络地址和 IEEE 地址，IEEE 地址可以标志各个节点的网络中独一无二的身份信息，网络地址可以反映各个节点的父子从属关系，那么在协调器中就可以构建出整个网络拓扑的信息。如果再通过串口将这些信息上传到上位机，就可以以图形化的方式将这个网络的拓扑结构展现出来。

6.5 ZigBee 通信实验

ZigBee 通信实验是为本章 CC2530 使用和 ZigBee 通信协议实现相配套的实验环节。实验目的是加深对 ZigBee 通信的理解,掌握协调器和终端的开发过程等;掌握 IAR 开发环境的使用;加深对 ZigBee 协议的理解,掌握协议的基本应用。书中的 6.3 节简要介绍过实验的主芯片 CC2530,本节将会更加全面和详细地介绍实验的方方面面。

6.5.1 实验系统介绍

实验的硬件包括 2 块实验板、1 个仿真器、2 条串口线和 1 个温湿度传感器,如图 6.21 所示。2 块实验板中 1 块作为协调器,1 块作为终端器;下载器用于下载程序;2 条串口线用于给实验板供电和与上位机进行通信;温湿度传感器接插在终端器上作为传感器信息源。

图 6.21 ZigBee 实验的硬件组成

6.5.1.1 ZigBee 实验板

ZigBee 实验板如图 6.22 所示,电气原理图如图 6.23 所示,底板尺寸:7 cm×5 cm;自带 USB 转串口功能(CP2102);多种供电方式[USB、DC2.1 电源座(5 V)、7 号锂电池(3.7 V)];具有多功能接口(Debug 接口,兼容 TI 标准仿真工具,引出所有 I/O 口等);3 个功能按键(1 个复位,2 个普通按键);LED 指示(电源指示灯、组网指示灯和普通 LED)。

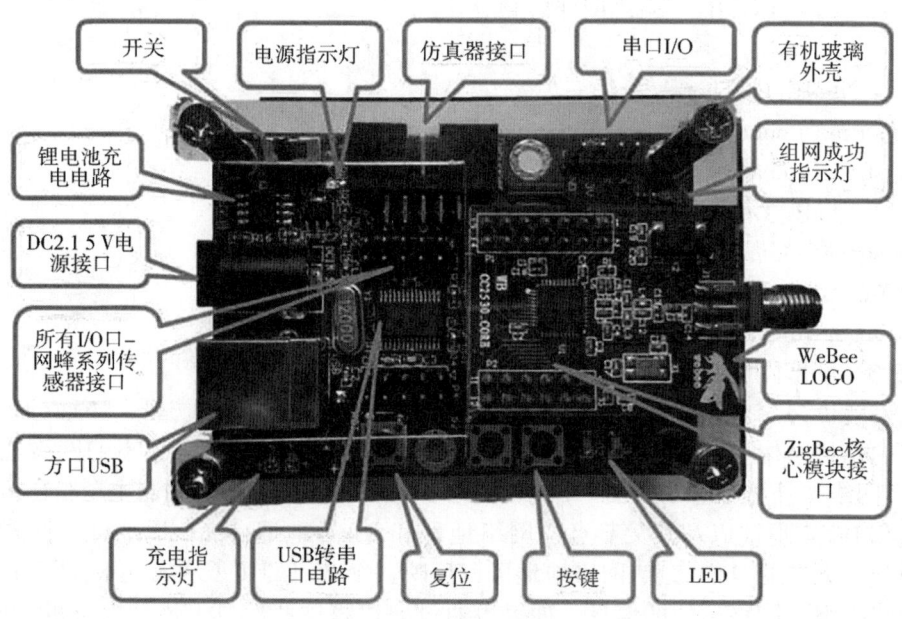

图 6.22 ZigBee 实验板

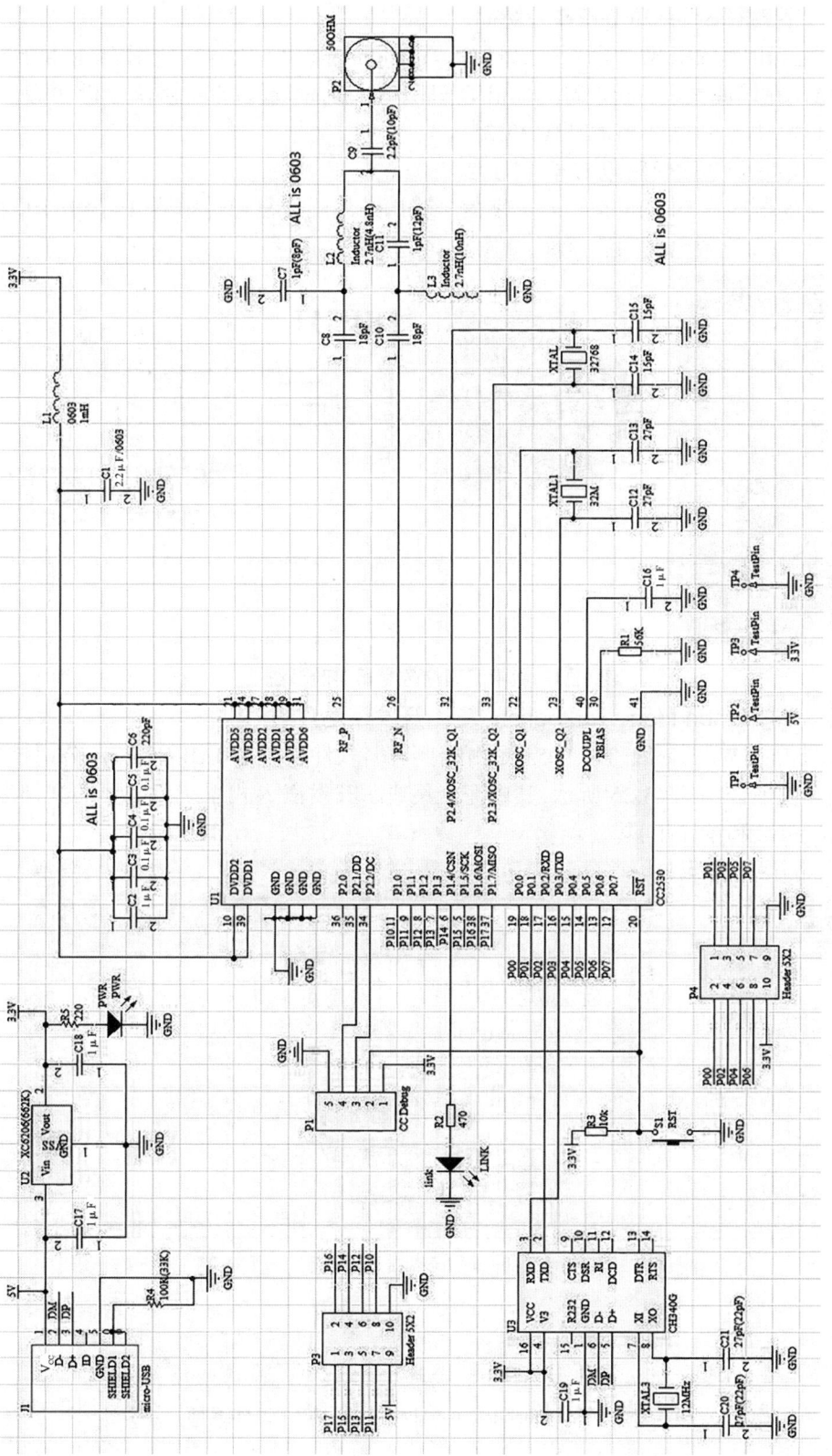

图6.23 ZigBee实验板原理图

6.5.1.2　下载器 SmartRF04EB 介绍

下载器 SmartRF04EB,尺寸为 4.7 cm×2.3 cm,标准 USB 接口,直接使用;支持仿真器直接供电;支持 IAR 在线调试、程序下载、SmartRF STUDIO 和 packet sniffer 协议分析功能;支持 TI 系列芯片,如 CC111x/CC243x/CC253x/CC251x。

6.5.1.3　数字温湿度传感器 DHT11 介绍

数字温湿度传感器 DHT11 是一款数字信号输出的温湿度复合传感器,内置 1 个电阻式感湿元件和 1 个 NTC 热敏电阻测温元件,如图 6.24 所示。

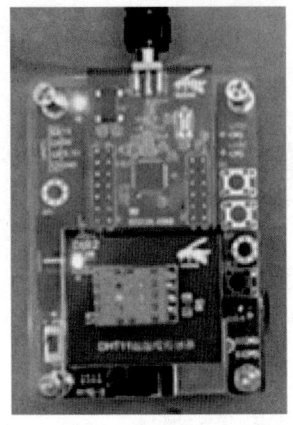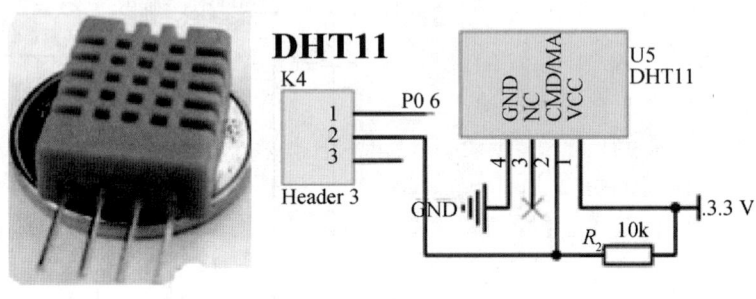

图 6.24　数字温湿度传感器实验系统

6.5.1.4　IAR Embedded Workbench V8.1 开发环境介绍

IAR Embedded Workbench For 8051 是由瑞典著名软件开发商 IAR Systems 公司推出的增强型一体化开发平台,如图 6.25 所示,其中完全集成了开发嵌入式系统所需的文件编辑、项目管理、编译、链接和调试工具。

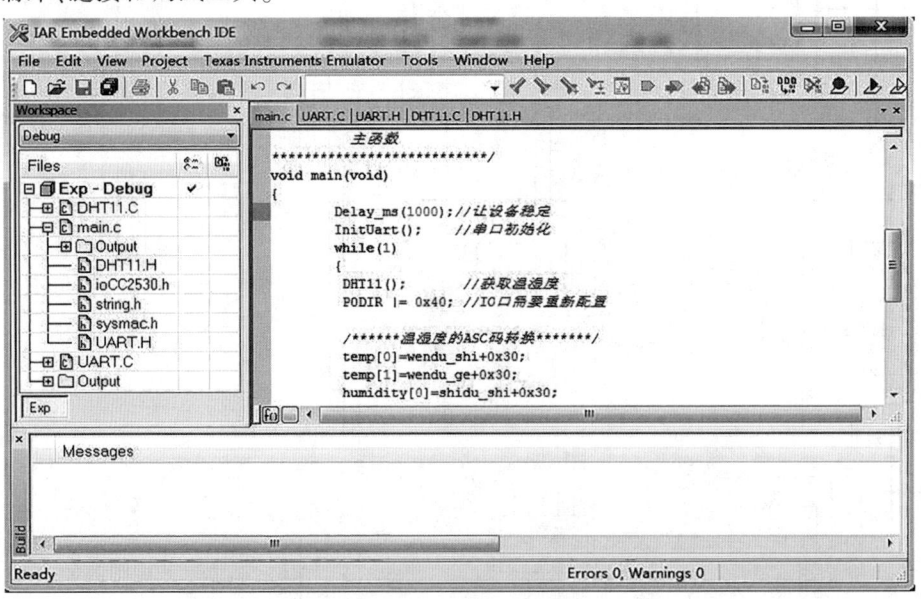

图 6.25　IAR Embedded Workbench For 8051 工作界面

170

6.5.2　开发环境安装及配置

6.5.2.1　实验目的

通过本实验的学习,应该掌握 IAR 开发环境的安装方法、环境配置、工程创建、程序编译、下载等内容。

6.5.2.2　操作系统及 IAR 版本

操作系统:Windows XP 或 Win7。

IAR 版本:IAR Workbench for 8051 V8.1。

6.5.2.3　硬件需求

ZigBee 开发板 1 个、SmartRF04EB 下载器 1 个、USB 线缆 1 条。

6.5.2.4　IAR Workbench for 8051 V8.1 开发环境的安装

IAR Workbench for 8051 V8.1 开发环境安装过程需要注意的是在运行安装程序的同时,需要运行 IAR kegen PartA810.exe 注册机软件,将其生成的 License 填入相应的位置。这样安装成功后就可以直接运行软件了。

6.5.2.5　下载器驱动

下载器的安装和驱动过程如图 6.26 所示,按照箭头方向一步一步操作就可以顺利地安装和驱动。需要注意的是,在实验前务必要安装好下载器的驱动软件,并在安装完毕后将下载器与开发板连接,按下复位键,芯片指示灯亮则表示检测到了 CC2530 芯片,这样才能保证后续实验的顺利进行。

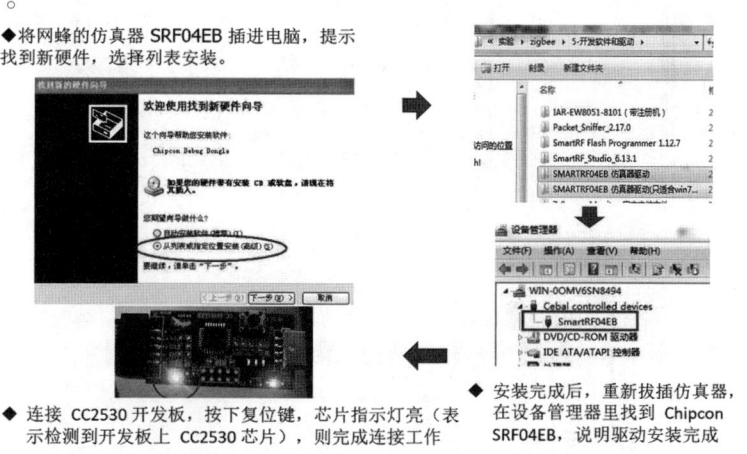

图 6.26　下载器的安装和驱动过程

6.5.2.6　串口驱动

实验中开发板需要通过 232 串口与上位机建立通信。开发板上集成了 CP2102USB 串口转换芯片,需要上位机驱动后才能使用。安装过程如图 6.27 所示,如果安装成功就会在上位机的设备管理器中看到串口指示信息。

6.5.2.7　IAR Workbench 8.1 工程建立及配置

在 IAR Workbench 8.1 安装完成之后,还需要经过一系列的配置工作才能够将软件与具体的硬件相匹配。

(1)打开上次已经安装好的 IAR 软件,新建一个 Project—Create New Project,选择默认选项,点击"OK"按钮,如图 6.28 所示。保存在自己希望的路径,并为工程文件命名(LED),如图 6.29 所示。

串口驱动:
◆ZigBee 所有开发板上集成 CP2102 的 USB 转串口芯片,安装相应的驱动后可通过 USB 直接开发调试。
◆打开 CP2102 软件直接进行安装。（安装时候建议 USB 线不要连接 ZigBee 开发板！）

◆ 安装好后,通过方口 USB 线连接 ZigBee 开发板,右键打开我的电脑--属性—硬件—设备管理器,查看到 USB-to-Serial Com,说明驱动安装成功

图 6.27　串口驱动

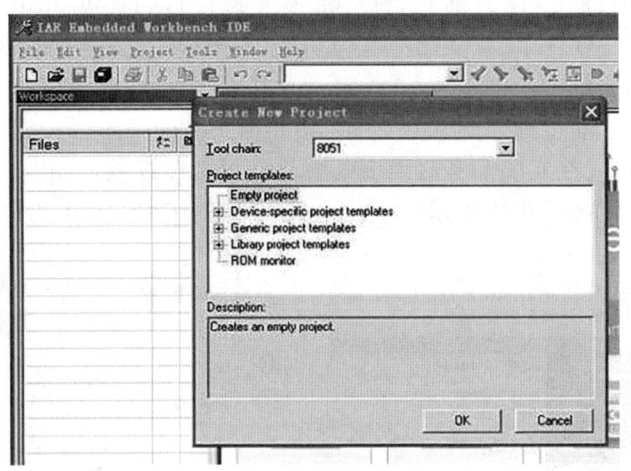

图 6.28　建立工程

图 6.29　为工程文件命名

(2)新建文件,输入#include<ioCC2530.h>,基础实验只需用到的这 1 个头文件;然后保存为.c 格式到工程文件路径下。

（3）输入点亮 LED 代码,保存,并在左边工程里单击右键—add—刚保存的 C 文件,如图
6.30 所示。

提示:

参照下面延时程序

```
/ * * * * * * * * * * * * * * * * * * * * * * * * * * * * * * * * *
* * * * * * * * * * * * * * * * * * * * * * * * * * * * * *
* 函数名称:delay
* 功    能:软件延时
* 入口参数:无
* 出口参数:无
* 返 回 值:无
* * * * * * * * * * * * * * * * * * * * * * * * * * * * * * * * *
* * * * * * * * * * * * * * * * * * * * * * * * * * * * * */
void delay(void)
{
    unsigned inti;
    unsigned char j;

    for(i = 0; i < 1000; i++)
    {
    for(j = 0; j < 200; j++)
      {
    asm("NOP");
    asm("NOP");
    asm("NOP");
      }
    }
}
LED1 ^= 1; //与 1 按位异或运算
```

（4）打开 Project→Options,General Options 配置如图 6.31 所示, 单击圆圈所示按钮,先向
上返回上一级目录,然后打开 Texas Instruments 文件夹,选择 CC2530F256 芯片。

（5）选择 Linker→Config→Linker command file 选项。如图 6.32 所示,单击图示按钮,导出
配置文件,先向上返回上一级目录;然后打开 Texas Instruments 文件夹,如图 6.33 所示,选择
lnk51ew_cc2530F256.xcl(这里是使用 CC2530F256 芯片)。

（6）然后在 Debugger 选项的 Driver 里选择 Texas Instruments(使用编程器仿真),下面选择
io8051.ddf 文件,如图 6.34 所示。

（7）Project-Make 编译后显示 0 错误和 0 警告。将仿真器 SRF04EB 和开发板连接好,然
后点击:Project→Download and Debug (下载与仿真)。

然后,可以利用调试相关按钮设置断点、观察变量值并调试程序,如图 6.35 和图 6.36 所示。

(8)点击 GO(全速运行),执行程序,如图 6.37 所示。使用 ZigBee 仿真器可以直接在 IAR 中下载程序并调试。(仿真结束后程序仍然保留在芯片 flash 内。)

图 6.30　添加文件

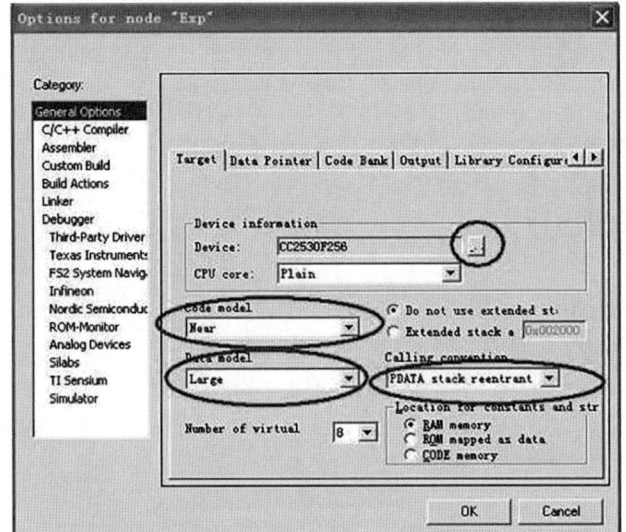

图 6.31　General Options 配置

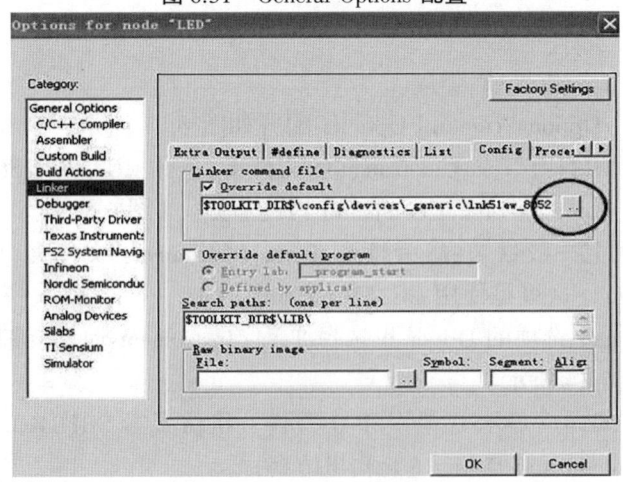

图 6.32　Linker 配置

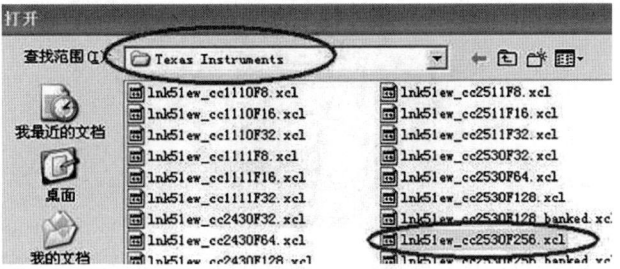

图 6.33　选择 Linker 文件

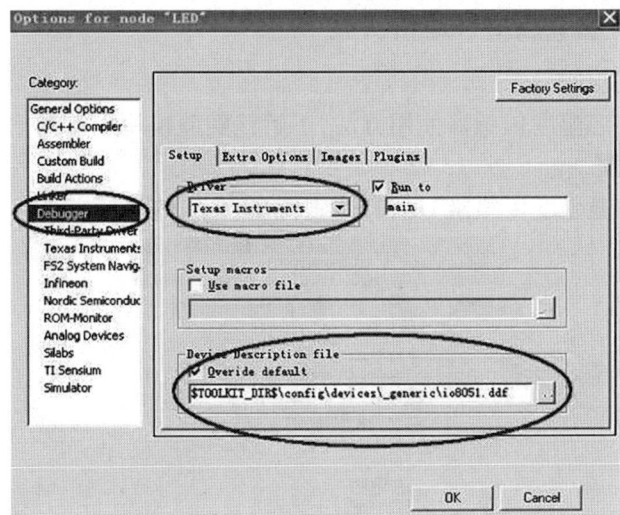

图 6.34　配置 Debugger 选项

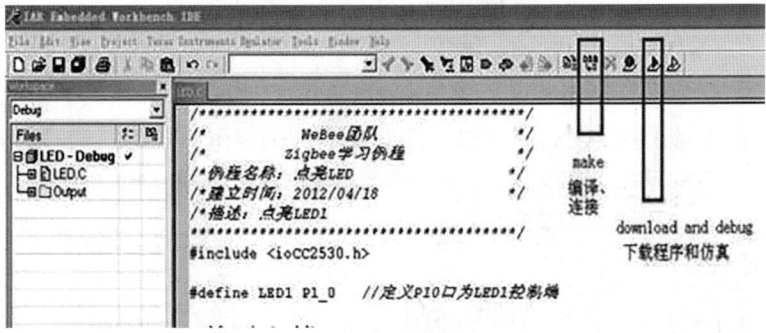

图 6.35　编译、连接和下载

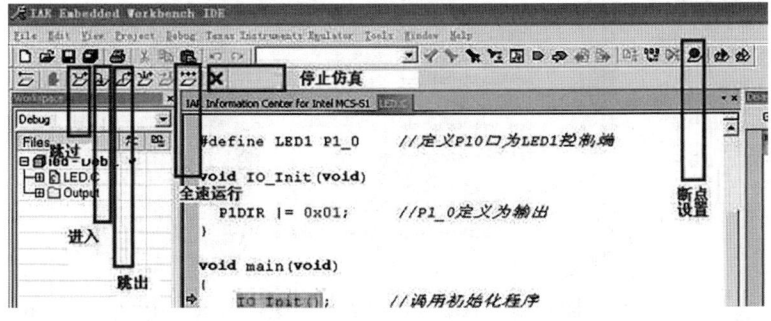

图 6.36　调试相关按钮

图 6.37　程序执行

6.5.3　温湿度传感节点串口通信实验

6.5.3.1　实验目的

了解 DHT11 数字温湿度传感器使用方法,了解该实验模块串口通信基本原理。

6.5.3.2　实验步骤

(1)用 IAR 打开"温湿度传感器 DHT11"程序,如图 6.38 所示;

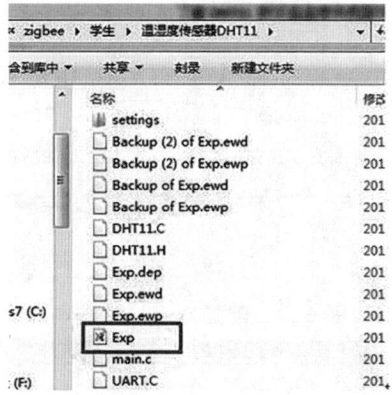

图 6.38　"温湿度传感器 DHT11"程序

(2)下载程序,连接 USB 线,启动串口软件设置 11520,供电,观察执行效果,如图 6.39 所示。

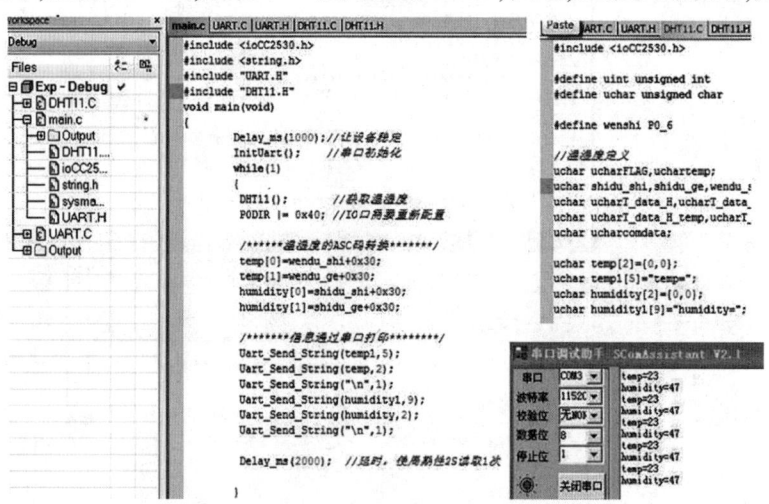

图 6.39　温湿度传感器程序执行效果

6.5.4　ZigBee 温湿度传感终端节点数据通信实验

6.5.4.1　实验目的

了解 ZigBee 温湿度传感终端节点和 ZigBee 协调器的程序实现,掌握 ZigBee PANID、IEEE 地址、网络址的基本应用。

6.5.4.2　实验步骤

(1)用 IAR 打开"ZigBee 温湿度传感器 DHT11"程序,如图 6.40 所示;

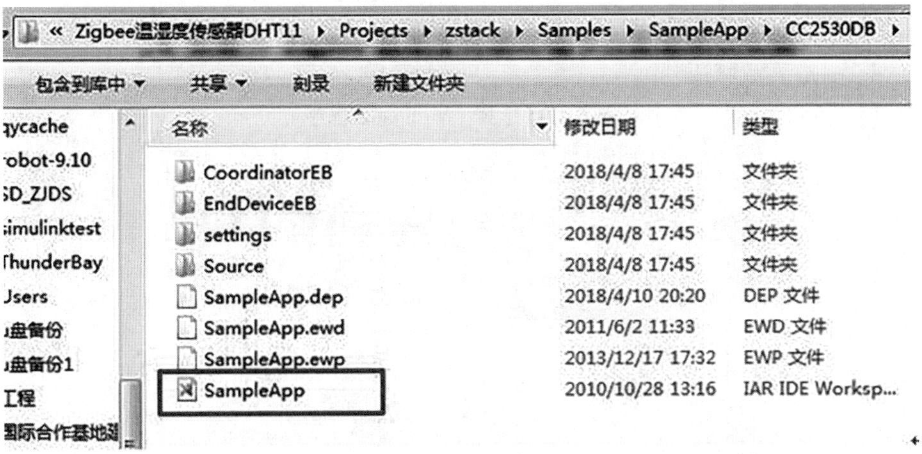

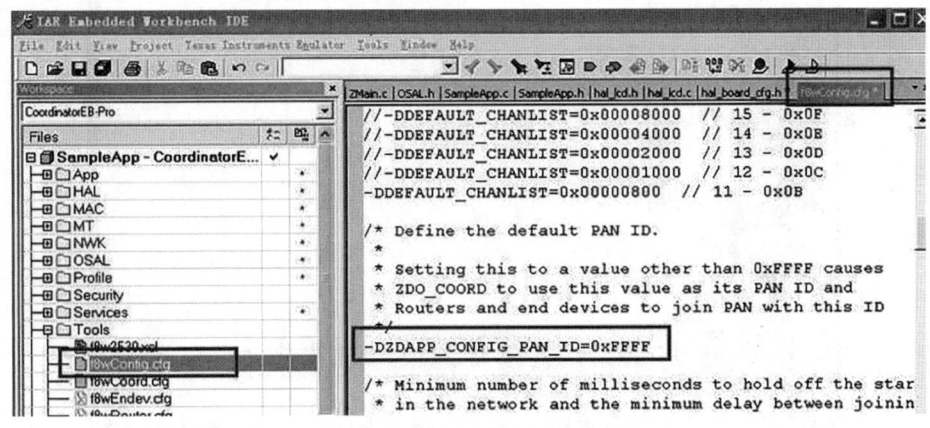

图 6.40　ZigBee 温湿度传感器程序工程文件

(2)打开 Tools—f8wConfig.cfg 配置文件,找到:−DZDAPP_CONFIG_ PAN_ID = 0x2112。注意:如果 PANID 设置成 0xFFFF,则所有设备都可以加入模式,如图 6.41 所示。实验时应把 PANID 修改为与其他人不一样的值,以避免相互干扰。

图 6.41　PAN 地址配置

(3)编译协调器 Coordinator 程序,并下载程序到协调器板,如图 6.42 所示。

(4)编译终端器 EndDevice 程序,并下载程序到温湿度传感器节点,如图 6.43 所示。

(5)将协调器与电脑 USB 连线,温湿度节点供电,启动串口软件,观察结果,如图 6.44 所示。

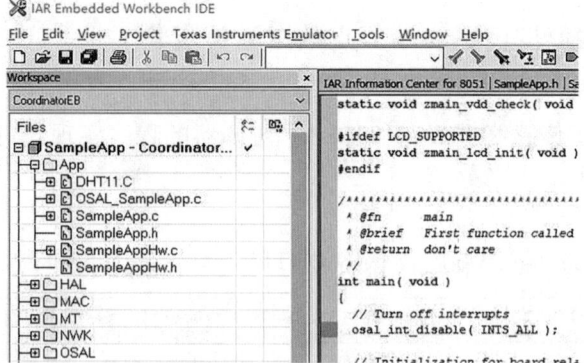

图 6.42　选择 Coordinator 程序

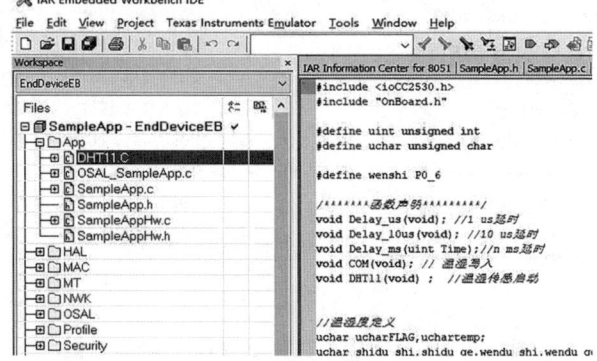

图 6.43　选择 EndDevice 程序

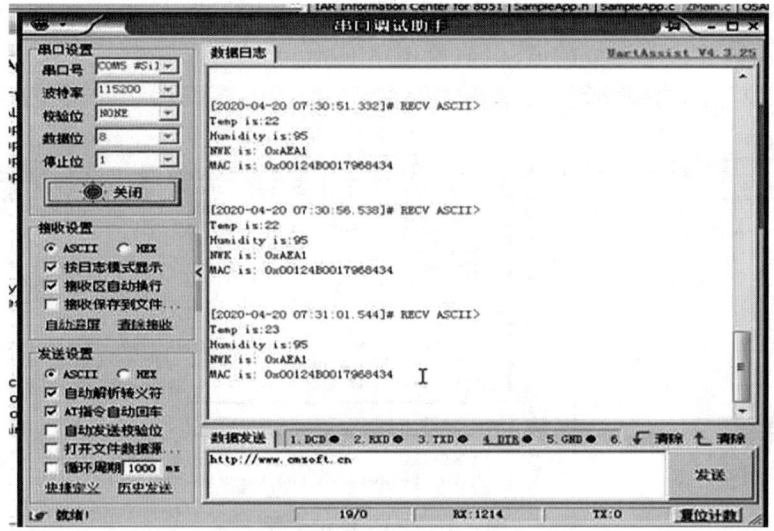

图 6.44　程序执行效果

6.5.4.3　提示

uint16nwk；

nwk = NLME_GetShortAddr( )；

将 nwk 与测量数据一起传递给协调器。

typedef struct RFTXBUF

```
{
    uint8 temp[2]; //温度
    uint8humi[2]; //湿度
    uint8myNWK[5]; //本节点网络地址
    uint8myMAC[17]; //本节点MAC地址
}RFTX;

voidTo_string(char *dest,uint8 * src, uint8 length)
{
    uint8i;
    uint8 *xad;
    uint8ch;
xad = src + length- 1;

    for (i = 0; i < length;i++, xad--)
    {
ch = ( *xad >> 4) & 0x0F;
dest[i<<1] = ch + (( ch < 10 ) ? '0' : '7');
ch = *xad & 0x0F;
dest[(i<<1)+1] = ch + (( ch < 10 ) ? '0' : '7');
    }
dest[2 * length] = '\0';
}
//终端节点发送数据
uint16nwk;
nwk=NLME_GetShortAddr();
To_string((char * )rftx.myNWK,(uint8 * )&nwk,2);
To_string((char * )rftx.myMAC,NLME_GetExtAddr(),8);
rftx.temp[0] = wendu_shi+48;
rftx.temp[1] = wendu_ge%10+48;
rftx.humi[0] =shidu_shi+48;
rftx.humi[1] =shidu_ge%10+48;
SampleApp_SendPointToPointMessage();//点播函数

////////
voidSampleApp_SendPointToPointMessage(void)
{
if( AF_DataRequest( &Point_To_Point_DstAddr,
                    &SampleApp_epDesc,
```

```
                    SAMPLEAPP_POINT_TO_POINT_CLUSTERID,
len,
                    (uint8 *)&rftx,
                    &SampleApp_TransID,
                    AF_DISCV_ROUTE,
                    AF_DEFAULT_RADIUS) == afStatus_SUCCESS)
```

//串口显示数据

RFTXnodeinfo;

```
  switch(pkt→clusterId)
  {
    case SAMPLEAPP_POINT_TO_POINT_CLUSTERID:
osal_memcpy(&nodeinfo,pkt→cmd.Data,len);
        /* * * * * * * * * * * 温度打印 * * * * * * * * * * * * * * */
HalUARTWrite(0,"Temp is:",8);            //提示接收到数据
HalUARTWrite(0,(unsigned char *)nodeinfo.temp,2);//温度
HalUARTWrite(0,"\n",1);            // 回车换行
        /* * * * * * * * * * * * * 湿度打印 * * * * * * * * * * * * *
* */

HalUARTWrite(0,"Humidity is:",12);        //提示接收到数据
HalUARTWrite(0,(unsigned char *)nodeinfo.humi,2);   //湿度
HalUARTWrite(0,"\n",1);    // 回车换行
        /* * * * * * * * * * * * * *网络地址打印 * * * * * * * * * * * *
* * */
HalUARTWrite(0,"NWK is:0x",10);            //提示接收到数据
HalUARTWrite(0,(unsigned char *)nodeinfo.myNWK,5);//网络地址
HalUARTWrite(0,"\n",1);                // 回车换行
        /* * * * * * * * * * * * * *网络地址打印 * * * * * * * * * * * *
* * */
HalUARTWrite(0,"MAC is:0x",10);            //提示接收到数据
HalUARTWrite(0,(unsigned char *)nodeinfo.myMAC,5);//网络地址
HalUARTWrite(0,"\n",1);                // 回车换行
      break;
```

小结

本章主要介绍了工业无线网络的基本概念以及 ZigBee 的协议原理和基本运用。本章分为 5 个小节:6.1 节主要对各种工业无线网络的种类、特点和应用范围进行了概要性的介绍,并

对物联网体系架构以及 ZigBee、Lora 和 NB-IoT 三种典型的物联网进行了简要介绍;6.2 节介绍了 ZigBee 技术的基础内容,包括:协议架构、节点类型、拓扑结构、网络的组建、地址类型、帧结构等;6.3 节介绍了面向 ZigBee 开发的 CC2530 芯片的特征和引脚功能;6.4 节介绍了 ZigBee 程序开发,内容包括:IAR 简介、Z-Stack 2007 协议栈、网络建立及加入分析、节点工作机理、数据接收、数据发送以及获取节点的地址信息等内容;6.5 节指导了 ZigBee 通信实验,介绍了实验系统、开发环境安装及配置、温湿度传感节点串口通信实验以及 ZigBee 温湿度传感终端节点数据通信实验等内容,通过实验使学生更容易掌握 ZigBee 通信原理和 ZigBee 协议的本质。

思考题

1.根据网络的覆盖范围,工业无线网络如何划分?

2.简述五种工业无线网络及其应用范围。

3.简述物联网的体系架构。

4.简述 ZigBee、LoRa 和 NB-IoT 各自的特点和应用领域。

5.简述 ZigBee 协议架构包括的层次和每个层次具备的功能。

6.ZigBee 的节点类型有哪些? 每一种节点类型的功能是什么?

7.ZigBee 的地址类型有哪些? 每一种地址类型的作用是什么?

8.ZigBee 的通信方式有哪些? 每一种通信方式应用在何处?

9.在温湿度传感节点串口通信实验中,温度和湿度的值如何获得?

10.在温湿度传感节点串口通信实验中,如何将采集到数值转换成 ASCII 码?

11.在 ZigBee 温湿度传感终端节点数据通信实验中,哪个函数负责终端节点发送数据?

12.在 ZigBee 温湿度传感终端节点数据通信实验中,哪个函数负责协调器接收数据?

13.怎样通过协调器来获取一个 ZigBee 网络系统的拓扑结构?

附录 ASCII 表

ASCII 值		控制字符	ASCII 值		控制字符
十进制	十六进制		十进制	十六进制	
0	0	NUT	27	1B	ESC
1	1	SOH	28	1C	FS
2	2	STX	29	1D	GS
3	3	ETX	30	1E	RS
4	4	EOT	31	1F	US
5	5	ENQ	32	20	（space）
6	6	ACK	33	21	!
7	7	BEL	34	22	"
8	8	BS	35	23	#
9	9	HT	36	24	$
10	A	LF	37	25	%
11	B	VT	38	26	&
12	C	FF	39	27	,
13	D	CR	40	28	(
14	E	SO	41	29	)
15	F	SI	42	2A	*
16	10	DLE	43	2B	+
17	11	DCI	44	2C	,
18	12	DC2	45	2D	−
19	13	DC3	46	2E	.
20	14	DC4	47	2F	/
21	15	NAK	48	30	0
22	16	SYN	49	31	1
23	17	TB	50	32	2
24	18	CAN	51	33	3
25	19	EM	52	34	4
26	1A	SUB	53	35	5

续表

ASCII 值		控制字符	ASCII 值		控制字符
十进制	十六进制		十进制	十六进制	
54	36	6	85	55	U
55	37	7	86	56	V
56	38	8	87	57	W
57	39	9	88	58	X
58	3A	:	89	59	Y
59	3B	;	90	5A	Z
60	3C	<	91	5B	[
61	3D	=	92	5C	/
62	3E	>	93	5D	]
63	3F	?	94	5E	^
64	40	@	95	5F	—
65	41	A	96	60	、
66	42	B	97	61	a
67	43	C	98	62	b
68	44	D	99	63	c
69	45	E	100	64	d
70	46	F	101	65	e
71	47	G	102	66	f
72	48	H	103	67	g
73	49	I	104	68	h
74	4A	J	105	69	i
75	4B	K	106	6A	j
76	4C	L	107	6B	k
77	4D	M	108	6C	l
78	4E	N	109	6D	m
79	4F	O	110	6E	n
80	50	P	111	6F	o
81	51	Q	112	70	p
82	52	R	113	71	q
83	53	X	114	72	r
84	54	T	115	73	s

续表

ASCII 值		控制字符	ASCII 值		控制字符
十进制	十六进制		十进制	十六进制	
116	74	t	122	7A	z
117	75	u	123	7B	{
118	76	v	124	7C	|
119	77	w	125	7D	}
120	78	x	126	7E	~
121	79	y	127	7F	DEL

控制字符说明

NUL 空	VT 垂直制表	SYN 空转同步
SOH 标题开始	FF 走纸控制	ETB 信息组传送结束
STX 正文开始	CR 回车	CAN 作废
ETX 正文结束	SO 移位输出	EM 纸尽
EOY 传输结束	SI 移位输入	SUB 换置
ENQ 询问字符	DLE 空格	ESC 换码
ACK 承认	DC1 设备控制 1	FS 文字分隔符
BEL 报警	DC2 设备控制 2	GS 组分隔符
BS 退一格	DC3 设备控制 3	RS 记录分隔符
HT 横向列表	DC4 设备控制 4	US 单元分隔符
LF 换行	NAK 否定	DEL 删除

参考文献

［1］阳宪惠. 现场总线技术及其应用［M］. 2 版. 北京:清华大学出版社，2008.

［2］李正军,李潇然. 现场总线及其应用技术［M］. 2 版. 北京:机械工业出版社，2017.

［3］王小强，欧阳骏，黄宁淋. ZigBee 无线传感器网络设计与实现［M］. 北京:化学工业出版社，2012.

［4］武永红，赵国成. 基于 LoRa 物联网的校园智能终端的设计与研究［J］. 物联网技术，2020，10（05）：64-66,69.

［5］李金瑶. LoRa 物联网技术及应用［J］. 电子技术与软件工程，2019（19）：5-6.

［6］万芬. 浅谈 LoRa 物联网技术及应用［J］. 通讯世界，2017（02）：91-92.

［7］王峰，于青民，黄颖，等. 工业互联网网络关键技术与发展研究［J］. 电信科学，2022，38（07）：106-113.

［8］于会群，黄贻海，彭道刚，等. 工业以太网网络互联技术与发展［J］. 电子技术应用，2022，48（04）：1-5,11.

［9］唐晓华，李静雯，邱国庆. 工业智能化技术对产业结构升级影响研究［J］. 统计与信息论坛，2022，37（07）：36-44.

［10］周磊，邹鑫灏，刘邦. 工业网络安全范式的转变［J］. 工业信息安全，2022（04）：81-89.

［11］庞进，胡威，尹红珊，等. 工业互联网网络安全渗透测试技术的探究［J］. 中国新通信，2021（23）：123-124.

［12］姚羽，祝烈煌，武传坤. 工业控制网络安全技术与实践［M］. 北京:机械工业出版社，2017.

［13］宗绪麟. 5G 背景下的工业互联网发展与应用［J］. 电子技术与软件工程，2019（19）：4-5.

［14］高汉荣，冯冬芹. 工业无线网络的现状及发展趋势［J］. 中国仪器仪表，2008（S1）：87-89,95.

［15］宗绪麟. 5G 背景下的工业互联网发展与应用［J］. 电子技术与软件工程，2019（19）：4-5.

［16］于海斌，曾鹏，许驰. 工业无线控制网络的关键技术与未来发展方向［J］. Engineering，2022,8（1）：18-24.

［17］李正军. EtherCAT 工业以太网应用技术［M］. 北京:机械工业出版社，2020.

［18］BORMANN A,HILGENKAMP I. 工业以太网的原理与应用［M］. 杜品圣，张龙，马玉敏，译. 北京:国防工业出版社，2011.

［19］QST 青软实训. ZigBee 技术开发:CC2530 单片机原理及应用［M］. 北京:清华大学出版社，2015.

［20］陈曦. 大话 PROFINET:智能连接工业 4.0［M］. 北京:化学工业出版社，2017.

［21］牛跃听，周立功，穆希辉，等. CAN 总线应用层协议实例解析［M］. 北京:北京航空航天大学出版社，2014.

［22］ POPP M. PROFINET 工业通信［M］. 刘丹,谢素芬,史宝库,等,译. 北京:中国质检出版社,中国标准出版社, 2016.

［23］ 崔逊学, 赵湛,王成. 无线传感器网络的领域应用与设计技术［M］. 北京:国防工业出版社, 2009.

［24］ 张蕾. 无线传感器网络技术与应用［M］. 北京:机械工业出版社,2016.

［25］ 李正军, 李潇然. 现场总线与工业以太网［M］. 武汉:华中科技大学出版社,2021.

［26］ 金纯, 罗祖秋,罗凤,等. ZigBee 技术基础及案例分析［M］. 北京:国防工业出版社, 2007.

［27］ 金光, 江先亮. 无线网络技术:原理、应用与实验［M］. 5 版. 北京:清华大学出版社,2023.

［28］ 青岛东合信息技术有限公司. RFID 开发技术及实践［M］. 西安:西安电子科技大学出版社,2014.

［29］ 姜仲, 刘丹. ZigBee 技术与实训教程:基于 CC2530 的无线传感网技术［M］. 北京:清华大学出版社,2014.

［30］ 杜军朝, 刘惠,刘传益,等. ZigBee 技术原理与实战［M］. 北京:机械工业出版社, 2015.

［31］ 饶运涛, 邹继军,王进宏,等. 现场总线 CAN 原理与应用技术［M］. 2 版. 北京:北京航空航天大学出版社,2007.

［32］ ZELTWAN GER H. 现场总线 CANopen 设计与应用［M］. 周立功, 黄晓清,严寒亮,译. 北京:北京航空航天大学出版社,2011.

［33］ 王振力. 工业控制网络［M］. 北京:人民邮电出版社,2012.

［34］ 谢希仁. 计算计网络［M］. 6 版. 北京:电子工业出版社,2013.